New Wun Ching Developmental Publishing Co., Ltd.

New Age · New Choice · The Best Selected Educational Publications—NEW WCDP

第**4**版

+
Fourth
Edition

簡明輝 編著

消費者行為
Consumer Behavior

　　《消費者行為》這本書已經 14 年囉！第一版是 2008 年出版，2010 年二版，一直到 2014 年第三版。因為個人教學研究繁忙，加上新的生涯規劃等因素，距離上次改版已經八年了。這些年個人除了在學術領域持續專研外，也廣泛投入涉及其他產業領域，其中包括咖啡產業、潛水產業、休閒運動產業等，相信能為這次新的改版注入新的氣象與新的思維，也能提供給讀者更廣泛更深入的消費者行為知識的認識。

　　這些年個人所涉獵的領域與資歷除了基本的國內產學合作計畫案的研究、留職停薪至澳洲大學的訪問與研習、留職停薪海外公司工作，以及行銷領域相關專長研習證照考取之外，個人也除了興趣外，更額外投入專研不同產業，包括英國 City and Guilds 咖啡師證照、臺灣交通部營業級動力小船與遊艇駕照、YMCA 體適能教練、中華民國網球協會教練證與裁判證，並從事網球教學裁判工作執行，考取 PADI 潛水教練並從事海內外潛水證照教學，帶領學生至菲律賓、大堡礁潛水等。至今在雪梨地區擔任有 32 年歷史的雪梨臺灣學校校長，也擔任僑委會僑務新聞志工發表數十篇新聞等等，這些產業領域的投入與資歷都讓我更深入了解不同領域消費市場與消費行為相關的內涵，也會在改版中融入新的思維。

　　近年來全世界在政治經濟上有很多的變化，不論是臺美關係、美中臺關係，或是俄烏戰爭等國際情勢因素等，都影響整個消費經濟市場。加上科技網路發達、網路普及智慧手機的應用，以及最新的 AI 人工智慧（如 Chat GPT）運用等，這些因素也改變了整個消費市場與消費者的習慣。再加上過去三年的疫情更是顛覆了整個經濟市場，也讓消費行為與習慣有重大的改變，這些也都會在我們新的改版中討論。期許讀者能得到更多更新的知識，與世界脈動同步進行。

基本的消費行為背後的心理學與相關科學理論與研究基礎並沒有太多的改變，畢竟人類的行為基礎是有一致性與可預測性的，這些基本的理論知識都會保留在原章節單元中，當然有最新的消費者行為研究的觀點、論述或是發現，也會融入更新在各章節內容、專欄及個案中，期許這新的改版內容可以給讀者最新資訊與最新的知識。最後，內容有不足的地方或需要加強改進的內容再請讀者不吝賜教指導修正，謝謝您。

簡明輝 博士

雪梨臺灣學校校長（2022～迄今）
前僑光科技大學專任副教授(1998~2019)
兼行銷與流通管理系 系主任(2000~2008)

目 錄 CONTENTS

Chapter 01

消費者行為緒論

 前言

　　管理大師彼得・杜拉克(Peter F. Drucker, 1973)曾說過：「企業的目的就是要創造顧客並保有顧客」(The Purpose Of Business Is To Create And Keep A Customer)，雖然看起來是一句簡單的話，但背後卻是有許多道理的。而要如何創造顧客？要如何保有顧客？都是一門深奧的學問，所涉及的領域包括企業管理、管理學、行銷學、商業心理學及顧客關係管理等等。事實上，要創造顧客與保有顧客最基本的做法當然是要先對顧客的行為有深入的認識和關心才行，正如行銷名言說：「如果你照顧好了客戶，他們就會照顧好你的生意。」

　　因此，企業要生存就必須擁有豐富、完整的消費者行為相關知識，這些知識包括：消費者需求的了解、消費者行為的影響因素、消費者的購買動機，及顧客關係管理等相關知識。從管理大師彼得・杜拉克的觀點可以清楚的知道，沒有顧客就沒有企業，因此，認識消費者行為對於企業來說，絕對是一門不能忽視的大哉問！

第一節 > 消費者行為的意義與價值

　　我們每天所接觸的、所看的、所聽的相關訊息幾乎都是與消費行為議題有關，其中包括接觸到許多不同的廣告、聽到許多促銷活動、看到許多新商品的推廣等。因此，消費者相關議題都已經環繞在我們的生活周遭，事實上，我們自己本身就是一個消費者，每天進行著許多不同層次的消費行為，有些行為是來自內在的需求與動機，如肚子餓了產生食的需求，並進一步購買食物；有些行為是來自於外在的刺激或鼓勵，例如百貨公司週年慶的買千送百活動，或跳樓拍賣的大減價，可能都會刺激消費者進行相關消費行為，而有時因相關需求多樣、不知如何取捨時，會以上網的方式收集訊息，並比較相關產品的優缺點，這也是一種消費行為。

　　當然我們的消費行為可能是許多個人內在因素、情境因素與外在環境因素互相影響的結果。有時我們對於自己的消費行為並不是很清楚，例如許多東西買回家後放了半年也沒打開來用過，也有一些東西花了許多精神投入思考，但買回來後就失去的當初的熱忱與興趣了，為什麼呢？似乎這之間隱藏著許多有趣與神祕的因素，讓我們一步一步來解開消費者行為的面紗。

一、消費者行為的定義

要解開消費者行為的面紗，第一步當然先來了解其意義與其他相關內涵。何謂消費者行為呢？消費者行為有何重要？為何要學消費者行為？這些問題在本章節中皆有詳細的闡述與討論。

首先說明消費者的定義：消費者這個詞彙常被用來描述兩種消費實體，即個人消費者(personal consumer)與組織消費者(organization consumer)；個人消費者選購產品或服務主要是為了自己的需要，因此這類消費者又可稱為最終消費者。組織消費者則包括營利事業組織、政府單位、學校、醫院等機構，這些組織都必需購買產品、設備與服務，以維持正常運作，多數的營利機構都是將購買來的產品（相關零件或原料）再加工製造生產，進而轉賣給其他消費者。一般來說，個人消費者可說是所有消費行為中最普及的，因此，本書的內容是以個人消費者為主要的探討對象。

● 圖 1-1　一般消費者 VS 組織消費者

學者們對消費者行為的定義大同小異，尼克西亞(Nicosia, 1966)認為消費即是以非轉售(resell)為目的之購買行為。恩格爾(Engel)、科特拉(Kollat)和克萊布威爾(Blackwell)(1973)等認為，購買行為有兩種含義，狹義的顧客購買行為是指為了獲得和使用經濟性商品和服務，個人所直接投入的行為，其中包含導致及決定這些行為的決策過程；而廣義的購買行為除消費者行為之外還有非營利組織、工業組織及各種中間商的採購行為。

有些學者認為消費者行為是一個決策的過程，是人們評估、取得及使用具有經濟性商品或服務的決策程序與行動（登比 Demby, 1974）。Engel, Kollat and Blackwell(1993)也指出消費者行為是指消費者在取得、消費與處置產品或勞務時，所涉及的各項活動，並且包括在這些行動之前與之後所發生的決策在內。根據以上不同學者的定義，可將消費者行為定義為：「消費者行為是指與產品、服務的獲取、購買、使用和處理等有直接關係的行為，這其中包括影響和決定這些行為發生的決策過程」。因此，消費行為是一種動態且連續的過程，且不以轉售

為目的之購買或使用產品與服務的決策過程或行動。從這個定義，我們可以了解到消費者行為是動態的、互動的，並與交易有關的行為。

綜合以上的闡述與見解，得知不是大多數的消費行為皆均涉及「購買行為」的。因此，消費行為包括：瀏覽商品、閱讀雜誌、觀看廣告、影響他人消費、產品的購買、產品使用或退貨、產品的處置以及抱怨等等活動。消費行為本身是一連串活動的決策過程，包括消費者對於能夠滿足其需求之相關產品或勞務，購買前動機的探討、訊息的搜尋、購買抉擇等購前評估，以及購後對於其產品或勞務使用、品質之衡量、滿意程度與否、再度購買動機之評估等一連串活動之決策過程。因此，消費者行為是研究消費者以有價值的東西交換成能滿足他們需求的產品或服務的一門學問。

綜合上面所述，消費者行為的意義與內涵應包括下述三個部分：

（一）消費者行為是動態的

由於個別消費者、消費者群體和整個社會的想法、感受與行動是持續改變的，所以消費者行為是動態的。消費者行為的動態特質，使得發展行銷策略成為一項有趣但卻困難的工作。某種行銷策略在有些情況下會成功，但在其他情況則不適用，因為現在的產品生命週期比以往更短，為了創造更高的價值，許多公司必須不斷地創新，以滿足消費者不斷變動的特質。（創意行銷議題請參考第十四章）

（二）消費者行為是互動的

消費者行為是消費者之想法、感覺、行動與環境互動的結果。因此行銷人員必須了解產品與品牌對消費者的意義，什麼消費者會購買並加以使用，以及什麼原因會影響消費者出門逛街、購物與消費。行銷人員越能了解這些互動如何影響個別消費者、群體消費者，以及整個社會，就越能滿足消費者的需求與欲望，並為消費者創造價值。

（三）消費者行為是一種交換行為

消費者行為涉及人與人之間的交換(exchange)行為。換句話說，人們將其認為有價值的東西給予他人而換得其他的東西。許多消費者行為都涉及人們以金錢作為交換而得到產品或服務，這也就是買賣雙方的交換行為。事實上，行銷在社會上的角色，便是制訂或執行行銷策略，以協助創造交換行為。

二、消費者行為研究的目的

消費者行為是一門綜合性的社會科學，其主要是透過系統性的研究來探討消費者行為的相關因素，其中包括了解消費者的行為特性及其選擇偏好等。從企業的角度來看，消費者行為的認識可以幫助企業得到許多好處：例如可以提供相關的消費者分析知識幫助經理人進行決策，或協助行銷人員進行行銷工作的安排。從消費者的角度來看，了解自己的消費過程，可以認識企業的行銷藝術與手法，進一步做出明確的消費決定。一般來說，以企業立場來思考，消費行為的研究可以歸納為以下三個主要的目的：

（一）了解消費者行為

消費者行為研究的第一個目的就是透過系統性的研究，提供消費者行為的相關說明，協助組織了解消費者行為的意圖、了解消費者決策的過程、了解消費者行為相關的影響因素為何等。

（二）預測消費者行為

消費者行為的研究第二個目的是藉由對於消費者相關的認識之後，能夠得到許多消費者行為的模式與行為的傾向，進而進行相關消費者行為的預測。

（三）控制消費者行為

行為科學中有許多實驗證實人類的行為是可以操控的，像是購買氣氛的製造或是相關獎勵促銷的刺激，皆可以針對消費者的行為進行相關的控制，也就是說，透過對消費者行為研究與分析，可以進一步協助企業設計相關變數，以刺激消費行為的產生，並藉此掌控或影響消費者的行為。

➕ 加油站

行銷就像愛情，需要付出、關注和關心，才能建立長久的關係。

Marketing is like love, it requires giving, attention, and care to build a long-lasting relationship.

賽斯‧高汀(Seth Godin)行銷專家

三、消費者行為的重要性

早期的行銷是以企業立場為出發點，因為市場的需求是大於供給的，也就是說早期的市場企業所提供的商品皆可以順利的賣出去；但隨著時代改變，競爭者越來越多，消費者也越來越挑剔，在這種供給大於需求的市場上，企業就必須從事不同行銷策略的鑽研，而行銷策略成功的基礎還是要以消費者行為的相關知識為基礎。因此，從市場競爭的角度來看，消費者行為的了解有助於提高企業的競爭力。

彼得・杜拉克曾說：「我們經營什麼事業？不是由生產者決定，而是由消費者決定」("What is our business?" is not determined by the producer but by the customer)。這句話直接指出消費者的重要性。王品集團董事長戴勝益就常說「把客人當恩人，把同仁當家人」，其中可看得出消費者是相當重要的。許多企業也因此都將「消費者是企業的衣食父母」或是「消費者至上」的觀念視為企業重要的經營哲學。為了貫徹這樣的經營哲學，企業也都嘗試運用各種方式來對消費者進行研究，因此需要更了解消費者，以消費者的角度提供相關的產品與服務，也就是說企業存在的本質與存在的意義是與消費者息息相關的，沒有消費者就沒有企業。

宏碁創辦人施振榮曾經提到一個論點「微笑曲線」，他認為現在產業發展的趨勢有較高的附加價值是微笑曲線的兩端（如圖 1-2 所示），一端是研發、另一端是行銷，中間附加價值最低的是製造業，這樣的論點是受到許多學者的支持與肯定。而高附加價值兩端的「行銷」要成功或研發要成功，是跟消費者行為緊密接連的，也就是說，企業如果越了解消費者行為，研發會越契合消費者的需求，而行銷成功的機會就越大。

所謂「顧客之所欲，常在我心」，是指企業要成功必須要常常傾聽市場上顧客的聲音。許多企業也都認為顧客才是他們唯一的老闆，這種顧客至上的觀點就是充分表現出「顧客之所欲，常在我心」的經營哲學。早期的行銷是以企業本身為導向，現在的行銷是強調滿足顧客的需要為訴求為導向，因此接近市場和了解客戶需求是全球各企業的重要行銷觀念，誰能滿足顧客的需求，誰就是贏家。許多能成為市場領導品牌的商品都是經得起顧客的挑剔的，因為誰是市場上的贏家是由顧客來決定的。

結合以上的相關敘述，企業要有效的經營就必須要深入的了解市場特性及對消費者行為的熟悉。從企業要有效的經營的角度來說，消費者行為研究至少有以下幾種明顯的利益：

1. **可開發新的行銷機會**：對於消費者的行為越是了解，越能掌握消費者的需求，並且能從其現有需求中加以滿足，或開發消費者的潛在需求，也就是開發新的行銷機會。

2. **有效的區隔市場**：所謂市場區隔(market segmentation)是指廠商將消費者的特性予以分類，並依照不同的類別擬訂行銷方針或政策。藉由對消費者行為的認識，可以將消費者的相關特性加以區分，並有效的進行區隔。

3. **促進行銷活動**：企業藉由消費者行為的了解，可以掌握相關消費者的心理狀態，設計相關有利於行銷活動的刺激，促進行銷活動之進行。

4. **滿足消費者真正的需要**：了解消費者行為可以讓企業設計出符合消費者需要且更貼心的相關商品。

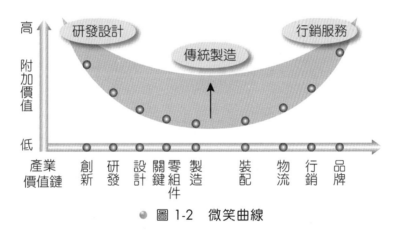

● 圖 1-2　微笑曲線

行銷的應用

　　消費者的行為是相當複雜與多樣的，但是可以透過不同的方式來了解，在行銷上的作法是透過問卷調查、訪談、觀察與焦點團體法等不同的研究方式，來取得消費者行為特徵的資料，這些資料可以協助企業進行相關的行銷活動。反過來說，行銷活動若沒有消費者行為的認識，是很難成功的。(〈消費者行為研究〉請參考 Chapter 13)

 專欄 1-1

疫情改變消費型態：外送市場興起

　　消費行為受到環境因素影響甚鉅，不論是天災人禍都會影響，而這幾年的疫情更是嚴重改變了市場消費型態與企業經營模式！根據經濟部統計，2020 年全臺餐飲年營業額為 7,280 億元，年減 6.4%，但疫情期間外送平臺異軍崛起，全臺外送餐飲產值已超越 300 億，外送平臺 2020 年上半年比 2019 年上半年同期成長 293.78%，是臺灣所有行業成長率最高的一項。根據 Uber Eats 自己的報告顯示，他們在臺灣的訂單量同比增長了 250%。

　　2022 年 3 月資策會產業情報研究所(MIC)調查 2021 年臺灣消費者使用外送服務行為，其中數據顯示，72%消費者曾使用過外送服務，以 18~35 歲為最常使用外送服務的族群。

　　也因此許多產業都必須面對這樣的挑戰、提出可行的調整因應之道，才不會被這世紀的洪流吞沒。以生活相關的餐飲業為例，餐廳的經營模式也必須調整改變以符合消費者的期待，例如餐飲業的經營模式就必須改變，例如業者必須針對外送這項新服務，重新規劃接單、製程、包裝、出菜等流程，需要時還必須設置單獨的櫃臺，以免影響內用客人的服務品質。

　　2023 年後，疫情逐漸緩和，外送平臺也操練了 2~3 年，再加上外送平臺的服務觸角早已伸向生活雜貨，平臺公司也都和便利商店、超市業者合作，連生鮮物品、民生物資都可外送到府，這塊大餅方興未艾，未來仍是一塊兵家必爭之地的大市場。

第二節 > 消費者行為的應用範圍

　　消費者行為知識可應用的範圍很廣，不光只是行銷專業領域可運用而已，以學校來說，如果學生是顧客的思考模式，學校當局也應該學習相關消費者行為的知識，藉此了解學生的需要、想法與相關滿意度，以作為學校革新的參考。因此，消費者行為的研究除了供營利事業組織應用外，也提供作為公共政策、非營利事業單位或是消費者個人的應用，相關應用範圍陳述如下：

一、行銷策略的應用

　　針對顧客的需求進行規劃，可以更契合顧客的品味，了解顧客的習慣，可以提供更貼心的服務，了解顧客的生活模式，更可以從中發現一些商機。

　　消費者行為研究可以讓行銷人員知道顧客喜歡什麼、顧客買東西時的評估標準、顧客對於價格的看法、顧客的滿意度是如何等等。這些資料對於行銷的相關策略提供了許多寶貴的意見。

　　直言之，顧客是行銷的主要對象，對於對象有深刻的認識，絕對是對行銷策略的擬定有直接的幫助。

二、公共政策的應用

　　在消費者的研究中，論及到許多的權益與需求的內涵，這些內容的了解可作為政府在擬定相關公共政策時的參考。例如消費者權益的保護就要從消費者的角度來思考，哪些是受害的部分、哪些是企業的陷阱、消費者的觀點是什麼等，都是公共政策在制訂時重要的考量依據。

三、社會行銷的應用

　　社會行銷的許多作法是從消費者的想法或是作法而來的，而不一定是從購物中的行為得到的。像是國內許多拒吸二手菸的廣告中，早期是從吸菸者中進行相關社會行銷的勸導方式，近年來也發現最受到二手菸傷害的是許多吸菸者身邊的女性。而以女性主體意識為主的社會行銷廣告就變成主流，例如強調希望女性朋友勇敢站出來提出嚴正的抗議訴求。畢竟吸菸者自覺的效果可能不如旁人直接提醒要來的好。

四、消費者個人獲益

消費者行為知識的了解，有助於身為消費者的個人更清楚消費市場的現況，對於不同的行銷策略或是相關消費者行為的設計都能瞭如指掌。例如市面上許多促銷活動是以買一送一的方式來進行，這樣的作法是以企業獲益的思考方向，但以消費者的角度來說，買一件半價的優待方式似乎是更有利於消費者本身。因此一般人如果學習消費者行為，對自己也是有絕對的幫助的，因為我們本身就是一個消費者，深入了解自己的消費模式與習慣又何嘗不是一件好事呢？

 專欄 1-2

「消費者」是服務經濟重要的成功因素

臺灣的經濟模式已經從製造經濟轉為服務經濟，根據經濟部 2022 年的資料，臺灣服務業產值約占 GDP 61.5%，全國服務業就業人口 658.3 萬，占總就業人口（1150 萬）59.9%。服務經濟即是彼得·杜拉克所說的「新經濟」，可見服務業是 21 世紀帶動臺灣經濟成長的主要動力。

創新與服務是新經濟中最重要、最熱門的話題，而要落實創新與服務，就必須聆聽顧客的聲音，要讓顧客聲音在組織內暢通無阻的傳送。企業要轉型成為一個消費者導向的公司，就必須要仔細觀察消費者行為，找出他們真正的需求並滿足之。

此外，沒有附加價值的服務，無法創造客戶與企業雙贏。許多客服中心除了針對客訴提供解答，更應該進一步了解顧客其他可能的需求，以開發新的商機。

因此，在環境劇變的經營時代中，企業常面臨許多攸關生存的壓力，企業必須要不斷創新，並提供差異化的產品和服務作為競爭的基礎，更要把「客戶至上」的觀念當成是企業共同努力的目標，因為在服務的經濟中顧客是唯一的主角。而顧客對企業的服務越是覺得窩心，企業則越長青。

第三節 > 消費者行為的影響因素

　　消費者行為成為一門新興的研究領域是開始於 1960 年代中期至末期，早期對消費者行為的研究，是基於經濟學的理論，視消費者為理性決策者，認為其在購買產品或服務時，總是追求利益極大化（羅伯遜 Robertson, 1984）。但後續研究卻發現消費者經常發生衝動性的購買行為（索羅門 Solomon, 1999），而且許多研究也進一步指出消費者的消費行為是一個相當複雜的過程，如在購買決策過程中會受到消費者個人的認知、情緒、家庭、參考群體、廣告商等因素的影響（希夫曼 Schiffman, 2000）。

　　消費者行為是人類行為的一環，人類行為是自己與外在環境互動後的結果。人們對外在世界的看法是受時間、環境及過去經驗的影響。例如生長在中國與美國的孩子會有不同的消費行為，在貧窮與富裕環境長大的孩子消費行為也會不一樣，就像一個採獨裁教養方式或放縱教養方式的家庭也會培育出不同的消費人格特質。因此，影響消費者購買行為的相關因素是非常多的，有些因素也會同時影響或是互為影響。

　　一般而言，消費者行為會受到其個人因素、文化、社會、心理等因素所影響而產生不同的行為模式。其中，消費者行為離不開個人特性的影響，像是年齡、職業、經濟狀況、生活方式、個性以及自我概念等，其他個人的因素還包括動機、知覺、學習、性格及態度等。消費者購買行為也受到諸如參考群體、家庭、社會角色與地位等一系列的社會因素影響。除此之外，外在環境中相關的刺激或是企業的經營手法也會對於消費行為有直接或間接的影響。

　　統整以上的敘述，影響消費者行為的因素大約可以分成三大類，一是消費者個人因素，二是外在因素，三是市場經營因素（如圖 1-3 所示），以下分別敘述之：

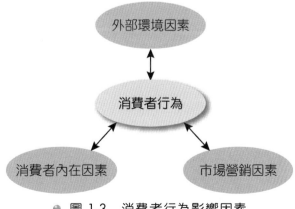

● 圖 1-3　消費者行為影響因素

一、影響消費者行為的消費者個人因素

　　每一個消費者都有不同的個人特性，像是人口統計學的特徵，如性別、年齡、居住地、國籍等。每個人因其人口統計學特質的不同而被預期有特定的行為表現，我們也預期有相同人口統計學背景的人會有相似的行為。此外，價值觀也是影響消費者行為的重要因素之一，價值觀是人們對於該過什麼樣的生活及如何行為的核心觀點。例如年輕人常以不同的方式來表現他們的價值想法，像是以刺青的方式來代表年輕不留白的價值觀。而生活方式的差異也反映出不同族群的價值觀和生活型態。

　　影響消費行為之個人因素統整包括：

因素 1：人口統計變數，如年齡、地位、收入、職業、教育。

因素 2：知覺、情緒、動機、態度、價值觀與學習。

因素 3：個性和自我概念。

因素 4：世代差異和生活型態。

二、影響消費者行為的外部環境因素

　　影響消費者行為的外在因素包括消費者所在的國家或社會文化。文化是一個社會的本質，也是其人民有別於其他文化的重要特質。另外，個人所成長的家庭之相關因素與所在的社會階層的差異，也都會影響消費者的行為模式。

　　影響消費者行為的外部環境因素包括：

因素 5：文化和次文化。

因素 6：社會階層。

因素 7：家庭因素。

因素 8：參考群體。

三、影響消費者行為的市場經營因素

　　消費者的行為有時也會因為企業所進行的相關活動而受到影響，例如企業會對於不同產品進行許多廣告、宣傳，或提出相關優渥的條件吸引消費者，讓消費者甘心快樂的進行消費。當然有時企業也會進行相關的資訊傳達來教育消費者，企圖改變消費者的習慣或是想法，甚至改變消費者的態度等。

影響消費者的市場經營因素包括：

因素 9：營運傳播：包括廣告、促銷、公關、消費者教育。

因素 10：營運要素：品牌、品質、服務、情境。

事實上，以上所敘述的相關消費者行為影響因素是本書中每章節所討論的主題，也是本書的主要架構，這些不同的影響因素之詳細內容在此不多加敘述，容許在後面各章節中一一的詳細討論。

THE BATHER'S PAVILION

● 美食的風評與誘惑是吸引消費者消費的重要因素之一（攝影：曾麗芳）

 專欄 1-3　維持健康與安全的生活品質，消費者應該扮演監督的角色

現今的消費市場形形色色、競爭激烈，許多企業為追求利潤最大化的目的，常常不擇手段、無所不用其極。企業在整個產品製程、廣告、銷售的過程中，政府相關部門雖負擔起相關的公權力執行與規範，但也常常防不勝防，因為許多劣質商品魚目混珠的藏在一般商品中，政府單位真是捉不勝捉，導致許多消費者持續受害，例如 2013 年臺灣大統公司被爆油品不實的狀況，用混油的方式還強調 100%特級橄欖油，還惡劣的混摻了對人體造成傷害的銅葉綠素和棉籽油等；2021 年疫情時間也常發現一些黑心商品，像是黑心血氧機、仿冒隔離衣、仿冒快篩試劑和一些不合格的口罩等，讓消費者受害受騙。

因此，要讓這些不肖商家能被揪出來，除了執法機關的努力外，最大的約束力是來自消費大眾的，消費者如果都擔任監督者，隨時提報不肖廠商，堅持拒買違規商品或是抵制違規商家，這些不肖的業者自然會被社會大眾所淘汰。

消費者的力量是很大的，企業的經營絕對不要忽略消費者的聲音與力量。如果政府規範明確，落實公權力的執行，企業誠信可靠，再加上消費者一起監督的話，健康與安全的生活品質自然就會形成，因此，為了自身、家人、親朋好友的生活安全與健康著想，每一位消費者都應該扮演監督者的角色。

 行銷的應用

影響消費者行為的相關因素很多，因此行銷人員必須要很清楚所有可能影響消費者行為的相關因素，藉以預測可能的消費行為，或是掌控可能的突發狀況。行銷人員可以藉由相關資訊科技來分析這些不同因素的影響，在組織中設置一個資料庫，進行相關的知識管理，並且確實的掌握消費者的行為模式與行為變遷。

專欄 1-4

讓企業更貼近消費者的系統：CRM

CRM 在這幾年已經是每一個成功企業必備的武器，國內外許多企業也斥資導入相關技術建構 CRM 的系統。所謂 CRM 就是「客戶關係管理」(customer relationship management)，是一種運用資料庫進行相關資訊整合的軟體。CRM 最主要的目的在於利用企業的智慧科技來找尋與產品或服務契合的消費者族群，並在這些族群中，確認具有採購能力、信用好、忠誠度高、未來價值潛力大的好顧客。

CRM 的主要目的在透過各種行銷的組合工具，來吸引顧客購買的動機。例如：CRM 可透過網站的設立、Push 科技、目標行銷、一對一行銷、量身訂製的產品設計、差異化的定價、事件行銷等各種手段來吸引消費者的注意，並讓他們上門來採購，並持續不斷地提供顧客「超過其預期」的服務品質。CRM 也是建立顧客忠誠度重要工具，例如如何量身訂製其產品、如何讓其在每次採購中都有非常愉快的購買經驗、如何針對有價值的客戶提供差異化的服務，以及如何透過忠誠計畫（例如：計點、累積里程）來鎖住老顧客等各種手段都可以透過 CRM 來完成。

CRM 系統的功能在於能由交易資料中，將顧客依不同的價值程度作分類，配合資料採購系統進行分析，能讓企業輕易的區隔出哪些顧客是大顧客、哪些顧客是消費少的顧客，以發揮 20/80 法則的施力點。CRM 還可以進一步利用交易金額、交易頻率、交易行為特性進行相關分析，同時配合顧客基本資料（性別、年齡、教育程度等）與了解顧客需求，以真正掌握顧客關係，更清楚的了解不同的顧客區隔對企業的貢獻度差異性，進而在更加了解顧客終生價值的情況下，發展出更適當的個別行銷策略、進行差

異化行銷，平時針對會員進行 APP 的個別廣告推撥。2021 年三級警戒時，國內知名女裝品牌公司 SO NICE 關閉北北基門市的同時，公司總部從 CRM 找出會員名單資料，分析顧客喜好然後分配給店員，再透過電話、簡訊、LINE 等方式對顧客遠端銷售，疫情期間這樣的 CRM 操作為公司帶進上千萬的線上業績。

加油站

別為你的產品找顧客，為你的顧客找產品。

Don't find customers for your products, find products for your customers.

賽斯・高汀(Seth Godin)行銷專家

第四節 ▷ 消費者行為模式

一、模式的定義

社會科學家在不同的領域中，都喜歡運用許多不同的模式來解釋事情的內涵。所以何謂模式？模式有何用途？應該在探討消費者行為時先了解一下。

所謂模式是指能包括某一部分系統之部分或全部的架構(David, 1996)。模式也是指將某一主題的真實生活相關要素簡化後，透過圖解或是流程的呈現來代表著一個系統、關係或是過程，以用來作為解釋、測量、描述或是進行預測的一個架構，模式的了解也有助於我們對於不同研究主題進行架構規劃的能力。模式的行程架構請參考圖 1-4：

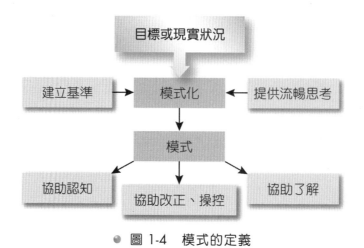

● 圖 1-4　模式的定義

　　模式可以提供我們對於事情真相的了解與預測，消費者行為模式的認識也具有同樣的功能，也可以幫助我們達到了解消費者的行為、預測消費者的行為與控制消費者的行為。

專欄 1-5

網路驚人的傳播力量與影響

　　2023 年初疫情慢慢減緩、各產業努力整裝待發時，日本岐阜縣一名 17 歲高中生，在迴轉壽司店「壽司郎」內惡作劇，在用餐時拿起桌上的醬油罐狂舔，接著再拿旁邊的茶水杯吸吮一圈再放回，全部過程放在抖音後在網路迅速瘋傳，嚇壞不少民眾，事件爆發後整間店空無一人，其他連鎖店面也受到嚴重影響，壽司郎股價因此重挫，市值蒸發 168 億日圓（約新臺幣 39 億）。

　　接著網路的瘋傳與模仿效應也陸續發酵，類似的事件接二連三發生，相關不同的商家也受到波及，新聞將這樣的事件稱為：恐攻噁心事件。這樣的行為絕對是非常不當、必須撻伐的，犯錯惡搞的人也應該受到應有的懲罰。但這樣的

事件也讓商家感受到網路的世界無遠弗屆與可怕傳播力量影響深鉅，消費者非常容易受到網路訊息的影響，因此商家不得不重視網路的力量與可能的影響，並必須有相關的防範與因應之道。

二、EKB 消費者行為模式的內涵

根據上一節的內容，我們可以進一步將可能影響消費者行為的各種因素，以模式的方式來闡述，以下分別敘述之：

(一) 消費者模式之流程圖

現代學者從消費者的複雜行為中，抽絲剝繭後以明確的變數來表達消費者的行為模式(consumer behavior model)，提供了消費者行為分析與研究的基本架構。

為了了解外在環境的刺激與消費者內在因素，如何牽動消費者的購買決策模式與習慣，以及消費者行為變數和各變數間的流程關係，本書以 EKB Model 理論模式為主要的架構進行相關探討與分析。

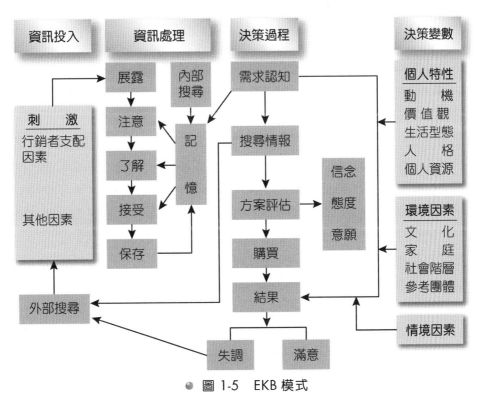

● 圖 1-5　EKB 模式

資料來源：Engel, Kollat and Blackwell(1968)。

EKB Model 理論模式是 Engel、Kollat 和 Blackwell 在 1968 年所提出的理論。他們指出消費者的行為是一種決策過程，為一種連續的過程，而非間斷的個別行為，這論點發展成一個消費者行為模式，因取其三位學者姓氏之第一字母，簡稱 EKB 模式，此模式在 1978 年修改完整後，因為是最為詳盡完整的消費者行為模式，而成為近年來研究消費者行為的主流模式。其流程圖如圖 1-5：

（二）EKB 模式四大部分

1. 資訊投入(information input)

消費者接受的訊息刺激，主要來自於廠商的行銷活動和消費者自己解決問題的外部搜尋資訊。

2. 資訊處理(information processing)

訊息處理包括消費者的展露、注意、了解和認知、接受與訊息保存等階段。

3. 決策過程(decision-process stages)

決策過程為模式的核心，消費者的購買決策涵括了五個階段，需求認知、情報搜尋、方案評估、購買與購後結果。分別以下：

(1) 需求認知：當消費者認為生活中實際的情況與理想企盼的情況差距過大，並超過了個人所能忍受的範圍時，就會產生需求。需求認知為決策過程的第一步驟，旨在探討引發決策過程的因素，當消費者的內心狀態與實際狀態不符合時，便會引起需求動機，並喚起知覺上的需求，進一步產生問題與需求的認知。

(2) 搜尋情報：當消費者產生需求認知後，會進一步搜尋相關的資訊。若消費者既有的記憶或經驗可解決問題時，則可進入下一階段、直接進行方案評估；但若個人資訊無法解決需求問題時，消費者將會向外部搜尋相關資訊，一直持續到資訊充足為止。消費者在外部搜尋的過程中，可以增進對市場資訊的了解，有助於對產品或品牌的評估。

(3) 方案評估：當消費者收集完相關情報資訊後，就可以直接針對這些資訊或可行的方案進行比較與評估，以縮小其選擇範圍，並決定一項符合個人需要的方案。此階段又可分為四個部分：

A. 評估準則(evaluative criteria)

評估準則是指消費者用來衡量產品標準的因素，常以產品的屬性或規格內容表示之。此評估準則的選定，主要是受到個人的內在動機、個性和生活型態等不同因素所影響。

B. 信念(belief)

所謂信念即消費者對於各方案或品牌之評估準則的評價。

C. 態度(attitude)

態度是指消費者對所有方案或品牌在各項評估準則上的評價，並形成對於各方案或品牌的一致性喜好程度。

D. 意願(intention)

意願是指消費者選擇某一特定方案或品牌的主觀傾向。這樣的傾向會受到消費者的家人或參考群體所提供資訊的影響，也會受到個人對於規範順從性的影響。

(4) 購買：經過前一階段的方案評估之後，消費者會進一步做出產品或品牌的購買選擇決定，但是，此一購買決策仍受到個人購買時的情況和不可預期狀況所干擾，如個人當時的情緒因素，或是賣場的相關情境因素等。

(5) 結果及購後行為：經過購買及使用後，消費者會產生兩種可能的結果與反應：

A. 滿意的結果：滿意是由消費者的信念和態度與預期結果達成所導致的狀況。

B. 決策後失調：決策後失調是一種負面的結果，也就是說消費者對於產品所期望的結果未能達成。因此，消費者會懷疑過去的信念與所收集的相關資訊，並更明確了解符合他所需要的產品屬性，所以，消費者會繼續搜尋情報，直到找到最滿意的方案為止。

4. 決策過程的影響變數(variables influencing the decision process)

Engel, Blackwell, & Miniard (1995)認為，消費者做決策的過程中會受到許多因素的影響，這些主要的影響因素包括了三類，一為環境因素、二為個人特性、三為情境因素。摘要敘述如下：

(1) 環境影響因素

A. 文化(culture)：廣義而言，文化係指人類社會歷史演變過程中，所創造的物質財富和精神財富的總合。狹義來看，它又代表知識、信仰、藝術、法律、倫理道德、風俗習慣等所組成的複雜概念。

B. 社會階層(social class)：社會階層是指社會中因為社經地位、價值觀、興趣及行為特質相似的人所組成的不同群體，因為其行為模式的差異，也導致不同的消費行為。例如：所選擇的車種、常去購物場所、身上的穿著打扮及休閒的方式等。

C. 人員影響(personal influences)：我們的行為常受身邊親近或認識的人所影響，這些提供規範與價值觀來影響他人行為的群體可稱為參考團體(reference group)。而提供想法與建議的個人則可稱為意見領袖(opinion leader)，意見領袖對消費者的購買行為、資訊搜尋與使用，對廣告的反應及品牌的選擇有重大與直接的影響。

D. 家庭(family)：家庭常是個人消費的最基本決策單位，家庭的管教方式、生活信念、與成員互動模式存在著不同類型、功能、及複雜的角色扮演。

(2) 個別差異

A. 消費者資源(consumer resources)：消費者的資源數量會影響其購買決策，例如消費者在做決策時，會考慮時間、金錢、資訊接收與處理能力，由於每個消費者在這三者都有一定的可用度與限制條件，因而會影響其購買決策。

B. 知識(knowledge)：知識即存在記憶中的資訊即有關取得產品與服務之特性、購買時間與地點、及如何使用產品等相關訊息。

C. 態度(attitude)：對產品或品牌的態度，會影響消費者的行為。態度是對一個可行方案正面或負面的整體評估。態度一旦形成，對未來的選擇，即扮演很重要角色。改變態度也常是行銷努力的目標。

D. 動機(motivation)：動機的起始點來自於需求的激發。當現實的狀況與期望有差距時，就會產生需求。

E. 人格價值觀與生活型態：人格是消費者對環境刺激的一致性反應。而價值觀代表著消費者對人生、生活如何接受的信念。生活型態是一種系統性的觀念並由文化、資源、法律及價值觀等力量所造成，進而影響消費者行為。

(3) 情境因素

人類的行為常會隨情境不同而有所改變。這些改變常是一瞬間、一時衝動、或情緒性的行為。這些行為是可以透過研究加以預測與控制的，以協助行銷制定相關策略。例如行銷人員可以在零售賣場中進行相關情境規劃，以影響消費者購買的心情，像是賣場的氣氛設計、裝潢擺設，音樂、動線等，皆會影響消費者的行為。

三、EKB 模式的優點

使用模式的好處在於思考上可提供參考架構、易於剖析問題核心，並可使用符號表示以求簡化（Engel，1995；王駿良，1999）。王駿良(1999)提出 EKB 模式具有下列三項優點：

（一）完整性

EKB 模式所涵蓋的變項相當周全，能夠說明消費者行為的整個流程。

（二）流程化

在 EKB 模式中，具有關聯性的變項都以符號的方式加以連接，使研究者易於確認變項間的關係，同時也利於假設之建立和研究結果之解釋。

（三）動態性

EKB 模式融合了早期許多學者和專家對於消費者行為看法，因此是一個相當完備的消費者行為模式。

四、消費模式的補充說明（混沌歷程）

由於科技的發達、網路的便利、智慧手機的普及等因素，消費者得到資訊的來源更方便更廣泛，相關的決策模式也變得更複雜多元，Google 在 2021 年釋出的智慧消費關鍵報告 中就指出「資訊爆炸改變消費者思考與行為模式，購物路徑更加複雜化」。以前單純的線性消費歷程：需求→探索→評估→購買，現在已變成反覆來回的「混沌歷程」，也就是說消費者在購買前會反覆的探索和評估所有的資訊。

Google 2021 年的報告中指出以美妝保養的品類為例，消費者平均從產生需求到購買會經由「**56 個資訊管道+平均 54 分鐘的資訊攝取時間+比較 7 個品牌**」才會完成購買決策。

對於商家來說、因為「混沌歷程」的消費模式、商家必須在每個有可能被查詢到的資訊管道中，都預先設計完善，設置好地羅天網、鋪天蓋地才能夠掌握消費者的需要，網絡消費者。

當然 EKB 模式提供消費者行為模式的基本架構、流程與相關影響因素，是我們基本要認識的之外，更應知道在資訊爆炸的網路科技時代中，消費者決策的

過程會反覆搜尋、時間也會拉的更長，歷程會更加混沌的，企業也必須有所準備與因應。

本書的架構

本課程的設計即是以消費者行為模式為基礎，課程的探討是以影響消費者行為與決策的相關因素進行探討。其中包括：第一篇導論，探討第一章消費者行為緒論與第二章消費者決策過程；接著探討第二篇影響消費行為的內在因素，其中包括：第三章知覺與消費者行為、第四章消費者的學習、第五章消費者的動機、第六章人口統計變數與生活形態、第七章態度與價值觀、第八章人格特性；在探討完影響消費者行為的內在因素後，繼續探討第三篇影響消費者行為的外在因素，探討內容包括：第九章家庭與消費者行為、第十章參考群體與消費者行為、第十一章社會階層與消費者行為、第十二章文化與消費者行為。此外，本書最後也規劃三個章節的綜合性議題，其中包括：第十三章消費者行為研究，第十四章行銷管理與消費者行為，以及第十五章創意行銷與消費者行為。

除基本課程外，本書也設計相關實務的議題供讀者閱讀與討論，其中包括消費者行為專欄、創意思維專欄、科技專欄、人文關懷專欄與個案研討，本書期盼讀者可以從不同的角度來思考消費者行為，以增加學習的廣度與深度，相信本書的安排一定能帶給讀者最好的學習經驗與收穫。

 專欄 1-6

2022 外送平臺服務金牌獎：Uber Eats

工商時報主辦之「2022 臺灣服務業大評鑑」得獎榜單出爐，各產業都有新的公司嶄露頭角。其中 Uber Eats 以客戶安全、便利性及打造消費者最貼心的外送體驗為重心的經營理念，在外送平臺產業獲得金牌獎殊榮。

在疫情時代 Uber Eats 落實「零接觸外送」，配合政府政策讓在宅防疫、遠距辦公的人都能安心點購三餐飲料與相關生活日用品，也減少外送合作夥伴的風險，Uber Eats 也不斷優化 APP，升級「自取」功能，增加「地圖」介面讓消費者更快找到商場完成購物。Uber Eats 臺灣總經理李佳穎在頒獎典禮上表示，除了安全，Uber Eats 以「最多商品選擇」、「最高訂單完成率」、「約 30 分鐘以內即時送達」等策略，期許打造最佳外送體驗，成為臺灣外

送服務品牌第一名，也期許透過 Uber Eats 的服務讓每一位消費者「工作和家庭都能圓滿富足」。這種重視消費者感受、廣泛的合作夥伴關係及平臺強大的技術服務，讓 Uber Eats 得到金牌的殊榮實至名歸。

個案　疫情下的消費市場變化與因應之道：以瓦城餐廳為例

　　2020 年是全球疫情爆發的年份，疫情的源頭被認為是位於中國湖北省武漢市的華南海鮮批發市場。初期病例被證實是由一種新型冠狀病毒引起的肺炎，隨著病例的增加，這種病毒被正式命名為 COVID-19。COVID-19 的爆發在短時間內迅速蔓延至全球，成為一場全球大流行病。全球各國相繼實施了不同程度的限制措施，包括封鎖城市、關閉學校和商店、限制出行、實行社交距離等措施，以減緩病毒的傳播和控制疫情的擴散。

　　COVID-19 的爆發對全球經濟、社會和醫療系統造成了嚴重的影響，並持續對全球健康和經濟帶來挑戰。經過全球各國攜手合作，共同應對這場全球疫情，2023 年後疫情趨緩，但有鑑於病毒不會消失，世衛組織也建議各國政府從嚴格的封鎖隔離轉換成與病毒共存。但這 2~3 年的疫情時代影響消費市場甚鉅，連 2023 年與疫情共存的後疫情時代都是讓企業戰戰兢兢。全臺疫情持續延燒，影響民眾內用意願，使餐飲業面臨新一波挑戰與衝擊，很多公司、餐廳因此倒閉關店，但有些公司卻是穩定成長。

　　工商時報主辦之「2022 臺灣服務業大評鑑」中，不同產業各公司頭角崢嶸，而餐飲業中瓦城獲得餐飲業金牌的殊榮，其在疫情洪流的時代沒有裁員，年度的營收也沒有減少，瓦城因應疫情的狀況調整營運模式，符合消費者的期待，才能獲得消費者的肯定而屹立不搖。

　　瓦城泰統集團以樂觀態度迎接挑戰，推出四大重點營運策略，獲得消費者的信賴，其中包括基本工作：持續以「安心餐廳 2.0」最高標準防疫措施守護顧客安心用餐無虞。定期消毒：瓦城餐廳定期對店內環境和設備進行消毒，特別是對餐桌、椅子、餐具等高接觸面進行消毒，確保員工和消費者的健康安全。給予員工必要的防護措施：瓦城餐廳給予員工必要的防

護措施,例如口罩、手套等,以保護員工自身的健康。也配合政府政策:瓦城餐廳積極配合政府的防疫政策,例如減少客人人數、實行預約制、提供消毒酒精等。

這些都是疫情時間「最基本」的工作,疫情時期瓦城能屹立不搖、能持續發展,還是在於其創新的行銷策略與思考。例如推出全新泰式及中式個人餐上市,包裝與菜色設計新穎,提供顧客全新味覺與視覺感受,其中瓦城餐廳推出了更多的健康餐單選擇,例如蔬菜沙拉、燉湯等,提供更多健康、營養豐富的飲食選擇,以滿足消費者對健康飲食的需求。

進一步,因為疫情關係,客人不走進來,企業就要走出去,瓦城啟動全臺最大雲端廚房量能,滿足需求占比隨疫情持續擴大的外帶外送服務,瓦城擴大宅配服務範圍,增加了送餐員的數量,以滿足消費者對宅配服務的需求。

瓦城餐廳也認知網路的影響力量,通過建立在線社群,例如 Facebook、Instagram 等,與消費者保持良好的互動和溝通,同時向消費者介紹餐廳最新的活動、菜品和優惠等,增強了消費者對瓦城餐廳的關注和信任。此外,瓦城也推出限定優惠:瓦城餐廳也推出了限定優惠,例如打折、送禮品等,以吸引更多的消費者光顧。瓦城餐廳在疫情期間加強了品牌形象的建設,例如進行網站改版、提升店內裝修等,以提高消費者對瓦城餐廳的品牌認知和信任度。

總體來說,瓦城餐廳採取了多種具體的措施和策略,以應對疫情所帶來的挑戰和困難,並且在疫情期間取得了一定的成果和效益。這些做法和策略都是建立在對消費者安全和健康的保護之上的,同時也為瓦城餐廳在未來的發展奠定了更加穩健的基礎。國內瓦城餐飲也因應這場世紀的疫情風暴,做了許多調整,儘管 2021 年中受本土疫情內用禁令影響,全年仍維持獲利,可說是名列餐飲界的前段班。其優質的服務表現也獲得 2022 年最佳服務業餐飲業的金牌。

問題與討論

1. 請從消費者角度思考，分享國內外企業在疫情時間仍然屹立不搖的具體做法與成功之道。

2. 2020~2022 年的疫情影響，許多企業因此關門倒閉，未來天災人禍也許還會發生，企業應該要有怎樣的思維與準備才能面對未來未知的挑戰呢？請討論。

學習評量

一、是非題

1. (　　) 消費者面對的實體環境中相關因素都可能會影響消費者的行為。

2. (　　) 消費者行為是一種動態、互動的過程。

3. (　　) 行銷人員可以藉由環境方面的操作,來影響消費者的產品涉入程度。

4. (　　) 所謂「EKB 消費者的行為模式」中的 E 是代表刺激、K 是代表知識、B 是代表購買。

5. (　　) 所謂消費者行為的範圍不完全是指實際的購買行為。

6. (　　) 消費者行為包含許多不同的角色,也包含許多不同的活動。

7. (　　) 消費者行為的研究有助於行銷策略的擬定。

8. (　　) 不同的文化背景的消費者會有不同的消費習性與行為。

9. (　　) 「EKB」消費者模式可以清楚的了解消費者行為的相關影響因素。

10. (　　) 消費行為也包括相關商品使用後的個人滿意度情形。

二、簡答題

1. 研究消費者行為的目的為何?

2. 請寫出並說明五個影響消費者行為的內在因素?

3. 請寫出並說明五個影響消費者行為的外在因素?

4. 請寫出三個消費者行為的特性?

5. 請寫出消費者行為模式的四大部分?並加以說明。

Chapter 02

消費者決策過程

 前言

　　在了解消費者行為的意義、重要性及消費者行為模式後，本章將針對消費者如何進行決策加以探討。除了了解消費者行為決策的輪廓外，也讓我們一步一步來討論影響這些決策的相關因素。這樣的安排有助於對消費者行為的流程更加熟悉。

　　消費者的決策過程是一種消費者內心的思考流程，這些思考包括確認需求、尋找滿足需求的資訊、決定滿足需求方案等，相關的決策內容包含了思考產品的種類、購買價格的比較、購買的數量決定、購買的地點選擇、購買的時機確認等。因此消費者的決策過程是許多資訊的整合與處理的過程，也是一個在許多替代方案中進行選擇的過程。

　　消費者的決策過程是消費行為模式的中樞，因此了解消費者行為的決策過程，可以幫助我們了解消費者內心狀態與想法，也可以知道消費者決策時的考慮及影響因素。這些了解可以協助行銷人員更有效的進行相關規劃，以刺激、提供、影響或滿足消費者的相關需求，並藉此引發實際的購買行為。

專欄 2-1

大男孩的故事

　　相對於女性來說，為何許多男性的購買行為是被忽略的呢？事實上，許多男性的商品大部分都是女性代為購買的，購買的決策也都由女性主導的居多，似乎男性許多生活所需的商品大都經由女性來決定的，不是嗎？

　　男性從出生後就由媽媽照料一切，居家生活中的相關需要也都是用媽媽買的，或是用姊妹買的東西，其中包括個人內衣、內褲或沐浴用品等。年紀稍大後交了女朋友，許多生活必需品開始轉由女朋友打點，結婚之後不管是吃的、用的、穿的也都是由老婆來負責。所以有人說，男人不管多大都活像是一個大男孩，需要女性來照顧，這似乎是一個事實？！

也因此許多男性商品的設計，或是促銷廣告的宣傳大都是以女性的審美觀、想法，或是價值理念來思考，因此男性的專用商品也都常出現在女性市場的雜誌中。男性的促銷商品中有時也會強調男性相關用品所呈現出的家庭價值或將商品與「愛意」或「關心」進行相關連結，來代表女性的細心與用心。在 2022 年相關研究中，女性代購男性商品以亞洲國家最為明顯，中國的男性商品超過 60% 是女性代購，韓國的男性商品甚至 80% 是女性代購。因此，如果大男孩的現象持續存在，男性商品的製作、包裝、廣告宣傳等行銷手法都還是必須考量到女性進行購買時所考量因素與決策過程，才能夠掌握男性用品的銷售量與表現。

第一節 ＞ 消費者決策的過程

消費者購買行為是一個複雜的決策過程，這過程中消費者會融入自己的經驗、想法及外在相關的訊息進行整合與判斷，進而做出決定。例如消費者先前的正面購買經驗就容易在相似的購買情境中複製；此外，許多公共媒體對於某些商品一連串正面訊息的報導也會成為消費者進行決策時的重要參考。

當然在前一章所提到的「EKB 模式」中的各種內在與環境因素，也都會影響到消費者的決策，其中包括消費者的態度、價值觀、學習、人格特質、生活型態等，及外在因素如家庭、參考團體、文化與相關行銷因素等。本章先針對消費者的決策過程進行討論，其他相關影響消費者行為的內、外在因素，請容於後續章節中再進行探討。

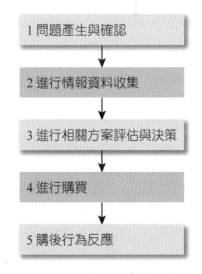

● 圖 2-1　購買程序的五階段

一般所論及的購買決策過程通常有五個階段，包括：問題產生與確認、進行情報資料收集、進行相關方案評估與決策、進行購買、購後行為反應。大多數的人都認為消費行為就是購買行為，事實上從購買的五個過程中可以清楚的了解消費行為實際上在購買行動前即已開始，而且在購買後還仍未結束。其流程如圖 2-1 所示。

但是由於資訊與科技的發展與發達，消費者的許多決策事實上也不多是直線的、線性的思考模式。Google 在 2021 年的「智慧消費關鍵報告」中就指出由於科技的進步、網路的便利、智慧手機的普及，消費者行為的過程模式變得更加複雜化。

Google 透過影音觀察 31 種品類、310 個不同消費者的購買歷程，並結合行為心理學基礎，提出了一樣新的模式理論：「混沌歷程」。混沌歷程指的是，當消費者出現購買需求後，將會經過反覆來回的探索與評估，接觸多元平臺，從不同的資訊管道中搜集相關資訊，最終才會完成購買決策。

以前單純的線性直線消費歷程：需求→探索→評估→購買，現在已變成重複反覆來回的「混沌歷程」，整體消費過程、時間、決策次數等會更加多元與複雜。數據也顯示，將近 53%消費者在消費品購買歷程上較以往花費更多的心力。

第二節 ▸ 確認問題與需求

消費者購買行為的動機是源自於「需求」的產生，這需求可能來自於內在生理或心理的匱乏，例如飢餓的需求會導致購買食物的消費行為；需求也可能是來自外在環境的刺激，如朋友對自己髮型的嘲諷會導致個人上髮廊的消費行為；或是生活上的需要，如手機壞了會導致購買新手機的消費行為；或源自於一種欲望，如想要更高級的育樂視聽設備，進而購買真空管的擴大機。這些不同需求大都是購買者本身覺得實際的狀況和想要的狀況間有明顯的差異時產生的。

因此，消費行為源自於需求的產生，而這些需求的來源包括兩部分：一、個人內在因素：其中包括個人食衣住行育樂上的不滿足，或是個人求新求變的期待；二、外在因素：包括市場上相關的行銷刺激，或是社會生活上的模仿或學習等。這些不同的內外在刺激會讓個體產生需求，並引發相關滿足需求的行為。

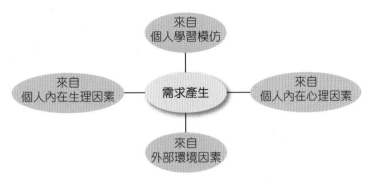

● 圖 2-2　消費者需求的來源

此外，一般需求可以分成兩大類：一是基本需求、二是選擇性需求。所謂基本需求是指產品或是服務滿足消費者基本的需要，例如飢腸轆轆時，一大碗飯可以直接滿足生理的匱乏，而「飯」這項產品就是屬於基本的需求，這些基本的需求大多是生理層面上的物質需求。而有些消費者吃飯時卻選擇了大飯店或知名餐廳的高級牛排，這些「高級牛排」就是屬於選擇性的需求，選擇性的需求大都以心理層

● 精緻、美味的牛排滿足視覺上的享受，更滿足了心理的需求（攝影：曾麗芳）

面上的精神需求為主。在這樣的需求下，除了精緻的食物外，用餐的環境、氛圍、感受及服務過程就顯得相當重要了。

行銷的應用

實際了解消費者生活上的需要、不滿或是匱乏是行銷人員應該要知道的常識，因為從這些了解中可以提出解決方案、或是提供更好的選擇，這些作法都可以發展出合適的行銷策略與激起消費者興趣並創造出無限的商機，因為顧客的不滿意與抱怨是市場商機的重要來源，例如 2009 年臺灣興起的新消費者運動，就是企業從「奧客」中學習，並獲得更多的商機。

2022 年臺灣服務業大評鑑中得到服務尖兵獎的瓦城店經理蔡淑玲也表示服務顧客時要拿出同理心與真心才能解決客人的不滿與投訴。哈佛教授李維特(Theodore Levitt)說過：「與顧客之間的關係走下坡路的一個信號，就是顧客不抱怨了。」因此顧客的不滿與抱怨是我們企業成長的動力。

另外，製造生活中的不平衡或是不滿也是一種刺激的作法，例如郵輪公司在廣告中提出坐飛機旅行的擁擠與危險，進而強調郵輪的舒適與休閒。或是強調一種生命價值觀，如 XBOX 360 的廣告中強調「life is short」要大家「play more」的作法都是一種刺激。另外，許多航空公司期望顧客能有更多的消費，因此常會訴求更高的生活享受，希望顧客選擇商務艙或頭等艙的旅行。

不過在訴求相關需求或是問題時，還是要以消費者的認知為主，消費者必須要覺得有意義才會刺激相關消費行為，如圖 2-3 所示：

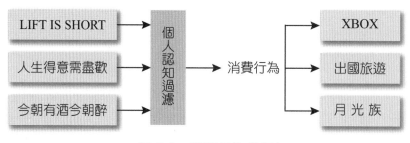

● 圖 2-3　購買行為與認知

3M 公司不斷刺激與創造需求

　　3M 公司是一個相當重視創意與新商品的知名企業。其每次上市的新商品也總是帶來許多市場的讚美，並激發起消費者的共鳴。3M 公司為何能成功的開發出這麼多的商品呢？事實上，3M 公司是深入消費者日常生活中，透過無數的觀察與實驗將許多不甚完美的商品予以改革，或是將現有商品進行改善使其更趨近於完美。

　　例如「3M 超強淨可拋式馬桶刷」就針對傳統式馬桶刷進行許多改良，也切合了消費者的需求。傳統式的馬桶刷有許多不足與缺點，例如在使用時有許多邊緣處是刷不到的，以致於汙垢持續累積；而傳統式的馬桶刷刷完要清洗，也堆放在馬桶旁，但這樣的作法不僅不便，因為會產生臭味，也不衛生。這些問題 3M 都看到了，而推出全能強效蝶型刷頭，設計人體工學握把及可拋式的刷頭，讓消費者在使用上更方便、更衛生。

　　3M 的其他商品也都有非常亮麗的成績，如：3C 魔布、便利貼、隨手黏、反光隨身帶等商品，都讓消費者驚嘆不已。這些商品的成功在於 3M 能

成功的激發起顧客的需求，能喚起消費者對於現實生活不滿的知覺，更能引起消費者對於更完美商品的渴望，而當這些需求、知覺與渴望被喚起時，消費者更可能進一步進行相關的消費行為，企業也因此從中得到機會。

近年來 3M 也致力於環保相關努力，2021 年 7 月，3M 公司宣布向其全球合作夥伴發起了一個名為"Vitalize"的計畫，旨在幫助客戶實現可持續發展目標和減少碳排放。2021 年 11 月 3M 公司發布持續發展報告，報告指出公司在減少碳排放、促進多樣性和包容性、推動產品創新和提高工廠效率等方面取得了進展並也推廣在相關產品設計中，除了造福消費者之外，也讓地球環境更好。

第三節 ▶ 進行情報資訊收集

消費者決策的第二個過程就是進行情報與資訊的收集。也就是說當消費者在產生需求時就會引起動機，這些動機會刺激個人積極的展現相關資訊搜集的動作。所謂資訊搜集是個體為了滿足需求目的，所從事的心理以及實質的資訊搜尋以及處理之活動（勞頓和畢塔 Loudon & Bitta, 1988）。一個受到刺激的消費者會提高對相關事物的注意力，投入較高的關注，或透過各種管道主動搜集資訊。像是許多消費者從不注意與汽車相關的廣告，但是當需要買車時，會對汽車廣告的資訊更加注意，喜歡的汽車品牌在路上也好像突然變多了，這些都是需求所引發的現象。本節關於資訊的收集探討分成三部分：一是資訊來源；二是影響收集資訊的因素；三是資訊的內涵。以下分別敘述之：

一、資訊來源

消費者的資訊收集一開始會從自己現有的記憶中尋找所需的相關資訊，若這些資訊無法解決問題時，則會向外界尋求資訊，包括商家、朋友或是觀看公共報導等。所以消費者的資訊來源可以區分成內部資訊與外部資訊。

（一）內部資訊

所謂內部資訊是指消費者記憶中相關的訊息，這些訊息可能來自於企業成功的廣告儲存在消費者的記憶中，也可能來自於消費者個人過去的消費經驗的記憶。

　　一般消費者有明確的需求或問題時，通常一開始便會詢問自己如何解決這些問題或是需求，並進一步進行相關的回想，這些回想來自於自己的記憶，記憶可以提供消費者立即的解答，像是記憶中對於某商品有特別深刻的正面印象，就可能直接提供購買的決定，也因此「讓顧客記得」是許多企業在進行相關行銷策略或廣告時，最重要的設計重點。

　　許多記憶也來自於消費者個人先前的消費經驗，這些記憶可能是正面的，也可能是負面的，例如對相關商品的滿意度高低或是相關正面或負面的評價，這些來自記憶中的評價或是滿意度都是一種資訊，也都會影響消費決策的過程。

（二）外部資訊

　　當消費者的內部訊息不足以提供滿足需求的狀況時，通常就會進行外部資訊的收集，當然，有時為了獲取更多訊息以確保決策品質時，不論內部訊息如何都還是會向外部尋找更多的資訊。

　　外部資訊來源一般包括：商業來源、公共來源、經驗來源及個人來源。以下分別敘述之：

1. **商業來源**：在消費者所收集的外部資訊中，有許多資訊是由企業自己所設計提供的，所以具有明顯的商業企圖，雖然這些資訊都充滿「老王賣瓜」的感覺，但也都提供了許多產品基本的訊息供消費者參考。這些訊息的來源可以是促銷人員、廣告或商品本身的包裝標籤等。為了讓消費者接受訊息，企業會運用代言人的方式引起共鳴，或透過專家、相關研究證據來說服消費者，這些相關的手法推陳出新，讓人目不暇給。

2. **公共來源**：公共報導的來源包括政府媒體或是大眾傳播媒體。一般公共報導被稱為是公正的第三者，所提供的訊息也都具有高度的客觀性，所以許多消費者在進行外部資訊收集時，公共報導是一項重要的客觀資訊來源。也因為公共報導被視為是公正的，因此大眾傳媒或是政府在處理一些事件時，應該堅守公平正義的防線，不能因為有立場就沒有是非，或是私下接受商家賄賂而做出不實的報導。不過一般來說消費者是相信公共報導的公平性的。

3. **個人經驗來源**：個人經驗是指消費者個人在正式購買之前在外在的環境中親身的產品經驗與感受。也包括個人在消費現場時相關的體驗，如實際操作商品，或是相關試吃、試用的經驗等。這是個人在正式消費之前最接近商品的一個資訊來源。

4. **個人來源**：個人來源是指某些體驗是從其人際關係中所得知的，如朋友的建議與相關產品的經驗，其他如同學、同事、或是家人等，也都是個人重要的資訊來源。

 行銷的應用

　　消費者收集資訊的來源很多，行銷人員也應透過不同的媒介提升自身的產品曝光率。企業自己製作的相關資訊，應盡量符合消費者的價值觀、生活型態的需求等，並能夠真實提出解決消費者的問題訴求，才能打動消費者的心。例如 3M 的每一樣商品都是針對消費者的真實需要所開發出來的，像是隨手黏毛絮黏把防止毛絮亂飛，百利菜瓜布防止刮傷餐盤，或可拋式馬桶刷防止細菌滋生等。

專欄 2-3

網路是現代人重要的資訊來源

　　現代人的生活中幾乎脫離不了網路，雖然網路的發展也才十餘年，但現在幾乎已是每一個人生活的一部分，或者可以說是生活的方式之一。

　　也因此，對於許多消費者來說，網路是相當方便的工具，也是一個重要的資訊來源，許多來自全世界百萬筆的資料，彈指之間在幾秒鐘內可以完全獲得。現在許多世界知名的大學也都陸續將其數百萬冊的藏書製作成數位資料，以便於未來完整提供網路查詢。因此，網路已經是一個現代人生活中不能缺少的一部分。

　　許多有上網經驗的消費者，在購買商品時多數都會上網比較品牌間的差異，或是價格的高低，以作為購買的參考依據（當然有時也會在網路上直接購買），許多搜尋網站的功能也都非常強大，像是在 GOOGLE 上輸入「3M」，會出現七千多萬筆資料，

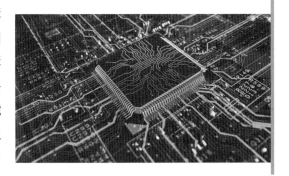

其他像是 YAHOO 等也都提供強大的搜尋功能，除此之外、FACEBOOK、LINE、INSTAGRAM 或是抖音、小紅書等社群軟體也都是年輕人詢問和收集資訊的重要來源。網路儼然已經成為消費者一個重要的資訊收集來源了。

二、資訊收集的影響因素

消費者對於資訊收集的過程因人而異，其搜尋程度受到不同因素的影響。學者阿薩爾(Assael, 1992)研究指出購買時，知覺風險若越高，則資訊收集總量則越大；比蒂和史密斯(Beatty and Smith, 1987)在研究消費者購買行為，發現消費者若缺乏產品的知識，則收集資訊的行為會趨向積極；而時間壓力則會阻礙對資訊的收集。斯里尼瓦桑和拉奇福德(Srinivasan and Ratchford, 1991)亦發現對產品所具有的購買經驗，會影響對資訊收集的行為，若以往經驗是負面的，則有可能增加資訊的收集（王駿良，1999）。

綜合以上不同學者的看法，可知消費者對於資訊的收集之程度會因為幾項不同因素而有所影響，這些因素包括：商品的重要程度、個人知識、對產品的興趣、過去經驗、對風險的知覺等。

（一）消費者的知識

消費者對於商品的認識程度或相關知識的多寡會影響資訊搜尋的程度，也就是說如果消費者對商品認識越多，相關知識越豐富就不需要去搜尋額外的或太多的資訊了；但相反的，如果消費者對於所要購買的商品是完全陌生、不熟悉的，則在進行相關購買決策前會需要收集更多的資訊。

（二）消費者的經驗

消費者在搜尋資訊時如果有相關的產品購買或是使用經驗時，一般來說會比較傾向不主動花時間搜尋資訊，並且購買的模式也大都會依循既有的經驗來進行。不過有學者指出產品的相關經驗與資訊搜尋的程度呈現一種倒「U」型模式，穆迪（Moorthy 等，1997）指出在商品較少經驗與較多經驗的情況下，消費者資訊搜尋較少，而在中度經驗的情況下有較多的商品訊息蒐集的行為。

（三）消費者的興趣

　　一般來說，消費者對於某商品越有興趣，大概也會投入越多時間在其中，包括收集相關資料、花時間分析或是比對資料等。像是許多棒球迷對於「臺灣之光－王建明」的許多資訊、球衣、簽名紀念品等都花相當多的時間進行收集，而且樂此不疲。

（四）對風險的知覺

　　消費者的任何購買活動都有不同程度的風險，像是高單價的商品、商品折損、仿冒品、缺乏保證或是商家倒閉等，都會讓消費者為此擔心不已，因此，消費者不同的風險知覺會影響資訊搜尋的程度。一般來說，消費者知覺到的購買風險越大時，會進行更更多的資料搜尋，以確保購買決策的安全性，也就是說當消費者進行購買時所知覺到的相關風險（如社會風險、心理風險、實體風險或財務風險）越多時，消費者投入在資訊收集的時間、精神相對的就多了些。

（五）商品的重要程度

　　消費者的購買如果牽涉到許多個人重要的或是有意義的商品，資訊的搜尋會更多，這些商品不一定有絕對的風險，但是對於個人的意義來說是相當重要的。例如婚喪喜慶相關活動所需要的商品或服務，對於每一個人來講可說是意義非凡，因此也都會花更多時間進行搜尋最好的資訊以供決策選擇。

行銷的應用

　　廣告是一般消費者重要的資訊來源，因此廣告的製作一定要讓人印象深刻，並且能完整表達出產品所提供的利益，才能得到應有的效果。廣告的目的不在搞笑，而是除了要讓人印象深刻外，更應該要具有促進商品銷售的功能。

三、資訊的內涵

　　消費者所搜尋的資訊代表著不同的意涵，訊息本身的呈現也有著不同的意義。一般來說，消費者會主動的搜尋訊息，也會被動的瀏覽訊息，因此消費者可能在決策過程中會面對一堆資料，而且必須從中去進行過濾篩選，消費者所收集

的相關資訊可能無法代表現有所有產品的組合，在已知的所有品牌所構成的集合稱為「知曉的集合」，其中有些可能會是購買的可能選項，有些可能是不會考慮的選項，例如一位學生想要購買一部電腦，他可能會進行相關資料的搜尋，其中可能會想到或是收集到的品牌包括：宏碁、聯強、IBM、HP、捷元、華碩、大同、SONY 等品牌，這些都可以說是該學生的知曉品牌。但是其中 IBM、HP 與 SONY可能是學生知道但不會考慮的品牌。除了知曉的品牌外，有些電腦品牌消費者不一定知道，我們稱之為「忽略集合」。像是美國的 DELL 電腦、GETWAY 電腦，國內的學生可能就不是那麼熟悉了。

有時消費者因為收集了太多的資料，又無法消化這些訊息時會產生所謂的訊息過多的現象。因此消費者可能因為訊息過多而必須進行篩選，導致許多訊息被刻意的忽略了。但有時也會產生訊息收集不足的現象，造成訊息不完整的情況，這時消費者可能會根據現有的資訊進行相關的推論，現有的資訊可能是產品的一些相關功能、顏色、價錢、包裝及品牌等不同的屬性。這些不同的屬性特徵所代表的訊息對於消費者來說可能具有不同的意義，消費者也會針對這些不同的屬性來進行相關產品特性的推估。如高價格的東西通常都會給人有高品質的感覺。或是東方社會中紅色的產品包裝通常與喜氣有關，金色的包裝會與讓人聯想到富貴之氣。因此屬性的不同會有不同的推論，一般來說，消費者對於不同的屬性所代表的訊息會有不同的詮釋。

學者謝特（Sheth 等，1999）提出幾項屬性的推論方式：

（一）屬性與屬性間的推論

就是針對兩個相關的屬性進行聯想，像是商務艙的高價格機票會讓人推論到較高的服務品質。

（二）一致性的判斷

消費者對於整體的認識會使其忽略個體些微的差異，也就是說當大部分的屬性是正面時，無法得知的屬性應該也會是正面的。

（三）與同類產品比較

當資訊收集不夠完整時，消費者也常會針對自己所選擇的相關產品組合內之商品特性進行相關的套用解釋，例如同一等級的高級轎車在馬力上應該是差不多的。

（四）負面的判斷

當消費者的資訊收集過程中，有些訊息找不到、廠商也沒有提供，這時消費者會傾向作負面的屬性判斷，因為消費者會認為商家刻意隱瞞某些屬性，以方便將自己的產品包裝得相當完美。因為對於消費者來說，商家故意不提供的訊息應該是見不得人的資訊，所以才不敢提供，因此對於許多不足的資訊，通常可能會被解讀是負面的特質。

行銷的應用

企業不應一味的給顧客一堆訊息，造成顧客的心理負擔。行銷人員應該要了解不同屬性在不同目標市場的意義。此外，行銷人員應該透過有意義的、具目標性的廣告與曝光機會，提高品牌的知名度，以進入消費者的知曉集合中，列為可能考慮的選項。

第四節 ＞ 方案評估與決策

消費者通常會根據收集到的資訊，對每一項可行方案進行評估與選擇，以便做出最後之購買決策。消費者通常會以產品屬性或規格等準則來評估各可行方案。評估準則的選定，又受到個人的內在動機、生活型態和個性的影響。大部分的消費者評估程序是認知導向，所謂認知導向是指消費者的評估大都基於有意識與理性的基礎來作判斷，進而從收集的資訊中對各項方案加以評估。

一個理性的消費者對於感興趣的商品，會依自己獨特的需要與欲望，對產品屬性賦予不同的重要權數，經由產品形象的影響，建立其對品牌的態度，並會應用不同的評估程序，在許多商品間作抉擇。不同的決策類型有不同的涉入程度，以下分別敘述之：

　　方案評估的重點通常來自於消費者的基本需求與衍生的需求,例如消費者要購買一臺「50吋的LCD液晶電視」時就會根據自己的需求進行相關商品的評估,像是基本的品牌形象、價格高低或是保固的期限等,大概都是基本的評估重點,當然進一步的訊息也相當重要,如解析度、顏色飽和度、對比、亮度與反應速度等也是重要的評估重點項目。

一、評估模式

　　不同的評估項目與重要性在前一的步驟中(資料收集)消費者應該都知道其所代表的不同意義。在本階段裡,這些項目將被消費者依其重要程度予以排列並進行評比。但並不是所有的決策都會進行嚴謹的評估過程,有些涉入程度較低的商品如日用品、文具用品等,在評估過程中就傾向於符合一兩項需求就直接進行決定了。但有些評估過程就趨於理性,必須要檢視每項重要性才能進行決定。這兩類的評估方式可以歸納為兩大模式:一是理性模式;二是滿意模式。

(一)理性模式

　　理性模式是指消費者在進行方案評估時會納入各種產品的各種屬性進行比較,所以理性決策所需要花的時間較長,但也因為評估較為嚴謹,所以通常都會有比較好的決策品質。

(二)滿意模式

　　相對於理性決策的評估模式,滿意模式的決策目的通常不是要做出最佳選擇,而是個人覺得可以接受的程度就行了,滿意模式通常具有「有限理性」的特性,過程中強調省事、簡單,及符合基本需要就行了這樣的想法。滿意模式通常使用簡單的決策規則,所考慮的方案也較少,也不評估所有產品的屬性,而是特別強調某些屬性的重要性。

　　有些滿意模式是屬於態度的偏好,如印象中可能對某一品牌有較好的印象(態度),通常再參酌一兩項屬性就進行購買了。而有些滿意模式是屬於情感性的偏好,例如在購買的現場中,受到銷售人員的許多讚美,感覺起來產品也不錯,可能沒幾分鐘就決定了購買決策。

二、消費者決策的類型

　　從上面的討論可以知道，消費者的決策過程是相當複雜的，但是並不是每個消費行為都有相同的過程，有些問題如果不是特別重要、或只是例行的生活需求，消費的決策就比較單純，決策過程就不會那麼費時耗力。相反的，如果消費行為背後的問題是比較重大的、影響也較為深遠的，消費行為可能就會比較複雜些。除了購買的重要性之外，在消費者行為過程中許多決策的重點是評估相關不同屬性的價值，有時也會是個人對於熟悉產品的感情表現，一般依決策的重要性、投入的時間、商品的價值、購買的頻率、風險的高低、熟悉的程度等因素將決策分成三大類型，這三大類也可以清楚的看出決策過程的差異性，以下分別敘述之：

　　在探討不同的決策類型時，必須針對涉入程度(purchase involvement)進行了解。所謂涉入程度是指消費者在進行相關消費行為時，在整個過程中投入的時間、精神與興趣等多寡之程度，一般來說，消費者花更多時間、更多精神投入進行購買的消費行為是屬於高涉入程度的消費行為，反之則是屬於低涉入程度的消費行為。不同的決策類型有不同的涉入程度，以下分別敘述之。

（一）例行性決策

　　所謂例行性的決策又稱為習慣性的購買決策，大多數消費者的消費行為都是例行性的。例行性的購買決策是比較單純、簡單的消費決策，消費者通常確認有需求之後，就立即有購買行為，此決策所花的時間、精神與涉入程度都較少或是偏低，在資訊的搜尋過程中也僅限於習慣、印象或是記憶中的簡單模式。

　　像是一般家庭生活用品，如衛生紙、牙膏、牙刷、垃圾袋等，在有缺少時便會至商店直接進行採買，過程中通常不會進行繁瑣的思考，甚至也不會特別去注意到價格的問題，但一般來說這類型的決策所牽涉的產品價格或是重要性通常都是比較低的，也都是一種重複的、習慣的購買行為，例行性的決策資訊來源多來自記憶中的訊息。

　　例行性的決策有時也反映出顧客對於某些產品的品牌忠誠度，因為有些習慣性的購買都是直接拿取熟悉的品牌，當然重點是這些品牌在使用的經驗中能滿足消費者相關的利益與需求，消費者通常不會隨便更換品牌。

（二）有限決策

　　相對於例行性決策的直接與單純，有限的消費決策通常在決策的過程中會進一步考慮一些或是針對少數的方案來進行評估，比起例行性決策來說，有限決策的過程是稍微複雜一點點。

　　像是家庭中所需要的電視、家具、地毯等相關用品，這些用品的價格雖不是非常昂貴，但是比起一般消費用品（衛生紙、牙膏）來說，價格上顯然是高出許多，因此消費者在進行此類相關的決策時，會稍微投入多一點的時間與精神進行評估。有限決策的資訊來源除了來自記憶中的訊息外，也會進行相關少數的外在資訊收集，包括觀看廣告、DM，或是至商家收集資料以供進行評估。

（三）廣泛決策

　　所謂廣泛的決策如同其名，是說消費者在進行購買的過程中，會進行相當廣泛的資訊收集與評估，一般來說，消費者所花的時間、精神是相當多與複雜的。廣泛決策大都是屬於高涉入程度的決策，消費者會根據購買的需求進行一連串的內部（記憶）與外部資訊的搜尋，並會進行許多理性的評估，也因為這類的決策大都牽涉到較重要的或是高單價的產品，實務上常以名人來背書，以強化品牌的可靠性。

　　像是購屋的決策、買車的決策或是渡蜜月的決策，不論是價格上或是意義上都是相當重要的，這些事物的購買頻率不高，由於價值上較昂貴，因此購買風險較大，也因此需要進行更廣泛的資訊收集與分析，所以在決策類型中，是屬於較複雜的決策類型。

　　因此依照消費者購買的特性，製作成表格如下：

表2-1　購買決策類型比較

	時間	頻率	價格	涉入程度	替代方案	舉　例
例行性決策	較少	經常性	低價位	低度涉入	少	衛生紙、牙膏、口香糖
有限決策	中等	不經常	中價位	中度涉入	中等	電腦、電視、小家具
廣泛的決策	長	稀少	昂貴	高度涉入	多	房子、高級轎車

行銷的應用

1. 例行性的決策

　　因例行性的消費行為比較單純，也較少收集外在的資訊，大多的決策都是基於記憶中或是印象中既有的資訊，因此，針對這種例行性的消費行為，最好的行銷策略就是加強產品在市場上的定位與特色。

　　越主動的購買行為，行銷人員越難去影響消費者的決定，以下分成兩部分來說明。

(1) 舊商品

　　對於現有之領導品牌的產品，要維持既有的市場占有率應該有效的進行相關行銷的作法：

A. 維持有效的配送系統，永遠不缺貨。

B. 要讓產品永遠在明顯的貨架上，或明確的展示空間。

C. 不要忽略相關的廣告製作播放，隨時喚起消費者的知覺。

(2) 新商品

　　針對舊商品的策略來說、新品牌是不是就沒有機會了？事實上，新商品會有新商品的策略，其積極的作法如下：

A. 增加產品的曝光率。

B. 搶眼的包裝。

C. 促銷策略的運用。

D. 免費試用樣本。

2. 有限的決策

　　有限的決策大多來自於消費者的相關經驗，行銷上要影響消費者有限決策的購買行為應該重視產品相關訊息的傳達，盡可能透過不同的管道讓品牌能進入消費者的相關參考組合中。

　　此外，強調產品特殊的相關屬性，或是與眾不同的特色，也是一個引起消費者注意的好方法，消費者只要注意到，就有機會變成其消費的方案之一。另外，針對購買環境的設計也是有效影響有限決策的好方法，讓現場環境中的相關因素，包括行銷人員提供和藹的服務方式與詳細的產品資

訊，或是相關知覺環境的設計都會有效的影響有限決策的購買行為。（知覺的議題容於第四章中討論）

3. 廣泛的決策

廣泛的決策在消費行為中是相對的購買頻率上比較少的購買行為，如同前面所述，廣泛的決策的消費行為是一種大量資訊收集與比較的消費行為，也是一種主動積極的購買行為。在這過程中，若相關的產品知識較少，或是消費的產品價值較高時，因此消費者為了要降低購買的風險，會有意識的進行更多、更廣泛的產品資訊收集。

因此行銷人員必須在過程中努力的提供必要的產品資訊，讓消費者可以隨時了解產品的訊息，設計相關的小冊子或是產品說明書是一種提供訊息的方法。此外；讓消費者可以免費試用，讓消費者獲得相關產品的知識也是一種不錯的方法。

三、評估準則

不論是理性模式或是滿意模式都會有評估的準則，所謂評估的準則就是消費者在進行決策考量時的相關產品屬性或重視的因素。通常來說，滿意模式所考量的準則較少，可能只是強調價格便宜或是要求基本功能而已。而理性模式所考量的準則就相對多了一些。對同一產品來說，不同的消費者所採用的評估準則可能會不一樣，因為每一個消費者對於同一項產品的重視程度可能不同，越重視或越重要的商品，通常是屬於理性模式的考量，也會考慮到較多的評估準則。

▤表2-2　消費者決策方案的評估

準則＼選項	公寓	別墅	透天
價格高低	10	4	6
安全性	8	8	5
獨立性	6	10	8
售後服務	8	10	5
總分	34	32	24

評分方式：最高分給 10 分，最低分給 1 分（價格給分剛好相反、價格越低分數越高）

以上購屋的決策考量可以清楚看出，評估的要項與在消費者心目中的重要性，從公寓、別墅到透天房子來看，根據以上四個準則來評分，公寓可能是消費者心目中的首選。

四、決策的衝突

決策衝突是指在做出決策時，存在多個選項，但每個選項都有其優點和缺點，且選擇其中一個選項將導致其他選項的失去。生活中的決策衝突是很常見的，像是工作選擇、產品品牌決定、午餐要吃什麼等，都會涉及決策衝突。例如消費者需要購買一個新的手機時，可能需要在多個品牌之間進行比較，例如蘋果、三星和 Google 手機等，並且需要權衡不同品牌之間的優缺點，例如價格、性能和功能等。在這種情況下，決策衝突就產生了，消費者必須在多個選項之間進行權衡取捨，以做出最佳的選擇。

這時消費者可能會很理性的考量優缺點、進行選擇，也可能會依據滿意模式所提及的「滿意就好」來消費，當然決策的時間和所付出的精神多寡就要看產品的重要性、價格等因素，當然與個人價值、人格特質也是有關連，這些都會在後續章節討論。

決策的衝突是個人針對不同選項在選擇時猶豫不知如何決定的現象。與決策衝突類似的概念是「動機衝突」，動機衝突也是一種猶豫的個人狀態，但動機衝突比較傾向是外在目標選項和內在價值觀之間的衝突，例如購物時在比較貴的環保商品和便宜的商品之間的選擇，涉及到個人價值觀（動機）的矛盾，這時就產生了動機衝突，當決策衝突涉及到更深層的個人價值觀時就屬於動機衝突的概念了。 本書也於動機單元中（第五章第三節）針對這三種動機衝突的狀況有進一步的描述。

行銷的應用

消費者在進行購物時，心中常有一把尺，不同的消費者也有不同的評估準則與方法，從事行銷工作的人員應該要知道消費者採用何種評估準則。此外，行銷人員也可以創造出新的評估項目，刺激消費者將企業所創造出來的評估項目視為不可或缺的。當然產品的優點和對消費者的益處可以彰顯時，消費者的選擇就更明確、決策衝突也比較不會發生。

 專欄 2-4

品牌與消費者決策

　　「品牌」是消費者在進行決策時重要考量要素之一，因為品牌通常有助於縮短消費者決策的過程，並減少消費者的搜尋成本，好的品牌事實上也是一種降低風險的保證。所以品牌是消費者在進行決策時重要的評估項目之一。

　　品牌藉由其名稱，透過不同的術語、符號、表徵、設計，或以上所有合併使用的組合，以傳達產品的屬性、品質與用途等，除此之外，品牌還提示了它自己的個性（如：Levi's 是粗獷的）、它與使用者之間的關係（如：7-11－你親切的好鄰居）、使用者形象（如：保力達蠻牛代表揮汗工作的勞工）、原產國（如：TOYOTA 與日本）、企業組織聯想（如：3M 與創意）、符號（如：NIKE 與其著名的勾型商標）、情感利益（如：De Deers－愛情恆久遠，一顆永流傳）、自我表達利益（如：賓士汽車傳達出尊貴的訊息）等等。

　　知名品牌設計師馬丁(Marty Neumeier)說：「品牌不是你創造的，而是消費者心中的感覺和想法」，因此，品牌絕不只是代表差異的名稱或符號而已，品牌是用來與競爭者有所差異的一種辨識工具，也是廠商一致品質的承諾與保證，並賦予產品附加價值的訊號。因此「品牌」是讓消費者在進行決策時一項重要的影響因素。

 第五節 ▶ 購　買

　　消費者在經過以上過程後，進一步就針對評估後的決策進行購買行為。購買行為有不同的類型，也會受到不同因素的影響，以下分別敘述之：

一、購買行為的類型

　　消費者的購買行為依據考慮的時間與意圖可以區分成兩種：計畫性購買、非計畫性購買。

（一）計畫性購買

所謂計畫性的購買行為是指消費者的購買行為是經過仔細思考後的購買行為。計畫性的購買通常都是事前就進行相關的思考與決定，在踏入商場前就有明確的購買品牌或是產品。

（二）非計畫性的購買行為

所謂非計畫的購買行為是指消費者的購買行為並沒有事先思考，而是一種臨時起意的購買行為，因此也稱為衝動性的購買行為。

二、影響購買行為的因素

在購買行為的過程中，消費者可能還會有機會受到一些不同因素的影響而調整其先前的決策，例如朋友的態度或非預期的情境都可能會使消費者改變、延後或取消購買。消費者在決定執行購買意圖的過程，也會受到品牌、供應商、數量、時間及付款方式等因素所影響。學者彼得和奧爾森(Peter & Olson, 2000)認為行銷人員可運用產品、商標、包裝、廣告文宣、價格標籤、折價券、店面招牌、標語等等的刺激，以多種方式來影響消費者行為。相關影響因素分析如下：

（一）商店形象

所謂商店形象是指商店所營造的一種氣氛與感覺，例如裝潢、擺設、音樂等，不同色彩的設計與不同光線的明亮程度皆會營造出不同的情緒氣氛。或是網路商店的形象，網路商店也是必須在版面規劃、顏色配置、圖案圖像安排中進行相關能抓住消費者眼球的設計，才能刺激影響消費者消費。商店形象更是涉及到商家的社會形象、社會責任等正面印象，其也是影響消費行為重要因素之一。

（二）行銷活動

賣場的許多店頭廣告及相關的文宣、產品展示等，都可能會影響或改變消費者的購買決定，並進一步促進購買行為。在賣場中提供一些試吃、試用的機會，或提供優惠券及詳細的產品資訊，也都可能影響到購買行為。

（三）產品的因素

購買過程中，產品的種類、數量、陳列與提供等相關因素也是影響購買的要影響因素。例如 2020~2022 年由於疫情的關係，居家生活遊戲機大受歡迎，市場幾乎供不應求。而屋漏偏逢連夜雨，當時因為停工關係，晶片也時極為短缺，例

如，2021 年微軟 Xbox Series X/S 與 Sony PS5 長期處在缺貨狀態，消費者等待不急，自然給了任天堂機會。根據《法米通》與外媒《GamesIndustry.biz》共享數據資料，任天堂 Switch 在日本銷量是競爭對手總和的五倍之多。

（四）服務過程

在商店中的銷售人員與消費者互動的方式也是影響購買行為的因素之一，其中包括銷售人員的服務態度、專業知識，及提供給消費者信賴與安全的感覺。當以上這些因素都不存在時，消費者極有可能改變其購買的商店甚至是產品。

（五）購買意圖

根據學者赫希曼(Hirschman, 1982)指出不同的購買目的會有不同的購買行為。其中「工具性的購買行為」即是將購物做為達成某些特定的功能的手段，工具性的購買行為是單純的購買行為，其目的是為了特定的消費。而「享樂的購買行為」則視購買行為是一個快樂的過程，而非純粹的購物而已，其購物過程包括許多活動的內涵，例如逛街、用餐、交朋友等。現在許多大型的量販店都提供複合式的消費型態，包括餐廳、麵包、日常用品、體育用品等，以提供享樂購物行為者的需求。

➕ 加油站

微軟公司 2015 年研究指出人類從 2000 年至 2015 年、平均注意力集中時間從 12 秒縮短到 8 秒（金魚一次專注時間是 9 秒）。

微軟公司 2015 研究報告

專欄 2-5

商店氣氛營造的重要性

消費者的決策過程受到各種不同因素的影響，以購買過程來說，更是受到當時相關情境的影響，學者研究指出，在百貨公司中，商店氣氛、商店實體環境及服務過程對消費者情緒、情緒對購買行為，以及商店氣氛對

購買行為等，皆有明顯正面的影響，也就是說，商店氣氛的營造有助於消費者的購買動機的提升，學者也指出人們處處受到各種需求的驅使，例如：歸屬感、安全感和追求快樂。消費經驗就是運用此類動機，巧妙運用情緒，使其發揮效果，致使消費者改變購買行為。因此只要商家能營造出優良的商店氣氛，提高消費者正面情緒，就能促進消費行為的產生。

資料來源： 蔡瑤昇、紀舒哲、蘇冠群：消費者購買動機對商店氣氛、消費者情緒與購買行為之影響研究。

麻布茶房
Canon EOS 400D DIGITAL 2007-09-11

● 溫馨、舒適的餐廳氣氛感受，是抓住消費者的心重要關鍵因素（攝影：曾麗芳）

三、消費者行為之 AIDA 法則

購買行為是消費者在搜尋資訊後的下一個消費活動，如同前一部分所述，購買行為的進行還是會受到商店形象、購買意圖、產品等因素的影響，因此，企業可以透過一些技術或行銷活動來影響消費行為。AIDA 公式(AIDA Formula)就是一種可以影響消費行為的策略，特別是在消費的賣場中。以下針對 AIDA 進行介紹。

（一）注意(Attention)

第一個 A 是「注意」，指的是消費者在購買的現場中，經由廣告或是周邊事務的瀏覽與警覺，逐漸對產品或品牌的認識了解，如現場中一個聳動的標題，或是一連串的促銷活動，是可以吸引目標族群的注意；諸如「知識使你更有魅力」、「科技始終來自於人性」等，就是強化消費者品牌認知的廣告設計。除了聳動的廣告設計外，在現場製造一些讓人注意的活動也是一個好方法。國內許多不同的展覽，如車展、資訊展等都會運用一些光鮮亮麗的美少女，試圖引起一些現場消費者的注意。廣告中常出現「三 B」的運用，也是一種引起注意的好方法。（三 B 包括：Beauty、Baby、Beast）

（二）興趣（Interest）

第二個 I 是「興趣」，消費者在現場引發了相關的注意後，會對於企業所提供的相關產品訊息做進一步的認識，現場行銷人員也可以提供產品的訊息，以引起消費者對產品或品牌產生興趣。通常興趣的產生是由於行銷人員提供某種「改善生活的利益」(benefit)所致，比方說：「漢堡買一送一」、「四星期就可以使皮膚變得更白」等等。千萬別忘了，消費者購買的是「利益」，而非「特色」(feature)。

（三）欲望（Desire）

第三個 D 是「欲望」，消費者對現場行銷人員所提供的「利益」如果有「擋不住的感覺」，就會產生對該項產品的「欲望」；也就是一種將產品「據為己有」的企求。「興趣」與「欲望」有時只是一線之隔，如果掌握住消費者發生「興趣」的一刹那，使之轉化為「欲望」，行銷就成功了大半。這些欲望如同之前所說的，行銷人員可以明顯的提出現實生活與理想生活的距離，讓理想中想要的某些事物更趨明顯。

（四）行動（Action）

最後一個 A 是「行動」，「行動」是整個行銷活動中最重要的一環，因為消費者對產品縱使有了「注意」、「興趣」與「欲望」，但卻沒有引起消費行動，對行銷人員而言，可以說是白忙一場。如何讓消費者真正「動」來起，才是所有行銷人員要追求的最終目的。所以對於在購物現場中，行銷人員可以透過一些行銷技巧來引發消費者的購物行動，例如訴諸「最後一天」、「最後 10 件」或「今天特別優待」等方式來刺激消費者採取行動。

AIDA 是指消費者從接觸商品資訊（如廣告、型錄……等）開始，一直到完成商品消費行為（購買）的一個過程，其概念除了運用在現場來影響消費行為外，也可以用來解釋一個完整消費行為的歷程。

加油站

消費者不在乎你賣什麼，他們在乎的是你能為他們解決什麼問題。

Consumers don't care about what you sell. They care about what problems you solve for them.

賽斯・高汀(Seth Godin)行銷專家

第六節 > 購後行為

　　消費行為並不是購買完就結束了，也包括購買後的相關反應，即反應所產生的一些後續行為。這些反應或是行為是值得行銷人員進行了解的，這些行為會影響其後續的購買意願及可能的口碑宣傳，例如消費者的滿足程度取決於消費者對產品的期望與對產品的認知績效之差距，如果產品績效低於期望，消費者會感到失望；如果符合期望，消費者會感到滿足；如果超過期望，消費者會產生極大的滿足。而消費者的滿意程度會反映在口碑宣傳、重購行為與忠誠度。也就是說，消費者對於購買的商品之滿意或不滿意的程度會影響以後的消費行為，若感覺滿意則會有較高的重購率，若有不滿意的感受則消費者會產生抱怨的情況及其他相關負面的行為，如將自己不好的經驗告訴朋友等，研究指出滿意的消費者會向三個人介紹，而不滿意的消費者會向八個人抱怨。

　　購後行為包括產品的使用、消費者的期望、產品的處置等；購後行為的反應包括：滿意的程度、認知失調狀況、消費者的抱怨等，以下分別敘述之：

一、產品的使用與評估

　　產品的使用也是一種消費行為，了解消費者使用產品的狀況可以預測消費者未來可能的需求。企業可以透過售後服務的接觸或定期的訪問了解消費者的使用情形，這也是與消費者維持正面關係的積極作法之一。

　　消費者也經常會針對所購買的商品進行評估，這些評估通常是指自己所付出的成本與應該帶來的效益之間的計算。評估不一定是一個嚴謹的計算，評估也可以是一個實際使用的正、負面感受。使用產品所帶來的正面效益越明顯，消費者越會繼續採用相同的商品，正面效益包括與實際付出的成本之計算也可以是來自於他人的讚賞等。產品使用的評估是消費者滿意程度的來源，也是決定是否繼續採用產品或是服務的依據，或是轉換品牌的考量。

二、滿意度程度

　　消費者的滿意程度來自於購買或是使用產品後的整體感覺，這種感覺會讓消費者產生正面或是負面的態度。

　　消費者可能滿意或不滿意所購買的產品，如果消費者滿意，再購的可能性會提高；如果不滿意，再購的可能性會下降。許多顧客對產品的期望來自廣告、銷

售人員、朋友及其他資訊來源。如果廣告或銷售人員誇大其辭,使消費者的期望提高,最後將容易導致消費者的失望。這樣的失望與不滿意是相當危險的,因為對於產品(或服務)不滿意的顧客會透過一些行動來紓解不滿,而隨著網際網路的盛行,許多消費者也利用網路傳播購後不滿意的負面消息。

三、消費者的抱怨

在購後行為的過程中,消費者會針對其使用產品的滿意程度進行評估,這評估不一定是正式的思考流程,有時也是一種感覺的評估,當評估的結果對於產品不滿意時,通常會產生一些抱怨情形。

最常看到的抱怨情況是消費者直接向購買的廠商進行抱怨,甚至可能考慮進行退貨,當然如果行銷人員可以提出相關的解釋與道歉,或許降低消費者的不滿,如此,不僅可以降低消費者的不滿,也可以防範消費者的負面口碑。消費者的不滿與抱怨通常也都會向其朋友、同事與家人進行反應,第一線的行銷人員因此也就扮演相當重要的角色。

有時消費者的不滿也會促使其轉而向相關政府部門提出控告或是相關媒體進行投訴,國內知名的報業,都接受消費者的投訴,通常也都讓社會大眾看到許多不為人知的消費情況。

有些不滿意的消費者不一定進行直接、激烈的手段,這些消費者可能就是自認倒楣,但有時也會將這種倒楣不滿的狀況向親朋好友訴說,當然將來也許就不會再購買相關品牌,甚至該品牌所代表的企業之相關商品也都拒買。

這些相關的抱怨行為可能是單一出現,也可能有多種反應,整體來說就是一種消費者的抱怨。身為行銷人員應該要知道為何消費者會抱怨,這些抱怨可能基於哪些因素。

影響消費者是否會進行抱怨的因素大致有三種,其中包括消費者本身的特性因素,消費者面對不滿意事件的看法,及消費者本身針對不滿意因素的解釋,以下分別敘述之:

(一)消費者本身特性因素

所謂「一樣米養百種人」,社會中的人形形色色、每一種人都有,但不是每個人都會抱怨的。許多商店對於一些「很麻煩」或是老是「愛抱怨」的消費者冠以「奧客」的稱呼,這些「奧客」事實上都有一些特質,例如愛爭吵、愛抱怨、

喜歡挑小毛病等，而且其行為都有一致性，就是沒有一次不抱怨的，難怪會有「奧客」的稱呼。

學者摩根諾斯基(Morganosky, 1987)指出會進行抱怨的消費者通常偏向年輕族群，且教育程度與所得皆高的消費者。而法里琪(Faricy, 1975)也指出抱怨行為與相關人格特質有關，是兩種極端，像是內心較封閉的消費者與較有自信的消費者會比較容易採取抱怨行為。消費者本身越具有獨立的特質，越是積極或越是具有攻擊性，其抱怨行為也會越多。因此抱怨的行為是與消費者的相關特性有關的。

（二）消費者對事件本身的看法

消費者會不會進行抱怨也要根據消費者對於抱怨事件的看法，例如事件本身對消費者來說並不是很重要，也沒有對自己造成太大的影響，通常消費者是不會進行抱怨的。

相反的，如果消費者認為事件本身讓自己權益受損嚴重，就會進行相關的抱怨行為，嚴重的程度甚至會至法院提起告訴。

（三）消費者對於不滿因素的解釋

每一件不滿的因素都有其造成的原因，常聽說滿意的顧客都有相同的經驗，不滿意的顧客則都有不同的故事。行銷人員應該針對這些不同的故事背後去發覺原因及責任歸屬。事實上，消費者會不會進行抱怨，有時也必須依據其本身對於不滿因素的解釋，例如消費者認為不滿的因素是因為廠商的欺瞞、不實的廣告，或是產品本身的瑕疵，這些外在的解釋都比較會引起消費者的抱怨行為。

當不滿的事件是消費者認為外在環境不可抗拒的因素時，就比較不會抱怨，畢竟，「大家都已經盡力了」，或所謂的「天有不測風雲」，在這樣的解釋之下，抱怨行為就會比較少，當然，如果消費者認為不滿事件本身是出自於自己本身的因素，如自己的疏忽，或自己操作上的問題，也會讓抱怨行為減少。

消費者的購買行動是一項非常複雜的過程，從衍生動機、資訊來源、零售店的選擇、店內的購買行為、購後的滿足或是失調等等，這些決策行為都會受到內在個人因素或是外在環境的影響。

本章介紹完消費者的決策過程，這些相關內在因素與外在因素將於本章之後進一步的陸續進行討論，對於這些不同因素的了解更有助於讀者了解消費者行為的全貌，敬請讀者繼續閱讀本書後續的內容。

 專欄 2-6

消費者選擇市場遊戲機的決策考量

截至 2022 年為止，市場上最新的電視遊樂器品牌包括：Sony PlayStation 5、Microsoft Xbox Series X/S 和 Nintendo Switch OLED Model，以上三種電視遊樂器均為 2020 年和 2021 年推出的最新產品，都擁有極高的遊戲運行性能和最新的遊戲技術。也是許多電視遊樂器重度玩家的最愛。

這三款電視遊樂器品牌在市場上存在激烈的競爭關係，主要是因為它們都提供了高品質、高性能的遊戲體驗，而且都有強大的獨家遊戲和優秀的遊戲網路服務，吸引了眾多的遊戲愛好者。

在消費者選擇替代的考量時也會出現決策衝突的狀況，畢竟市面上沒有一臺完美的機型可以符合全部人的需求，每位消費者喜好偏好也不盡相同，消費者在選擇遊戲機時會有以下的決策考量。

1. 遊戲選擇：每款電視遊樂器都有自己的獨特遊戲，消費者通常會根據他們喜歡的遊戲和遊戲類型來選擇電視遊樂器。

2. 遊戲性能：消費者通常會比較不同電視遊樂器的遊戲性能，例如運行速度、圖形和音效等，以確定哪一種遊戲機可以提供最好的遊戲體驗。

3. 價格：這三款電視遊樂器價格相差不大，但消費者仍會考慮價格因素，以確定他們的預算可以負擔所選擇的電視遊樂器。

4. 附加功能：這些電視遊樂器還具有許多其他功能，例如串流媒體、社交媒體和視訊聊天等，消費者也會根據他們的需求和喜好來選擇電視遊樂器。

5. 其他：當然主要玩伴、朋友群組所使用的機型也是相當重要，畢竟許多遊戲都是上線和其他朋友大家一起玩的。

總體而言，消費者選擇替代的考量因素是多方面的，不同消費者會有不同的需求和偏好，因此最終的選擇取決於個人的遊戲喜好和預算。

 **個案** 一條龍服務滿足消費者的期待，也讓企業荷包滿滿

現代人生活忙碌，蠟燭兩頭燒，很多事情沒有時間一個一個去處理。如果每件事都要親自處理、每個決定又涉及到不同的選擇，選擇之間又彼此衝突，會讓消費者忙到暈頭晃腦、不知所措。企業也嗅到消費者的需求、聽到消費者的聲音，紛紛推出一條龍服務，不僅解決消費者時間空間上的困擾，也為企業帶來龐大的商機。

以航空公司為例，航空公司從早期單純提供機票運輸服務外、目前也都多角化經營，提供給消費者更全面完整的服務，一條龍的服務。像是航空公司可以與飯店業者合作，提供旅客航班和住宿套票，讓旅客可以在預訂機票時一併預訂飯店住宿，並享有相應的優惠價格。航空公司還可以提供機場接送服務，讓旅客可以輕鬆地到達飯店。此外，航空公司可以與租車公司合作，提供旅客租車和航班套票，讓旅客可以在預訂機票時一併預訂租車，並享有相應的優惠價格。航空公司可以提供機場接送服務，將旅客接到租車公司的門店，讓旅客可以方便地租車出行。

澳洲航空公司的旅遊品牌 Qantas Holiday 就是提供了一個全方位的旅遊服務，可稱之為一條龍服務的成功案例，它不僅提供機票訂購，還包括酒店預訂、租車、觀光、餐廳和保險等相關業務，讓旅客能夠更輕鬆地規劃和預訂旅行。以下整理 Qantas Holidays 提供的全方位服務的相關描述：

1. 航班預訂：Qantas Holidays 作為澳洲航空公司的旅遊品牌，可以提供澳洲航空公司的航班預訂服務，讓旅客可以方便地預訂航班。

2. 酒店預訂：Qantas Holidays 提供了廣泛的酒店選擇，旅客可以根據自己的喜好和預算選擇合適的酒店。

3. 租車服務：Qantas Holidays 還提供了租車服務，讓旅客可以在目的地輕鬆地租用車輛，自由地探索當地的風光。

4. 觀光和旅遊活動：Qantas Holidays 可以安排各種觀光和旅遊活動，包括參觀景點、體驗文化和歷史、遊輪旅行等，讓旅客可以更深入地了解當地的文化和風情。

5. 餐廳預訂：Qantas Holidays 還提供了餐廳預訂服務，讓旅客可以事先預訂當地著名的餐廳，享受美食之旅。

6. 保險服務：Qantas Holidays 也提供了旅行保險服務，讓旅客在旅行期間可以得到全面的保障和安心。

　　Qantas Holidays 提供了一個全面的旅遊服務，旅客可以通過一個平臺輕鬆地規劃和預訂旅行。這種一站式的服務方式為旅客帶來了更方便、更舒適的旅行體驗，也增加了企業的競爭力和收入。

問題與討論

　　提供便利、提供整合性服務，滿足消費者的需求是讓消費者買單的重要關鍵之一。請分組討論其他同產業或是跨產業可能提供的創意整合型服務的方案與作法。

學習評量

一、是非題

1. ( ) 所謂例行性決策是指那些涉入程度低、花費時間少、商品價位低廉的決策。

2. ( ) 消費者資訊收集的頻率及時間與其過去個人經驗有關。

3. ( ) 消費者對一般生活的瑣碎問題很少進行廣泛的決策思考。

4. ( ) 所謂 3B 是指消費、行動與注意。

5. ( ) 品牌、包裝與標籤對於消費者的注意與理解有直接的影響。

6. ( ) 所謂 AIDA 是指「注意」、「興趣」、「欲望」和「行動」。

7. ( ) 消費者的決策過程,與外在的刺激和環境有密切的相關。

8. ( ) 消費者對於某些商品越有興趣,其涉入的程度就可能越高。

9. ( ) 消費者每天皆會針對所有不同的資訊與刺激進行處理。

10. ( ) 利用名人做為廣告代言人的方式,可以強化消費者涉入的程度。

二、簡答題

1. 請從涉入程度、制訂時間、資訊收集的程度說明例行性決策、廣泛決策與有限決策的差異?

2. 請寫出五個影響涉入程度的因素,並稍加說明?

3. 消費者購買決策有哪些過程?

4. 哪些因素會影響消費者收集資訊的行為與程度?

5. 何謂 AIDA?請舉例說明如何應用?

MEMO:

Chapter 03

知覺與消費者行為

 前言

　　由於每個人對事物的看法與經驗是不完全一樣，所以每一個人針對同一件事物的知覺或反應也不盡相同。事實上，人們所知覺的外在人、事、物不一定就是世界的實際真相，而是經由自己的心智與經驗所重新賦予的意義。例如有些促銷的方案內容，對某些消費者來說可能具有極大的吸引力，但對其他消費者來說，可能一點也無法打動他們的心，為何會有這樣的差異呢？其實這就是個人知覺差異的因素，而引起這樣差異的因素包括個人特質、環境因素、情境等。這些影響知覺的因素我們在後面的章節中再予以敘述。以下先介紹知覺的定義與內涵。

專欄 3-1

國內各種展覽會場的辣妹表演

　　近年來國內許多展覽會場常出現讓人興奮、清涼的畫面──辣妹表演。不論是在新車展覽、電腦資訊展、家具展、甚至是書展，都看得到這些職業辣妹的熱情演出。為何許多企業都願意花錢聘請辣妹，甚至是日本AV 女優表演呢？

　　「引起注意」應該是最好的答案吧！因為清涼的辣妹、惹火的身材確實吸引了現場許多人的目光（尤其是男性），也是在吵雜擁擠的會場中最能引起民眾注意的方法之一。但顯眼的模特兒是否讓行銷的商品失焦，犯了鳩占鵲巢或是喧賓奪主的問題？這或許值得商家深思的議題。但，綜觀現今，辣妹的表演模式方興未艾，應該是有其具體的成果與幫助吧。其他領域，不論是賣雞排、賣豆花或是賣炒飯，一旦有引起注意的美麗老闆娘後，生意更是興隆旺盛。2023 年最火紅的樂天啦啦隊女神林襄在 IG 上擁有超過 150 萬的「襄民」支持，在每次職棒的中場表演更是眾人期待注目的焦點。

第一節 > 知覺的定義

知覺是個人透過感覺器官將其所接觸的外在世界予以選擇、組織、解釋,並賦予意義的過程。這些感覺器官包括視覺、觸覺、聽覺、嗅覺等。知覺本身是一種活動過程,每一個人都會用自己的認知架構、主觀意識與經驗去解釋外在的事情。因此這些知覺是如何進行的、如何運做的,是行銷人員應該要深入了解的重要知識。因為個人會將其體驗、感覺、感受等輸入大腦中,進行解讀後產生認知、想法和情緒,並表現出可能的具體消費行為。

如同以上所言,知覺的本質是一個極為複雜的過程,非單一模式可以一言蔽之的,因此,學者們相繼就實際所觀察到的一些生理與心理反應的推論,作了多層面的定義。學者戈特沙克(Gotshalk, 1962)即認為知覺是一種含有理解或認知、感覺、想像、情感等元素的複雜運作。學者哈尼(Haney, 1967)將知覺定義為:從經驗中獲得意義的過程。也就是說,我們在面臨某種環境時,會以我們的感官獲得經驗,然後將這些經驗加以篩選,使得這些經驗對我們產生意義。

另外,學者布魯納(Bruner, 1973)對知覺作出三方面的界定,第一,知覺不是一種獨立、絕對的過程,而是結合其他心理歷程的一種運作。它不僅是由原始刺激物來決定的產物,也是體驗的、動機的,以及個人與社會等因素的共同產物。第二,知覺基本上與個人概念的形成是一樣的,都是屬於一種高層次的心理歷程。因為知覺與概念活動是連貫的,知覺被視為個體依據感覺訊息,來建構其感知世界所必要的推論過程。第三,知覺、概念形成和推理不是被動的,它會主動選擇訊息,並形成知覺假設,以構成知覺過程的一部分。

依據張氏心理學辭典對「知覺」所歸納的要義為:知覺是由感官以知覺環境中物體存在、特徵及其彼此間關係的歷程。亦即個體藉以生理為基礎的感官獲得訊息,進而對其周遭世界的事物作出反應或解釋的心理歷程(張春興,1989)。

綜合上述之學者,本書整理知覺的相關意涵,並定義知覺為:「從感官獲得的經驗及整體感受中加以篩選,並予以組織、解釋,及賦予意義的一種心理歷程」。

 加油站

行銷是奪得別人注意力的比賽。

Marketing is a contest for people's attention.

賽斯‧高汀(Seth Godin)行銷專家,網路行銷之父

第二節 > 知覺的過程

知覺是一連串的心理過程，了解這些心理的活動過程有助於行銷工作的規劃，也就是說，行銷工作人員可以針對這些不同活動的內容設計相關的刺激以影響或改變消費者的行為。因此本節的內容將針對知覺的過程進行介紹，並從中了解消費者的知覺歷程與內涵，以提供行銷的實務應用。

如同前面所言，消費者的知覺是一連串的心理活動過程，這些活動根據斯默霍恩(Schermerhorn, 2000)等學者的研究，指出人類對外在事物的知覺通常是經過以下幾個過程來完成的，其中包括：注意選擇、組織、解釋和回憶四個內容。過程如圖 3-1 所示：

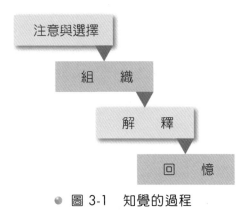

● 圖 3-1　知覺的過程

一、注意與選擇

所謂注意就是指個人的相關感官知覺收到刺激，並藉由感官神經將之傳送至大腦處理的歷程。一般消費者每天在不同的食、衣、住、行、育、樂、醫療的需求中，接受大量的資訊，通常消費者不會去處理所有的訊息，而是進行選擇性的注意。消費者進行選擇性的注意是非常自然的一個活動，很自然的去進行篩選，什麼會看、什麼會留下來都是一種定型的消費習慣。消費者如果去注意全部的訊息，將會占用非常多時間的，因此討論注意相關的內涵對於行銷是很重要的。

我們的感官無時無刻受到很多訊息刺激，包括聲音、圖像、文字、氣味等，如果沒有過濾，就會出現訊息負荷過重的現象。因此在知覺歷程中，第一個步驟就是對某些訊息加以注意。對行為者而言比較重要的是能滿足其需求的訊息，新奇、重複、動態、強烈的刺激比較容易引起人們的注意，一般我們都會將這些刺激（或訊息）加以選擇篩選，事實上，我們也沒有那麼多的時間去處理生活周遭所有的事情。

二、組織

　　對於所注意到或所關心到的外在事物，我們通常會根據自己的認知結構與經驗將這些訊息組織起來。這樣的處理方式可以讓自己免於處在一個混亂的資訊漩渦中。這些組織的過程大都是人類將訊息分類的過程，這樣的方式讓自己可以清楚的與外在環境互動。

三、解釋

　　當這些外在訊息被當事人組織之後，我們就會針對分類後的訊息進行解釋，並賦予某種意義。由於每一個人的知覺經驗有個別差異的現象存在，因此針對相同的訊息或是刺激，可能會有不一樣的解釋。有些人認為是有傷害、恐懼的事情，對於其他某些人來說可能是雞毛蒜皮不重要的事。

四、回憶

　　個人對於周遭所接受到的訊息與刺激若是進入了注意階段後，通常都已將這些東西記憶起來了。這些經由記憶的過程，我們才能將所接收的刺激或訊息儲存起，儲存後的一些訊息可以做為個人日後判斷相關事情的參考。此外，在使用這些訊息時，也必須經由回憶，來喚起相關資訊。

　　從以上敘述可知，基本上知覺的歷程是從一開始的刺激與注意所產生，進而受個體之生理、心理及客觀條件的影響下、對於這些刺激的訊息予以解釋，並賦予自己所熟悉的定義，然後將這些訊息記錄下來，這些就是知覺的過程。

💡 行銷的應用

　　在生活環境中，每天都有不同的消費訊息，包括促銷方案、週年慶或是新商品上市等，但我們不會去注意到所有的訊息，一般我們只會針對與我們個人興趣有關係，或是工作有關之類的問題注意，如學生對於學生的優惠方案比較特別會去注意，失業的人對於徵才的廣告也會特別注意與關切。

　　電子郵件的使用是現代社會中每一個人與外在互動的模式之一，在現實生活中我們常收到許多垃圾郵件，有時會主動將其鎖定為連看都不看的廣告信件；當然我們有時也會收到一些不知寄件者是誰的郵件，但由於主旨聳動、有吸引力，除了會讓人特別注意外、也常會讓人點選一窺究竟。

殊不知因此引進了木馬而受到詐騙或損害。媒體報紙或是網路新聞也常常用聳動的標題吸引人注意，進而讓人點選閱讀，這些都是透過知覺的概念操作消費者的伎倆。

第三節 > 影響知覺的因素

　　一般來說，因消費者的個人背景因素不同，對於外在事物的解釋也可能會有不一樣。影響知覺的第一個因素是知覺者個人本身的因素，知覺者本身個人的特質會影響個人對外在事物的知覺經驗，而這些個人特質包括個人態度、性格、需求動機和興趣等；第二個因素是知覺的目標物因素，可以稱為目標事物或是知覺對象。如人、事、物，如果有明顯的對比、強度、背景、大小、移動或新奇感都會影響人們的知覺歷程；第三個因素是知覺當時的情境因素。人與人互動的過程，經常會發生在不同的地點或是空間，我們通稱為情境，情境的因素會對知覺產生影響。

　　根據不同學者的看法綜合說明如下(Robbins, 2001; Schermerhorn, 2000; Steer, 1994)：

一、知覺者本身

　　個人特質會影響個人對外在事物的知覺，這些個人特質包括：個人態度、性格、興趣、經驗等。例如性別的差異就是其中一樣因素，性別不只是天生的不同，後天對於性別的不同期待，也造就不同性別對於外在人、事、物相關思維的差異。所以以性別來說，要有效的影響消費者的知覺，可能要針對不同性別來進行不同的設計。

　　有些個人對較有經驗的相關事務，會有比較多的投入與正面的評價。除了經驗或是個人喜惡之外，個人的價值觀或是性格也會影響到知覺的內容，例如桌上的半杯水，個性開朗的人會說「還有半杯，真好」；而個性消極的人會說「只有半杯，真可惜」。事實上水就是半杯，但個性的不同導致知覺的差異。

　　如果你一向討厭某位同事的為人，於是你對他在會議中所發表的意見就會嗤之以鼻。而若是知覺者本身情緒不好時，看到的外在世界都會是昏暗的。這些例

子說明了知覺者本身的狀況與喜惡會影響他的知覺經驗。一個人的態度、需求、動機或期望都會影響知覺過程。

　　許多的實驗也證實，個人的相關因素與狀況會與他所知覺的外在事物有關。例如：有人利用瞬間顯示器，在極短的時間內，把一群字呈現給受試者看，然後要其說出他首先看到的字。結果發現，個人首先看到與個人價值觀及需求有關的字；而對威脅性及無關的字，則較無法看清楚。另一個研究是研究者把受試者餓了一段時間後，給受試者看一些模糊的圖片，然後要他說故事，發現當個人的飢餓度增強，則個人的故事內容越傾向食物方面。

　　另一個實驗是以兒童做為研究的對象。研究者給小孩子看一個銅板，然後要他將銅板的大小畫在紙上。結果貧窮孩子畫的圓形比富家孩子為大；另一個研究是學習心理學家布魯納(Bruner)及波斯曼(Postman)要求四歲的孩子在紙上畫兩個盤子圖形，並告知畫完的第一個盤子不放餅乾，第二個畫完的盤子會放餅乾，並讓小孩子吃。結果研究發現，會放餅乾的盤子畫出來的比沒有放餅乾的盤子大了35%。這些研究發現如果一物品對孩子越有價值，或是孩子越需要的，則此物品在知覺的感受上占重要地位。

　　從以上的相關研究可以了解，許多外在事物是不變的，但不同的人卻有不同的知覺與感受，這顯示出個人的許多因素對於知覺是有直接影響的。

二、目標事物

　　目標事物或稱為「知覺對象」，知覺的對象如人、事、物，如果有明顯的對比、強度、形象背景、大小、移動、重複或新奇感都會影響人們的知覺歷程。例如，團體中漂亮的人比相貌平凡的人引人注意。公司在網際網路上所設置的網頁，如果色彩鮮豔又有動畫，就比較容易讓人駐足瀏覽。

　　另外，目標事物本身的特質和背景之間的關係也會影響知覺。常聽人說身材比較胖的人穿直條線的衣服看起來會比較瘦；而相反的如果身材比較瘦的人，穿橫條紋的衣服看起來會比較胖一些。但事實上身材胖或瘦的人本身並沒有改變，只是因為線條的知覺修飾了外觀。像是在狹隘的店裡，裝上一些大型的鏡子，也會讓空間看起來大一些。

　　因此，目標物本身的特性、包裝以及所在的空間、位置或是時間都可能影響到人們對他的知覺或看法。

三、情境

在人與人互動的過程，通常會發生在不同的場合或是空間，我們通稱為情境。情境的因素會對知覺有影響。例如遊客穿著比基尼在夏威夷的威基基海灘(Waikiki Beach)旁的街道逛街，或在餐廳吃飯是很平常的現象。但如果在臺灣的商圈中穿著比基尼的泳裝逛街，可能會引起路旁人的騷動。相反的，每年在墾丁的春吶期間，滿街都是年輕的比基尼辣妹也不足為奇。同樣在一個正式的餐宴中，穿著休閒短褲出席似乎是不合宜的，並且也會讓人知覺到可能的尷尬。

行銷的應用

越來越多的商家或是知名品牌都運用音樂、影像或是科技的巧思呈現出賣場的購物樂趣或是購物享受，也讓消費者體驗到商家的用心，這樣的情境設計可以強化消費者知覺的感受，讓消費者沉浸在歡愉的氣氛中，這樣的巧思是有助於品牌形象的提升的。

第四節 ＞ 知覺的方式

知覺是指個體通過感官接收、辨識和解釋來自外部環境的信息的過程。一般來說，知覺可以分為以下幾種：

1. **視覺知覺**：通過眼睛接收和處理來自環境的視覺信息，如色彩、形狀、大小、空間位置等。

2. **聽覺知覺**：通過耳朵接收和處理來自環境的聲音信息，如聲音強度、音調、節奏等。

3. **嗅覺知覺**：通過鼻子接收和處理來自環境的氣味信息，如花香、烤麵包香等。

4. **味覺知覺**：通過口腔接收和處理來自環境的味覺信息，如甜、酸、苦、辣等。

5. **觸覺知覺**：通過皮膚接收和處理來自環境的觸覺信息，如硬、軟、冷、熱等。

消費者知覺的方式，通常是通過上述這五個感官器官來體驗，透過五種感官器官來知覺外在事物，在行銷上也常以這五種感官為工作的重點，稱為「五感行銷」，以下分別敘述之：

一、視覺

視覺是人們知覺外在事物的最主要的方式之一，因此，視覺的相關設計是大多數行銷人員常用來刺激消費者的作法。例如透過精美的廣告設計、華麗的產品包裝或相關商家的主題式設計等，特別是顏色、大小與形狀的相關刺激。像是熟練的家庭主婦對於一些魚類的新鮮程度，也大都藉由觀看其不同部位的顏色來判別。

學者貝利齊和海特(Bellizzi and Hite, 1992)指出顏色會影響到消費者的個人感受，例如紅色會讓人興奮，藍色會讓人放輕鬆，因為紅色與藍色的波長是不一樣的，藍色有較短的波長，紅色則是較長的波長。又如橘色會讓人感覺到飢餓；黃色會讓人有高貴的感覺等，這些都是一種視覺的感受。但要注意的是，不同文化對於顏色是有不同的定義的，例如紅色在中國是一種喜氣的象徵，但有些國家文化則認為紅色是不吉祥的顏色。

● 設計精美的香水瓶令人愛不釋手

此外，事物的外形也會影響到人們的知覺，例如方形、圓形、三角形等不同形狀，人們會有不同的感受，許多讓人印象深刻的產品也都是因為其外型特別而讓人印象深刻。像是塑身的飲料做成曲線型的形狀，讓人看起來就有一種購買的衝動，而立體三角形的茶葉包裝也讓人了解更有效果的便利泡茶方式。

二、聽覺

聽覺也常是人們與外在環境互動的方式之一，許多經驗豐富的家庭主婦，都會運用聽覺來判斷相關產品的品質，例如在買水果的時候，會特別進行敲敲、打打、拍拍的動作，藉由這樣的動作來聽到水果敲打時的聲音，以判斷其是否夠甜？

是否水分夠多……等。國內有一支知名廣告也以汽車關門的聲音,來判斷一輛車的品質與好壞,通常厚重紮實的關門聲音代表高品質與高價格的汽車品牌,這些都是透過聽覺來感受外在事物的例子。

許多研究也指出透過音樂、聲音可以影響消費者的情緒、感覺與行為。例如快節奏的音樂會引起較多的正面情緒,導致較短的購買時間與較低的購買金額。而大聲的音樂也會引起較高的正面情緒,但單位時間購買金額較高(林建煌與王健民,1994)。此外,不同的音樂風格也會影響消費者的情緒與行為。例如悲傷的曲風會讓消費者覺得時間過的較慢,快樂的曲風對於消費者的滿意度有正面的提升。許多速食店餐廳為希望顧客不要逗留於餐廳內,也經常播放快節奏的音樂,讓顧客被這些音樂疲勞轟炸,而不得不離開。

從這些研究的內容與發現,聲音是會直接影響到消費者的,因此行銷人員應該認識聲音的相關研究並予以應用,例如針對不同的音樂特性予以了解,根據不同的目的播放不同性質的音樂,可能有利於改變或影響消費者的行為。

> ## 加油站
>
> 廣告必須同時具備廣為人知與賞心悅目的兩個條件 。
>
> *Advertising should enhance the scenery. It has to be popular and beautiful at the same time.*
>
> 傑其・歇頓(Jacky Setton) Pioneer (France)公司總裁

三、嗅覺

嗅覺也是消費者與外在環境互動的方式之一,許多消費者會運用嗅覺來判斷產品的品質與產品的新鮮程度等,包括魚類、肉類、菜色、皮革衣物、香水化妝品、衛浴用品等。網路也漸漸在推廣一些可以嗅得到的一些商品的新技術(需透過特定裝置),如香水、花朵,或是餐廳的菜色與味道等。

大多數的人都喜歡待在令人愉悅的氣味環境中,讓人歡愉的商店氣味當然可以提升顧客停留的時間,以至於提昇消費金額。此外,國內也曾流行一些精油芳香療法,透過不同的氣味與花的元素來影響或調整個人心情,像是薰衣草的香味可以讓人放輕鬆,解除工作壓力,而柑橘類的味道則會讓人精神振奮等(但由於裝置的設計與不當的使用過程常引起爆炸,導致市場需求急速下降)。

四、觸覺

　　許多消費者是經由觸摸的過程中，來決定產品品質與好壞，像是衣服、皮包、皮鞋等，都是透過「摸一摸」來進行知覺的判斷。許多物品都有一定好壞的觸覺標準，像是衣物類，柔軟與光滑就是一個重要的指標。其他如家庭用品鍋子、盤子、杯子等，有許多也都是經由觸摸的過程來決定產品好壞。例如國內早期知名的「彎彎」香皂作成圓弧形的形狀，不論是使用上或觸覺感受上都相當令人難以忘懷。

　　因此觸覺是消費者相當重要的一個知覺過程，企業絕對不能忽視，並也要設法找出相關商品在顧客心目中可能的觸覺印象是什麼。

五、味覺

　　口味好不好？這常是在賣場中試吃人員對於消費者試吃後所問的一句話。許多消費者也都在親身品嚐過後，才進行相關的購買決策，因此味覺也是消費者感受外在事物的重要影響因素。所以有許多廠商都會規劃一些試吃的樣本，讓顧客親自品嚐，企圖透過消費者的味蕾影響其消費意願。

　　另外一種是稱為「整體感知」，整體感知是指個體通過感官器官接收外部刺激後，將這些刺激整理成有意義的形式，以便更好地進行認知處理。例如，視覺系統將接收到的視覺刺激整理成圖像，聽覺系統將接收到的聲音刺激整理成語音等。

　　認知是指個體對整理後的感官信息進行理解、分析和解釋的過程，以形成對環境的認知。認知包括知覺過程和高級認知過程，例如記憶、思考、判斷、決策等。

　　因此，整理感官和認知是知覺不可或缺的兩個方面，它們共同協作來實現個體對環境的感知和理解。

行銷的應用

　　國內知名咖啡連鎖店 85 度 C 也相當重視顧客的口味喜愛程度，在正式推出咖啡時，曾經在靜宜大學進行相關的口味測試，透過許多不同的試吃、試賣活動，來了解其可能的目標市場（大學生）的口味，經過幾次的調整之後，才確定明確的口味並上市。而公司內部的蛋糕口味也是經由集團內的大廚們，一一的品嚐、比較、甄選後才推出。這些作法與努力都是了解

味覺對消費者的重要性,畢竟要掌握消費者的荷包就必須先要掌握消費者的口味。

85度C從2003年在臺灣開出第一家店後,持續不斷創新,2013年為了創造更多的知覺刺激與顧客的滿意度,進行二代店的創新,讓現有的店面透過重新設計與裝潢,設計更寬敞的動線,增加更多顧客的內用空間,及設計更好的服務流程等,這種新的二代店在感官上讓顧客更賞心悅目,也讓營業額更加提升。接著2020年推出三代店「85度C DAY BY DAY」,也突破原有85度C框架,店內裝潢以金色為基底,低調中帶點高雅,每個角落皆可成為網美打卡景點。從2021年最新資料指出、85度C目前在全球總店數達1,150家,包括臺灣457家、中國602家、美國61家、香港11家、澳洲18家、柬埔寨1家,是臺灣自創咖啡品牌在全球總店數冠軍的品牌。

第五節 > 知覺的現象

如同前面所言,知覺會受到個人的內在因素與外在因素所影響,包括受到知覺者本身、目標事物的特性和情境的影響,這些都會影響我們對於外在事物判斷的正確性。因此每一個人知覺的過程不一樣,當知覺融入個人主觀意識與經驗,或是他人與環境影響時,常會發生許多知覺的偏差現象:如刻板印象、暈輪效應、投射作用、暗示效應、畫廊效應等。以下分別敘述之:

一、刻板印象

刻板印象是一種先入為主的觀念,人們常常依一個人所屬的群體來判斷或解釋一個人的行為,最常見的三種刻板印象包括年齡、種族和性別。以年齡為例,年紀輕的人通常都會被認為是沒有思考的購買行為者,或是比較粗心大意的人,正所謂的嘴上無毛、辦事不牢的觀點。一般人認為女性比較愛哭、嬌柔,膽怯、優柔寡斷,甚至是膽小、無冒險性格等。而對於男性的印象通常認為比較剛硬、堅強、果決、有決心,甚至是有創新與冒險的性格等,這是對於性別的刻板印象。我們也常對不同種族的人有刻板印象,像是對於原住民、客家人或是美國黑人等,都有一固定的看法與態度,如認為原住民喜歡喝酒、客家人有勤勞儉樸的習性、

美國黑人都是吸毒與暴力的。但真實的世界裡倒不一定是這樣的狀況，但我們卻常運用這樣的印象與人互動，因此刻板印象會造成我們對人的判斷產生影響。

 專欄 3-2

捷安特體驗行銷

體驗是用身體去感受，透過視覺、聽覺、觸覺等來和環境互動的過程，透過體驗來進行行銷工作、讓消費者直接真實的感受到商品或是服務是最好的行銷方法之一。全球最大自行車集團巨大捷安特所打造的自行車文化探索館於 2020 年 7 月 2 日由巨大集團創辦人劉金標先生正式揭幕啟用開張，公司期望透過自行車的文化、歷史探索、加上實際的親身感受來推廣自行車文化。集團創辦人劉金標先生說：「期望臺灣成為全世界心目中最棒的自行車島，讓人們想到自行車就想到臺灣」，這也是巨大集團創建自行車文化探索館的初衷。

館內展區規劃設計有自行車歷史、臺灣產業聚落發展、文化、科學、公路競賽、登山車、城市環境等內容，具體呈現出自行車各種樣貌。此外、館內可以看出許多精心的規劃，從基本的科學實驗測試與科技互動裝置，親自感受自行車的科學奧祕與原理，到自行車文化探索結合互動科技結合，讓消費者親身體驗多元單車樂趣。也有單車 VR 虛擬實境、讓消費者沉浸在劇場故事互動的世界中。消費者也可以體驗職業車手穿梭山林、體驗騰雲駕霧、高速俯衝的奔馳快感。或是竭盡所能全力挑戰公路競技的速度快感。

自行車文化探索館豐富的自行車展示與知識介紹，讓消費者親身體驗，並結合親子 DIY 互動、玩 VR、沉浸式劇場、登山車模擬挑戰，館內更提供商品店和 Tour de café 咖啡廳，讓捷安特自行車文化探索館成為臺灣消費者最的自行車體驗場所。公司的使命是希望讓全世界的人都能真正透過體驗，而愛上自行車騎行、也預計吸引來自全球的單車愛好者與一般民眾朝聖，透過體驗自行車不同的生活歷程，擁有更幸福健康、更環保的人生。

二、暈輪效應（光環效應）

暈輪效應又稱為光環效應，是由美國心理學家凱利(H. Kelly)提出的，她認為這種效應是個人在敬仰他人過程中所形成的誇大社會認知。如一個人最初被認定是好的，則他身上的其他品質也都被認為是好的，有似「愛屋及烏」的原理。久而久之，這種社會認知會使人對其偶像形成一種強烈的心理趨勢，把他（她）身上的一切都看得盡善盡美，即使他（她）真有什麼缺點，也會被淡化、忽視掉。這個認知本質上就是一個製造神話的過程，它就好比在偶像的身上鍍上一層金邊，使其更加金光燦爛，光彩照人。結果偶像也會變得越來越美麗，講的話越來越動聽。

換言之光環效應也就是我們常說的「情人眼裡出西施」。因為當我們特別喜歡一個人時，無論他（她）是愛侶還是偶像，我們都會自然地多重視其優點，而忽略其缺點，甚至把缺點也看成優點，這或許是愛的力量和盲目吧。

暈輪效應是一種以偏蓋全的印象偏差，當消費者認為某一家餐廳不錯時，相關好的服務與特質也都會認為是該餐廳會有的。但相反的，如果消費者認為一位服務人員是壞的、沒有耐心的，所有與負面有關的事物也都會讓個人產生聯結。

暈輪效應就像月亮的光環一樣，從核心的一點往外擴散，事實上那一點與擴散後的整面之感覺是不同的。常有消費者根據某人、某事的一點特質去進行概推，因此產生了極大的偏差。故行銷人員在了解消費者的特質時應避免產生以偏概全的作法。

三、選擇性知覺

選擇性知覺是指個人在感受外在人、事、物時，只注意到一些部分，而忽略了事情的全貌。為何會有這樣的偏差呢？一般來說，這是一個人的興趣或是動機所導致的。

因為個人所注意到的外在事物，通常是個人身邊熟悉的或是個人有興趣的事物，其他比較不重要的、或根本沒興趣的東西自然就會直接忽略或是遺忘了。再加上每一個人生活中每天所接受的訊息實在太多了，為避免資訊負荷之苦，選擇熟悉的訊息作判斷也是正常的。因此行銷人員在進行知覺判斷時要特別注意不要斷章取義。

四、投射作用

許多人在做知覺判斷時，由於缺乏訊息，常會假定別人和我們一樣，而把自己的想法或是感受套用在別人身上，這種作法稱之為「投射作用」。誠實的人認為每一個人都誠實，心情不好的人認為每一個人的心情也不佳，像是「我看青山多嫵媚，料青山見我亦如是」，這樣的知覺偏差在我們的生活中是常見的。因此行銷人員在進行知覺判斷時，要了解自己當下的情緒與心情，切忌任何的情感投射現象，影響個人的知覺判斷。

五、第一印象

對於初次見面的人、事、物所產生的印象稱之為「第一印象」。通常一般人會比較重視他第一次看到的訊息，並且記憶深刻。對於同一件事情後來的現象或是表現就不是那麼的在意了。這種第一印象的偏差會導致訊息的前後有所差距，也是無法讓人看到後續相關訊息的全貌。

通常人也都了解第一印象的影響與重要性，因此通常對於第一次見面的人，或是去進行一個重要的會晤時，總是會有「印象整飾」的行為，這種行為讓許多人將真實的一面隱藏起來，使人造成知覺判斷上可能的偏差。因此行銷人員除了重視第一次的印象外，後續的許多行為特質與表現也應該予以重視。

以上這些知覺偏差在我們生活周遭是常看到的，因此在學習消費者行為時應該予以注意，行銷主管更應該要知道如何去解決這樣的偏差，才不會誤判消費者的行為。

六、暗示效應

暗示效應是指人們（消費者）對某種訊息的接受和理解，往往受到別人（商家）預先持有的信念、態度和期望的影響，而不是純粹基於訊息本身。暗示效應可以透過許多方式實現，例如語言、肢體語言、音調、環境和其他非言語信號等。一項研究發現，當演講者使用具有說服力的語氣和語調時，聽眾更容易相信和接受演講者的觀點。例如，演講者可能會使用高聲調和快速的語速來強調重要的信息，或使用柔和的聲音和緩慢的語調來讓聽眾感到放鬆和冷靜。

在廣告中使用明亮的顏色、引人注目的圖像和吸引人的標語，可以提高消費者對產品的好感度和購買意願。

例如，一個廣告可能使用鮮豔的紅色和黃色來吸引注意力，或使用高品質的圖像來展示產品的特點和優點。或是利用不同主題事件來進行暗示，例如用『愛情』的主題、暗示消費者「愛她就要表示」；或是「孝順」的主題在母親節時候、暗示消費者要給媽媽一個心意，或是賣高檔的進口服飾商家、將店面裝飾成皇宮概念，並暗示消費者試穿時有著貴族雍容華貴的氣息等等。

暗示效應可以在不同的情境下產生影響，通過調整語言、肢體語言、音調、環境和其他非言語信號等方式，影響人們對於某個刺激的看法與知覺感受，進而影響他們的行為和反應。

七、畫廊效應

如第三節所提到的，情境因素會影響到我們的知覺與情緒。「畫廊效應」這個名詞就是最好的解說。何謂畫廊效應呢？也就是說通常我們在畫廊裡看畫比起在家裡看畫，總是覺得比較美一些，為什麼呢？因為畫廊的整體環境是營造設計過的，其中包括柔美的燈光、極佳的氣氛。更重要的是個人被悶在家裡的心情，永遠不能與留連在畫廊裡聽著音樂的心情相提並論。

「畫廊效應」經常左右著我們的思想與生活，例如男人之喜歡尋花問柳，女子之喜歡上美容院，以及青年學子之愛到圖書館、卡拉 OK 唱歌等。說穿了，皆不外乎是因為在那種地方可以營造某種特別合適的心情，而其效果亦特別讓個人感到滿意。許多人在家裡設計了所謂的家庭電影院或是家庭卡拉 OK，但最後的使用率都不高。為什麼呢？這也是畫廊效應的影響。

以上這些知覺偏差在我們生活周遭是常看到的，因此在學習消費者行為時應該予以注意，行銷主管更應該要知道如何去解決這樣的偏差，才不會誤判消費者的行為。

 專欄 3-3

星巴克五感行銷

全世界擁有超過 30,000 家店面的星巴克咖啡是代表一種美式浪漫、休閒與享受的價值觀。其經營理念是要創造出除了工作與家庭之外，人們的第三生活空間，一個可以讓個人獨處、沉靜的空間。在這空間中享受午後

的陽光，聽著音樂浪漫的旋律，或欣賞人來人往的街道，這樣的一個空間，讓人有樂不思蜀的感覺，更可以讓人充分休息，並為下一個旅途做重新出發的準備。

在這星巴克所說的第三生活空間中，創造出許多歡愉的經驗。第三生活空間中充滿了流行感與藝術的內部裝潢，加上飄散於席座間的濃濃咖啡香，服務員親切的服務以及讓憂鬱心情好轉的奇妙氣氛，讓生活在緊張枯燥的忙碌城市的現代人，提供了一個可以放鬆心情的好去處，這些經驗大都是空間中相關的知覺刺激形成，其中包括如下：

1. 視覺

店裡有著整幅牆面豔麗的時尚畫、藝術品、懸掛的燈，一貫的暖黃色系、木頭桌椅、沙發座位與舒適裝潢，消費者也可以依照自己的喜好和需要挪動椅子和桌子，另外顯眼的美人魚商標、杯子、衛生紙……等，都是以白色及綠色給人一種重視環保沒有太多顏色負擔，及高格調舒服的視覺享受。

2. 聽覺

播放柔和星巴克專屬音樂，為放鬆消費者的情緒，不採用節奏快或是亢奮的音樂，機器磨咖啡豆的聲音也是一種親切的聽覺體驗。

3. 味覺

「以顧客為本，一次只烹調顧客那一杯咖啡。」這句取材自義大利老咖啡館工藝精神的企業理念，貫穿了星巴克快速崛起的祕訣。注重當下體驗的觀念，且一直以來星巴克是以進口優質的咖啡豆為主，優質的咖啡豆、先進的設備、標準的手藝和經過試驗精準的咖啡豆量和奶泡……等。而且一次只煮一杯咖啡，咖啡不會因為放置時間過久而變味，或是因為煮的不好而有過酸或苦的情形。

4. 嗅覺

只要走近星巴克的門市就可以聞到百分之百的高原咖啡散發出誘人的香味，為了要讓顧客一進來就聞到咖啡香，不能讓其他氣味破壞咖啡的香味，所以星巴克不能吸菸，員工上班的時候，也不能使用香水。

5. 觸覺

石板地面、進口裝飾材料的質地、與眾不同的大馬克杯、桌椅以木頭代替塑膠和鐵製餐桌，給人一種悠閒舒適的感覺。

星巴克認為他們不只是販賣一杯咖啡。更多的是「體驗一種感覺」，星巴克是美國文化的輸入，因此星巴克除了賣好喝的咖啡之外（味覺、嗅覺），還多了體驗，如氣氛管理、個性化的店內設計、暖色燈光、柔和音樂等（視覺、聽覺）。 雖然疫情影響之下，2020 年 9 月中國第 6,000 家門市一樣開張，世界其他市場版圖也持續擴張中，星巴克以人文咖啡與最舒適的消費場所為主題，著重在文化特質與品質堅持，可以說是將工業城市文藝復興起來。以提供消費者最佳的咖啡產品與最舒適的消費場所。因此在許多城市的角落，星巴克儼然已經成為許多消費者生活中，除了工作場所與家庭以外的「第三個生活空間」。

第六節 > 知覺的歸因

我們小時候通常會去學習一些自然現象，像是「十萬個為什麼」等知識，來了解我們生活周遭的一些事情。在企業中我們也常遇到一些「為什麼？」的事，比如為什麼女性總是比較容易精打細算？為什麼男性的錢比較好賺？事實上這些問題都是有原因並可歸納的。想問題找答案是一種人類天性好奇的本性，也是人類在社會生活中尋找別人行為模式意義的方式，換言之，這樣的作法可以幫助我們去解釋事件的原因，可以使我們更能預測及控制所處的環境，以做出

● 虛無縹緲中的山間民宿小屋，常給人唯美浪漫的知覺（攝影：曾麗芳）

最佳的反應，不致於與人產生摩擦。因此歸因的過程與方法對於從事行銷的管理人員來說是相當重要的知識之一。

　　一般人在對於別人的行為進行歸因時，通常都是簡單的運用二極化的歸因方式，也就是說行為的歸因原則若不是個人內在因素造成，就是外在因素的原因。因此在進行討論歸因理論時先了解何謂內在歸因、何謂外在歸因是必要的。

　　所謂外在歸因（情境歸因）就是把行為產生的因素歸咎在外在環境所造成的，像是如果出車禍便怪天雨路滑；或是工作績效不彰就怪大環境的影響，這兩種都是典型的外在歸因。許多缺乏反省的個人最常把自己行為結果做外在歸因，例如怪天氣、怪大環境等，而自己從來不會錯，一切都是別人的錯。

　　而所謂的內在歸因（個人歸因），就是指行為本身的影響因素是個人的問題而不是外在環境的問題。像是參加政府的公費留學考試沒有考過，而認為是自己努力不夠；或個人表現不好而認為是自己應該負責的。這兩種歸因就是所謂的內在歸因。消費者行為常有不同的動機與原因，行銷人員應要有能力針對費者的行為進行判斷，以作為相關決策的依據，例如當行銷人員將錯誤歸咎在消費者本身（對消費者進行內在歸因），則公司所要負擔的責任就少了許多。要如何進行內在歸因或是外在歸因的呢？以下從歸因理論的論點說明之。

◎ Kelly 的歸因理論

　　歸因理論認為我們有觀察自己或他人行為的傾向，而且還會為它找原因。也就是說，我們常試圖去解釋為什麼人（包括自己和他人）要這樣做或是那樣做。歸因過程是基於對事實的知覺，而每一個人的知覺經驗卻又各不相同。所以在做歸因時，每一個人所歸結出來的行為原因也就不一定相同。根據凱莉(Kelly, 1972)的觀點可以幫助我們來了解歸因的內涵，Kelly 的歸因理論對我們判斷他人的行為能提供一些幫助。Kelly 認為我們在解釋別人行為的原因時，會收集資訊或資料，來幫助我們做判斷。在形成歸因時，我們會借助以下三個因素所提供的訊息來做判斷（李茂興、余伯泉譯，1995）。

（一）行為是否具有獨特性

　　指行為者在其他情境下，其行為是否保持一致的程度。如果某項行為在各種情境下都會出現，獨特性就低；反之，獨特性就高。所以，獨特性強調對情境因素的觀察。在沒有其他線索可資參考時，行為者的行為如在任何情境都會出現（亦

即獨特性低），我們會傾向於對他的行為做內在歸因。例如「他一向如此」、「他本來就是這副德行」，這樣的行為是沒獨特性的，所以我們作內在歸因。

（二）行為是否具一致性

指一個人在同一個情境中的不同時間裡，出現相同行為的程度。如果某人在不同時間中，同樣的行為出現得很頻繁，他的行為一致性就比較高，我們會傾向於做內在（特質）歸因。

（三）行為是否具共同性

共同性是指所有的人在面對類似情境時，是否都有相同的反應。如果其他人也有類似的行為，則共同性就很高。因此，共同性強調對其他人的觀察。在缺乏其他線索可參考時，如果在同一時間和情境中，行為者和其他人一樣都出現類似的行為（即共同性高），我們會傾向於對行為者的行為做外在（情境）歸因。

賣場中有許多顧客被稱為是「奧客」，透過歸因的判斷，這些客人的行為是相當固定的，例如這顧客幾乎每次買東西都會來退貨（行為一致性），退貨的原因千奇百怪，與其他消費者的原因沒有共同性（行為共同性），我們可以將這些「奧客」的行為做內部歸因，就是說這些客人的行為都是其本身因素所造成的，可能是不良的習慣、挑剔的個性等所造成的。

這些針對消費者的行為進行不同的歸因，可以讓我們行銷人員更清楚消費者行為背後的原因，或是進一步去了解是否公司應該負責任的問題。

 專欄 3-4

過度包裝的問題

地球的環境資源不斷的被消耗與減少，全球暖化問題越來越嚴重，這時企業界應該率先發起影響力來愛護這個地球。企業是社會進步的原動力，但也可能變成破壞環境最大的元兇。

近年來許多不同的產品，為了博得大眾消費者的眼光與知覺，紛紛將產品精細包裝、豪華包裝，企圖透過明顯的包裝刺激消費者的知覺，並從中獲取利潤。但事實上，有逾五成消費者認為商品包裝有「過於豪華」的感覺。

因此，消費者應該拒買過於豪華、浪費的包裝商品，並且一起來呼籲企業適度、合理包裝，減少包裝材料的過度使用和包裝廢棄物的產生，同時儘量使用環保、能回收利用的材料來進行合理的包裝。

個案　　IKEA 的設計與美學

IKEA 成功運用知覺原理發揮行銷力量，成功擁有廣大消費群組。

知覺是影響消費者行為的重要因素之一，消費者透過知覺來判斷商品，決定購買與否。例如聽聽拍打西瓜聽聲音、摸摸衣服質料、聞聞香水味道、看看魚類新鮮程度等等。企業可以利用知覺的設計與操作，來影響消費者對產品或服務的看法，進而影響購買意願、提高銷售量。

IKEA 是一家瑞典的家居用品零售公司，在全球擁有超過 400 家分店。該公司以提供簡約、時尚、實用的家具和居家用品聞名，同時以平價著稱。在消費者心中，IKEA 的產品質量和設計是非常高的，但價格相對較低。

IKEA 利用知覺的原理來影響消費者的行為。首先，IKEA 的產品陳列非常獨特，進入店內消費者會發現展示區設計得非常精美，所有產品都放置在實景展示空間中，讓消費者可以親身體驗，親自看到、摸到。IKEA 還推出了一個叫做「生活在 IKEA」的概念，讓消費者可以在店內體驗到更多空間相關聯的設計與資訊，在多個不同風格的實景展示區，讓消費者可以感受到不同風格的家居用品是如何組合和搭配的，進而激發消費者的購買欲望，也透過消費者坐著、躺著或是站著、體驗現場空間、感受現場的氛圍來激發消費者的靈感。

此外，IKEA 還在聽覺、視覺、觸覺等方面做了很多的應用和行銷。

在聽覺方面，IKEA 透過創意的廣告和音樂來吸引消費者的注意力。例如，IKEA 曾經推出過一個名為"Lamp"的廣告，這個廣告是一首歌曲，歌詞充滿著對燈具的描繪和讚美，非常富有節奏感和吸引力，讓人不自覺地對 IKEA 的燈具產生好感。此外，在店內，IKEA 也會播放著輕快的背景音樂，讓消費者感到輕鬆舒適，更容易被產品吸引。在視覺方面，IKEA 的產品陳

列非常獨特,店內的展示空間也是一個非常重要的視覺因素。例如,此外,IKEA 也會利用視覺效果來創造品牌形象,例如採用鮮明的藍色和黃色作為主要品牌色彩,使品牌形象更加鮮明突出。在觸覺方面,IKEA 的產品設計也非常注重觸感體驗。例如,他們會利用不同的材質、紋理和質感來設計產品,讓消費者可以親身感受到產品的質量和實用性。此外,在店內,IKEA 也會設置試用區和展示區,讓消費者可以直接觸摸、試用產品,進一步激發消費者的購買欲望。

總的來說,IKEA 在聽覺、視覺、觸覺等方面的應用和行銷都非常成功,透過多種不同的感官刺激和營銷策略,成功地提高了消費者對其產品的認知度和滿意度,進而增加了銷售量。

問題與討論

1. 請舉國內外一個案公司,說明與分享其運用知覺的概念設計的行銷策略,如何做?消費者的反應如何?

2. 請分享個人去 IKEA 的經驗與感受。或是其他讓人有特別「感覺」的商家、商店或是餐廳的經驗。

學習評量

一、是非題

1.（　）　產品的外型、顏色與味道會影響消費者的偏好與認知。

2.（　）　顏色會影響到我們的情緒與知覺，例如：藍色令人興奮、紅色讓人放輕鬆。

3.（　）　一般消費者對於許多產品使用上的挫折作外在歸因時，不滿意的程度會降低。

4.（　）　高風險的產品消費知覺會比較有較深的涉入程度。

5.（　）　研究指出速度快的音樂會導致購買時間縮短及單位購買金額偏低。

6.（　）　不同產品類別有不同的風險知覺，高風險知覺的人有較大的購買選擇範圍。

7.（　）　研究指出平面廣告的左半版的內容會比右半版的內容引起更多的注意。

8.（　）　品牌、包裝與標籤對於消費者的注意與理解有直接的影響。

9.（　）　消費者將使用產品的不滿歸咎於廠商是屬於外在歸因。

10.（　）　一般行為具有：低共通性、低獨特性、高一致性，我們進行外在歸因。

二、簡答題

1. 知覺包括哪四個過程？

2. 何謂五感行銷？

3. 請寫出 KELLY 的歸因理論所依據的三個要素。

4. 何謂刻板印象？何謂暈輪效應？這些效應與知覺有何關係？在行銷上的應用有何重要性？

5. 影響知覺的因素有哪三種？如何影響？

MEMO:

Chapter 04

消費者的學習

 前言

　　不同於其他動物，人類大部分的行為都是經由學習而來的，不論是食、衣、住、行等行為大都是在成長的過程中，直接或是耳濡目染之下塑造而成的。這些學習過程包括經由文化傳承、家庭教養、學校教育、朋友互動或是大眾媒體的資訊傳遞等，個人會直接或是間接的學到許多價值觀、品味、信念與偏好。今天消費者會選擇某一商品，不論是在外形、顏色、價位、或是不同品牌的選擇也都是與個人學習到的價值觀、態度、信仰等內涵息息相關。

　　消費者學習的論點主要是來自心理學的相關研究與理論，其中包括行為學習觀點的理論、認知學習觀點的理論與社會學習觀點的理論。行為學派的觀點認為行為是經由外部的刺激所引導，是強調外部環境的刺激與行為之間關連的研究觀點。而認知學派則認為消費行為不是只有外在刺激直接影響行為的產生，而是強調行為的產生是個人心理歷程中，對於所獲得的資訊轉移與認識的過程所影響。此外，社會學習的觀點認為行為的產生不只是外在環境刺激的原因，也是個人觀察別人行為後的一種省思，因此社會學習的觀點是前面兩種理論的綜合論點。

　　本章介紹有關學習的相關理論，以了解不同形式的行為學習過程，並討論學習理論在行銷方面的相關應用。

專欄 4-1

從醫學中誕生的 Aprica 推出嬰兒的第一雙鞋

　　Aprica（愛普力卡）是一家來自日本的世界一流品牌，致力於世界先進育兒理念及科學育兒器具的研究與生產，其理念認為嬰幼兒的相關產品最需要透過「嬰兒醫學」與「育兒工學」研究寶寶的心靈與身體的狀態，Aprica更於日本奈良成立業界唯一的「Aprica 中央研究所」，專門製作研發嬰幼兒商品，迄今擁有近 4,000 個育兒用品專利。

　　研究發現由於少子化的關係，許多父母花在一個小孩身上的費用是增加的。因此許多企業也更鑽研如何從嬰兒的市場中取得商機。日本嬰兒車銷售第一名的製造公司 Aprica 運用科學性與醫學性的研究針對不會說話的

嬰兒進行觀察，以安全、健康、舒適性為前提開發新的商品，相當獲得市場的歡迎。

Aprica 公司運用科學的方法開發出「嬰兒的第一雙鞋」更是獲得市場的好評。即使一雙定價要臺幣將近 3,000 元，也還是許多消費者指明購買的商品。在大多商品都強調顏色、設計與價格時，Aprica 的嬰兒鞋強調功能，他們提出重要的觀念「嬰兒的身心智能要發育健全，走路姿勢一定要正確，嬰兒雙腳的脂肪多，加上腳部承受體重容易變形，一雙好的鞋子是相當重要的」。

Aprica 以三次元畫像解析測量 200 位以上嬰兒的腳，分析其成長而改變的走路方式，並在主要店面播放各種實驗情形、數據畫面，以強調他的功能性，將使用者的心聲以科學、醫學的方式傳達，以做出更好的商品。公司透過醫學與科學研究數字教育家長，也讓家長學習成長，這樣的手法確實讓父母學習與認知到「嬰兒第一雙鞋」的重要，也因此願意花更多的錢來購買小孩重要的第一雙鞋。

第一節 > 學習的內涵

◎ 學習的定義

學習是一種過程，是指經由經驗或是接受資訊時，使行為、情感以及想法等發生持久性改變的過程。這過程是一種認知的過程，也就是當個人知覺到訊息本身的存在與意義時，個人即予以詮釋及記憶，學習就發生了。學習是人類成長的最主要動力，也是影響行為最重要的因素之一。學習可以使人們持續性的整合以往的經驗及從現況所得的資訊來建立一種有用的行動引導架構。幾乎所有的人類行為都是經由學習而來的，人類的文化也是因為學習而保存下來，因為學習而更發揚光大，也透過學習與傳遞而更發揚光大。

學者索羅門(Solomon, 1996)認為學習經驗攸關行為上相對恆久的改變。阿薩爾(Assael, 1995)認為由於過去經驗的結果使行為改變稱為學習。因此，本書將學習的定義歸納如下：「學習是一種過程，在此過程中得到的經驗會引起知識、態度，甚至行為上的改變」。

 加油站

> 品牌不是你創造的，而是消費者心中的感覺和想法。
>
> *A brand is not what you create, it's what consumers feel and think in their minds.*
>
> 馬蒂‧諾邁爾(Marty Neumeier)品牌設計師

　　學習的範圍很廣，除了一般學校教育或是家庭教育外，任何生活中可以增長智識的相關資訊及改變行為或想法的過程都是學習的範圍。因此，事實上我們是每天都在學習，每個時刻都在學習的。

　　消費者從與環境的互動中，認知到各種不同的刺激，其中包括產品、廣告與業務人員等，並將這些有用的訊息存在於記憶中，轉化成經驗，而成為一種有用的消費行動指導架構。

　　在這樣學習的觀念之下，企業也可以藉由學習的過程中建立消費者的相關知識，改變消費者的相關信念，進而改變消費者的消費模式。所以企業通常都會編列龐大的預算進行相關訊息傳播，讓消費者了解公司相關產品的價值或特性。

　　企業相信只要消費者了解一些事實的真相，就會改變相關的消費行為，例如某一個飲料的內容成分被證實是可以抗氧化的，經過相關的廣告與包裝的宣傳，對於害怕老化的消費者來說，可能就會採取相關的消費行為。許多產品的包裝訴求以地球環保或是相關公益活動的支持，也有改變或是促進消費行為的產生。這些作法都是應用了學習理論的觀點，因此可見，學習理論在行銷的領域中是占有一席之地的。

　　在社會科學中探討學習行為的相關理論主要可以分成三大類，第一類是認知學習的觀點，第二類是行為學習的觀點，另一個理論是社會學習理論。

（一）行為學習理論

　　是關心個人展露於刺激對其所產生之改變，其中包括了古典制約理論的觀點與工具制約理論的觀點。古典制約的觀點認為行為為主要刺激（非制約刺激）與次要刺激（制約刺激）間緊密關聯的結果。工具制約則認為行為是消費者對行動（購買行為）與購後滿意度評估的函數。

（二）認知學習理論

　　視學習為問題解決，以及著重在消費者心理集合（態度與渴望利益）的改變，認知學習理論認為學習是反應個人知識上的改變，也就是探討個人對於知識或是資訊處理的心理歷程，並探討這些歷程如何影響行為的改變。

（三）社會學習理論

　　社會學習理論認為行為產生的原因在於個人於社會生活中，觀察到別人的行為與行為的結果，個人感覺是有意義時會進行模仿（學習）的行為。

　　以下針對這三個理論分於各小節中敘述之。

 專欄 4-2

文創觀光工廠的體驗學習：茶山房

　　體驗行銷是讓消費者親自接觸商品認識商家的一個好方式，過程中也讓消費學習、認識商家相關資訊，透過商家提供產品試用、試玩、試吃或試做，過程中讓消費者學習相關知識，增加消費者與產品的接觸，並從而體會產品的優點與特性。2013 年臺灣正式成立的文化部，以推動各種文化創意產業的工作，其中許多文化傳承的文物、食物、手工藝等，也都是藉由提供大眾來親自體驗、學習，從中了解文化的意涵並獲得學習上的樂趣與成長，例如中部地區的華陶窯，讓遊客們學習捏陶燒陶，大甲的芋頭酥所開設的觀光工廠，也讓遊客們親自參與製作芋頭酥，這種體驗與參與的設計，正是一種讓顧客印象深刻的學習歷程，也是一種好的行銷手法。

　　茶山房肥皂文化體驗館位於新北市三峽區，是新北市政府認證 2021 年正式通過評鑑的優質觀光工廠。茶山房的前身由第一代創始人林義財先生 1957 年創辦，生產自有品牌肥皂的「美盛堂」。2010 年第三代接手後更配合政府成立茶山房觀光工廠，希望透過寓教於樂的方式讓民眾了解臺灣肥皂的歷史與文化。 新一代接班人將茶山房 200 坪左右的廠房直接改建成觀光的工廠，稱為：茶山房肥皂文化體驗館。

　　茶山房肥皂文化體驗館內分為五大區域讓消費者自由參觀學習，配合現場工廠導覽員生動有趣的仔細介紹，過程中讓參與者更深入了解傳統手工肥皂的諸多優點。這五個區域包括：

1. 互動式導覽區：介紹美盛堂五十年來的歷史故事，還有結合了三峽傳統的肥皂神豬。

2. 肥皂知識區：肥皂歷史介紹及原物料展示。

3. DIY 體驗區：製作過程簡單，在導覽員指導下創作專屬於你的天然手工肥皂。

4. 空中步道區：從二樓鳥瞰，參觀肥皂整個製作過程。

5. 紀念商品區：消費者參觀各項洗浴用品、精緻肥皂禮盒，任君挑選。

　　茶山房肥皂文化體驗館，除了多彩多樣琳瑯滿目的肥皂商品外，更有聽不完的動人歷史故事，透過認識肥皂的認識與歷史及 DIY 的體驗，更拉進消費者與商家的距離，成功推廣了商家的品牌。

第二節 ▸ 行為學習理論

一、古典制約學習理論

　　古典制約學習源於 20 世紀初蘇俄心理學家巴甫洛夫(Pavlov, 1897)的實驗，Pavlov 在實驗中運用狗、肉與鈴聲的操控來進行。實驗初期當 Pavlov 把肉放在狗前面時，狗的口水量明顯增加，而當 Pavlov 不拿肉給狗看，而僅搖鈴時，狗不會流口水。Pavlov 接著結合了肉和鈴聲，先讓狗聽見鈴聲，再拿肉餵狗，如此反覆進行一段時間後，狗一聽到鈴聲就會流口水。實驗最後，狗竟然只聽到鈴聲，即使沒肉，狗也會流口水。換句話說，狗已經學習到如何去反應，即一聽到鈴聲就會流口水，我們可以說，狗被鈴聲「制約」了。

　　這個實驗結果闡述了幾個重要觀念。實驗中的肉是一種非制約刺激，它不斷使狗產生某種特定形式的反應，即實驗中狗的口水量明顯增加。這種因非制約刺激而引起的反應，稱為非制約反應，而鈴聲代表人為的刺激，或稱為制約刺激物。制約刺激單獨出現時，無法引起非制約反應，但若結合非制約刺激（肉），經過一段

時間，即使制約刺激（鈴聲）單獨出現，也會有相同的反應（狗的口水量大增）。這種制約刺激所引起的反應，稱為制約學習反應。（請參考圖 4-1）

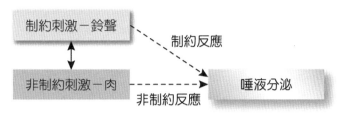

● 圖 4-1　古典制約模式

行銷的應用

　　從消費者的角度來看，古典制約說明了消費者對於滿足他們的需求，如飢餓、害怕，或社會接納的目標之選擇，可以藉由將這些需求和外在刺激相結合而加以影響，也就是說許多需求是可以運用不同的刺激加以制約的，多數消費者透過古典制約已經學習到許多反應，但都還是不自知的。例如日常生活中，一般比較定時吃飯的人們，通常在剛好的時間點，自然就肚子餓了，例如中午 12 點，或是晚上 6 點，在這樣的情況下，時間就對其有制約的效果。生活中的其他事物如聲音、圖片、味道等也都會與需求產生刺激的連結，也都可以發揮制約的效果。

　　在實驗裡，中性的事物（鈴鐺聲）與快樂事物結合（好吃的肉）反覆伴隨出現時，中性的事物也會產生快樂的刺激。就像候選人與愛國歌曲結合，也自然的產生愛國情操，而投票給該候選人。中性的新產品、刺激與令人興奮的運動節目結合廣告，新產品也會產生刺激與令人興奮的特質。

　　聲音的運用也常見於古典制約學習中。就像背景音樂的選擇與應用就是一種古典制約應用的方式之一，許多廠商會編輯令人印象深刻的背景音樂，讓產品與音樂相結合；也有許多廠商花錢請賣場播放其廣告的背景音樂，讓消費者在賣場中不自覺的購買相關商品。在西方社會中，古典制約理論可以解釋為什麼聖誕歌曲常能喚醒童年期甜蜜的回憶，因為歌曲與聖誕節慶的氣氛聯結，讓人沉醉於童年美麗的時光中。有些戀人分手情境時的音樂也常讓戀人彼此想到對方。訓練小孩上廁所時，運用「噓聲」也常可以制約其未來上廁所的行為。

　　此外，不同產品的特性在使用制約學習上也有不同，例如低涉入的商品，能影響相關的情緒制約，在消費金額不高且產品差異性不大時，古典制約的效果能發揮功能。但對於高涉入的商品，品牌的運用較有效果，如知名運動品牌強調知名選手的速度、快感與勝利的鏡頭，對於消費者能影響正面的情感。其他如利用名人結合相關的知名品牌，也會有效的塑造產品正面的形象，影響相關的購買行為。

　　古典制約的一項重要條件就是反覆，反覆會增加一個物體對某刺激的反應。基本上，學習到一種制約反應，必須要結合制約刺激，逐漸由制約刺激取得非制約刺激的特性。最後制約刺激的單獨出現，就會產生制約反應。

　　從行銷的例子來看，當消費者喜歡聽古典音樂（非制約刺激），聽古典音樂也讓他心情特別好（非制約反應），假設在播放古典音樂時也一起出現某個品牌的皮包（制約刺激），而且反覆的出現音樂與皮包的廣告，消費者看到這皮包時，則會產生好的心情感受（制約反應）。

二、操作制約學習理論

（一）理論內容

　　哈佛大學心理學家史金納(Skinner, 1971)繼 Pavlov 所做的古典制約研究後，進一步進行所謂的操作制約學習的實驗。Skinner 根據早期的研究加以發揚光大，拓展了操作制約的知識。Skinner 在實驗中將老鼠關在籠子裡，並在籠子裡裝置一個按鈕，如果老鼠按到按鈕後，會有食物出現。在反覆的實驗中，發現被研究的老鼠會有主動去接觸按鈕的行為，因為其認定這樣的接觸會有好的回應。操作制約的假說是指行為是經由學習而來，而非一時的反射而來。研究也認為行為是行為結果的函數 {X=F(X)}。（請參考圖 4-2）

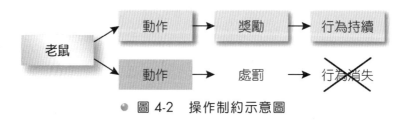

● 圖 4-2　操作制約示意圖

Skinner 認為行為若能帶來愉悅的效果，則該行為出現的頻率增加；即如果該行為可以得到正面性的增強效果（如按按鈕後食物的出現），則人們很樂意表現這種行為（按鈕的行為）。例如，良好的行為一出現就予以獎勵，則獎勵的效果最佳。此外，不被獎勵或受到懲罰的行為，較不可能再度出現。操作制約的例子很多，任何有明白表示或暗示「增強作用」會影響行為的出現與否，即為操作制約理論的應用。例如，老師提醒學生，學期成績若想拿高分，考試就得考好；想多賺點錢的業務員發現，若想多得獎金，必須先設法把業績拉高。在幼兒的教育中也常發現老師運用蓋章換禮物的方式操控學童的學習行為。

古典制約理論所制約的行為大都是被動的行為。也就是說某件事物出現時，我們以被動方式回應，但這只能解釋簡單的反射行為。但多數行為，尤其是消費者複雜的行為，往往是主動出現。因此操作制約與古典制約不同的地方在於：

1. 古典制約是非意識的行為，操作制約是個人意識下自主的行為。

2. 古典制約的形成是先有刺激才有行為，而操作制約行為是行為之後的結果所影響的。

操作制約可以透過不同的方式來運作，以下介紹三種最常見的操作制約的型態：

1. 正向增強(positive reinforcement)

所謂正向增強是指行為形成後直接給予獎勵的制約方式，例如實驗中的老鼠壓箱子內的拉桿，就掉出食物予以獎勵，塑造其主動壓拉桿的行為。像是消費者買東西後，送相關贈品予以獎勵，就是一種正向增強的作法。許多的購物行為，會導致家人讚美或是讓同事崇拜，這種購物行為也會被增強。

2. 負向增強(negative reinforcement)

所謂負面增強，是指行為後可以減少不喜歡東西或事物的出現。例如學生準時上課就不會被懲罰，吃口香糖可以讓討厭的口臭消失，就是一種負面增強。又如實驗中如果老鼠被設計去押某一裝置就會消除被電擊的可能，老鼠會因為想要消除某些不愉快的經驗（被電擊），而會去進行某些行為。

3. 懲罰(punishment)

所謂懲罰就是對於行為後給予負面的刺激，例如實驗中，如果老鼠去接觸某些裝置，就會被直接電擊，這就是一種懲罰。像是生活中，為了維護消費者之間

的誠信，有時商家會沒收訂金做為懲罰，這種作法也會防止其他消費者可能的違約行為。

（二）增強的作法

增強理論是由操作制約學習的觀點衍生而成的，所謂增強理論的觀點也是認為行為是行為結果的函數。學者認為要導致行為的改變，某種增強方式是必須的。

增強理論提出兩種不同的增強方式來進行行為的塑造：一是：連續性增強，二是：間歇性增強。連續性增強指良好行為一出現，即給予增強。例如，某人只要有消費就直接給予鼓勵。另一方面，間歇性的增強並非是每當出現良好行為就給予增強，而是間斷地增強，足夠使良好行為因受鼓勵而重複出現。電動玩具中的賭博性機器，就是間歇性增強的好例子，儘管人人都知道機器的程式設計必然有利於老闆，而贏錢的次數只要足夠誘使人繼續玩下去就夠了。研究證據顯示，間歇性或不定期的增強方式比連續性增強，更不易使增強作用的效果消失。

對於初學者不穩定或不常出現的行為反應，可透過連續性增強方式來予以強化。相對的，間歇性增強排程因非為一有反應即予增強。故可排除心理過早得到滿足，較適用於穩定或常出現的行為反應。（羅賓斯 Robbins, 2001）

此外，正面的增強（獎勵）要比懲罰來得有效。懲罰往往只能收一時之效，沒辦法使行為永久改變，而且受罰者亦會心懷怨恨。雖然懲罰比負面增強來得容易生效。但是除了效果不彰外，更有可能產生不良的副作用。因此行銷經理人最好還是採行正面增強方式，捨棄懲罰手段。

💡 行銷的應用

操作制約認為行為是行為結果的函數 $\{X = F(X)\}$。人們學習到如何表現才可以得到他們的需要，或躲開他們不想要的。操作制約的觀點認為被操作的行為是自願性的再出現，而非反射性的反應。被制約的行為是否重複出現，受到行為結果所產生的作用之影響。因為增強作用鼓勵行為的出現，並增加該行為重複出現的可能性。刺激反應論者把環境都看作是刺激，把伴隨而來的有機體行為看作是反應，因而他們關注的是環境在個體學習中的重要性。學習者學到些什麼，是受環境控制的，而不是由個體決定的。持這一觀點的人，往往以行為主義心理學的基本假設為依據，即學習者的

行為是他們對環境刺激所做出的反應；並且認為所有的行為都是學習得來的。

許多商店在新開幕時是生意最興隆的時候，但是隨著新鮮感越來越低，如果商店沒有持續的進行相關「刺激」的話，業績將會持續往下滑，因此不斷的思考如何推陳出新來刺激銷售是企業應該重視的方向。透過獎勵的方式正向增強消費者的行為是最常用的制約方式，例如刷卡累積點數、贈送來店禮或是買一送一等方式，都能制約消費者的行為；另外許多消費者身上所戴的名牌，被眾人回饋以羨慕的眼光時，消費者會更堅定與持續該品牌的購買行為。企劃人員的職責就是要創造一種環境及不同的刺激，盡可能在最大程度上強化消費者的購買行為。

 專欄 4-3

結合科技與數位化來獎勵消費行為

行為學派的學習理論提供了制約學習的概念及相關行為強化塑造的方法，在仿間是最常看到的行銷手法，由於科技的進步，這些透過獎勵刺激消費行為的方式也都有重傳統作法走向網路化科技化的趨勢。

傳統上商家們在平日、特別節慶或是自己的會員日，或鼓勵消費者購買、累積金額換點數換贈品，或是現金回饋，或是換行航空里程數等，這種都是運用行為後給予獎勵的操作模式。

例如：一般的泡沫紅茶店推出消費蓋章、滿五次換一杯免費、星巴克的星星獎勵計畫，消費者通過購買商品累積星星並獲得優惠券和免費飲品。

西南航空的忠誠度計畫，乘客通過累計里程數和旅行次數獲得免費機票和其他獎勵、國泰世華銀行的「行動支付回饋」，使用國泰世華銀行的行動支付功能消費，即可獲得現金回饋和積分，讓消費者可以享受更多的福利。或是 Hilton 的榮譽客棧計畫，消費者通過住店累計積分獲得免費住宿、早餐和其他獎勵。這種作法是累積在紙卡上的或是公司紀錄裡的作法。

科技的進步，智慧手機的普及，現在的刺激消費的獎勵方式更是數位化、科技化，例如透過會員專屬 APP 的運作，像是 Nike 的 NikePlus 計畫，消費者通過 APP 記錄運動活動獲得優惠券、禮品卡和免費送貨等獎勵。臺南大東夜市的消費者可透過手機 APP 或者 LINE 等方式，下載夜市商家提供的電子優惠券，享受更便宜的價格和更多的贈品。7-11 的便利生活小幫手 APP，消費者可在 APP 中參加各種活動，並獲得優惠折扣和禮品。麥當勞的「APP 專屬優惠券」，消費者可在麥當勞 APP 中預約訂餐，並使用優惠券獲得優惠價格。全家便利商店的「全家 GO！」APP，消費者可在 APP 中使用電子優惠券、紅利點數和現金回饋。

這種運作方式，不論是在專屬的 APP 中，或是臉書、社群軟體 LINE 或微信裡，平時可以推撥相關方案、推出即時優惠，甚至消費者出現在附近時也能即時通知消費並給予來店禮等，消費行為的獎勵透過科技數位化後更是多采多姿，讓消費者更方便，也讓商家荷包賺得滿滿。

第三節 ▸ 認知學習理論

相對於行為學習理論強調外在刺激的觀點，認知心理學家探討學習的角度與行為主義者相反。他們認為是個體行為源自於個體認知後的主動反應，而非受外在刺激後的直接反應。認知學習理論則強調個體內部心理過程的重要性，認為一個人的行為表現是出自於個人內在的動機與個人對外在資訊解讀的歷程，而環境只是提供潛在刺激，至於這些刺激是否受到注意或被加工則取決於學習者內部的心理結構。所以認知學習理論要研究的是個體處理其環境刺激時的內部過程，而不是外在的刺激與反應。

認知理論認為學習是一個資訊接觸與給予定義的過程，資訊的接觸涉及到處理資訊的過程，而資訊處理的過程如何留存在行為者身上，或如何影響行為者，都與記憶的議題相關，也就是說學習牽涉到記憶的運作，因為認知學習理論主張學習包括許多複雜的資訊處理過程，而資訊處理過程的重心是記憶的運作模式，因此本節從探討記憶的內涵來了解認知學派的理論。

一、記憶的內涵

記憶是許多不同學習經驗的累積成果，人們藉由記憶讓學習的成果能不斷的重複應用，但並不是每一次的學習都能完全存在記憶裡，這是因為人腦的運作中，有不同的記憶區塊，分成感官記憶、短期記憶與長期記憶，以下分別說明之：

（一）感官記憶區

消費者所接觸的資料都是經由個人感官系統獲得，而這些資料在正式處理之前大都停留在我們的感官記憶區裡。在感官記憶區裡的資料停留時間很短，通常只有持續幾秒鐘而已，例如消費者經過一些花店前，花店的香味會停留在消費者的感官記憶區裡，但如果消費者路過後，味道消失了，過不久就會迅速遺忘。但是如果因為花香的刺激聯想到重要朋友的生日，這些記憶可能就會進一步轉入短期記憶區裡。

（二）短期記憶區

短期記憶是屬於真實記憶裡的一區塊，這區塊可以儲存的容量與時間都有限，通常比感官記憶長一些，大約是 30 秒的時間。個人會透過重複複誦的方式讓這些短期記憶的資料轉入長期記憶區，像是朋友的電話號碼，或是生日及其他重要日子，如果沒有有效的複誦，通常 30 秒後就會忘記了。短期記憶區的容量有限，學者米勒(Miller, 1956)指出短期記憶區的容量通常只有七個記憶組合，一個記憶組合通常指單一意義的一項資訊，一般人的短期記憶區資訊沒有進一步進行處理時，很容易被新的資訊所取代。

（三）長期記憶區

長期記憶是長時間保留資訊的記憶系統，長期記憶區的容量基本上是沒有上限的，但還是會依據記憶中的資訊是否經常被運用有關。短期記憶區的資訊經過複誦與被賦予相關的意涵時，會進入長期記憶區，讓人不會遺忘。

二、記憶的流程

記憶的運作是從一開始的刺激，轉而進入感官的記憶區，再經由特別的注意進入短期記憶區，然後透過熟悉的編碼與複誦轉入長期記憶區（請參考圖 4-3）。

●　圖 4-3　記憶的運作流程

在記憶的流程中，「編碼」是一個重要的過程之一，所謂編碼是指消費者針對某一感官知覺的事物，給予某一種特定的形容或是進行歸類的解釋，藉由這樣的方法使得資訊更加容易記得，並進入長期記憶區裡。因此編碼是一種思考與詮釋，讓資訊被賦予某些意義與連結，當這樣的意義或是解釋與消費者本身的經驗、喜愛、觀點有相關連結時，消費者就會因此有所反應。

因此從認知理論的觀點來看，在相關刺激轉為短期記憶甚至是長期記憶時，刺激所提供的資訊已被注意與思考，並由消費者個人去解釋資訊的意義，進而加以記憶與反應。這種觀點與行為學派的觀點是不同的，行為學派認為刺激直接引起行為反應。

專欄 4-4

NIKE 專業的研發與宣導

仿冒商品是許多企業最為頭痛的事情，要如何抵制這樣的冒牌貨呢？事實上使用冒牌貨的消費行為是一種自欺欺人的行為，自己知道是冒牌的，也要騙別人是真的。

其實對抗這些冒牌貨，NIKE 有很不錯的作法，NIKE 在許多廣告中特別強調產品的設計是融入了許多科技的研發過程，像是許多球鞋，並不是單純的幾塊橡膠或是幾塊布所結合而成的，相反的是經過許多高科技的設計，NIKE 的球鞋橡膠部分是有不同的層次，每個層次有不同的密度與功能等，許多不同的測試也強調了不同材質組合後的好處，科技研發的成果可以讓運動的效果表現的更好，即使是快了 0.1 秒都是一種成就，事實上許多競賽活動可能慢了 0.01 秒就與冠軍絕緣了。

因此強調科技，並透過媒體的行銷宣傳，讓消費者真正的學習到真實的、好品質產品的差別，這些資訊的提供，讓消費者認識與思考，事實上是應用了認知學習理論的觀點，也讓消費者學習到真正一雙好的運動鞋應有的設計，這應該也是一種對抗仿冒品的方法之一吧！

行銷的應用

認知學習理論視學習為問題解決的程序，而不是刺激與反應關聯的發展。消費者的認知學習是認知刺激，將刺激聯結到需求，進而評估其意義，才有所反應與行為。認知學習主要是用於重要性高及涉入高之產品，消費者透過資訊搜尋及品牌評估的過程來解決問題。

相對於行為學派探討的是「刺激－反應」間的關聯，及不強調其「思考過程」，認知學習理論則注重主體的整體心理領域（如信念、態度、目標）。因此運用認知學習理論時應重視消費者內心的想法。 幾項可行的行銷作法建議如下：

1. 確認需求

在行銷的應用上，企業應具體確認消費者的實際需求，以提供不同的方案來滿足不同消費者所期待的商品或服務。因為提供沒有意義或是與消費者無關的廣告訴求或是商品，很難引起消費者的共鳴。在行為學派的觀點裡，或許促銷會引起消費者的瘋狂購物，但從認知學習的觀點，消費者是否會瘋狂的購物，還必須視其對「促銷」內容的詮釋。也就是說，提供符合消費者所期待的促銷內容、促銷方法、促銷的價值等，可能比起直接降價的促銷來的有意義。

2. 包裝資訊來源

其次，消費者對於知識的來源也會進行解讀，如果是商家自己的廣告，消費者當然會認為是老王賣瓜的嫌疑，對資訊的刺激可能不以為意，但是如果資訊來源是相關專業報導或消費者的具體使用經驗等，這些資訊對於消費者來說比較能夠引起迴響，並讓消費者進行思考，進而引起反應。

3. 重視複誦的功能

複誦是認知學習上重要資訊記憶的過程，它可以藉內在記憶保留住資訊，並將短期記憶資訊轉化成長期記憶資訊，成功的複誦能增強長期記憶軌跡的強度，提升了軌跡後來被回憶起的可能性，因此不斷的重複資訊有幫助商品被記得的可能性，如果商品不能被記得、甚至被注意，更不要談消費者會去思考與反應了。

4. 重視連結的應用

消費者生活中有太多的資訊要接觸，每天也有無數的訊息從身邊經過，因此行銷人員若是能提供相關的刺激與消費者現有知識相結合，或是將資訊連結到消費者自身經驗，應該會引起更多的注意與思考。許多的連結是與目標消費市場的特性有關，有些連結是與當時的政、經、社會時事有關，都可以引起消費者的注意，當然、如果廣告的訴求，能提供進一步的價值觀或是理念，連結效果可能也會不錯，例如提供與「成功」的連結、提供與「健康」的連結、提供「永遠美麗」，或是提供「一夜致富」的連結，應該會引起更多的注意。

5. 增加刺激的可記憶性

對刺激的注意是認知的第一步，有注意才有記憶，有記憶才有進一步思考與反應的可能。因此商家在進行相關的 DM 製作時，建議使用具體的字眼，甚至運用圖形、圖片，效果更好。商家也可以設計有助於記憶的相關技巧，如文字的諧音，像是「百服寧」與「保護您」的諧音，或是「選僑光」、「好眼光」的押韻音等，都是一種可以讓消費者更容易記憶的方式。

第四節 > 社會學習理論

一、理論內容

所謂社會學習理論，是指人們觀察到別人的行為與行為的結果，從而改變其個人行為的一種過程。一般人會學習對自己有正面幫助的行為，而消除對自己有負面影響的行為。

就像是古人所說的「見賢思齊」，社會學習理論認為，學習除了直接的經驗外，個體也可透過觀察別人的經驗，或別人訊息的傳達而產生學習作用。例如，父母親、老師、同事、電影及電視演員、上司等，都是我們學習的對象。

我們可經由觀察或直接的經驗而學習，這種論點稱之為社會學習理論。社會學習理論是操作理論的延伸，因為它也假定行為是結果的函數。但社會學習理論認為，觀察亦具有學習作用，並指出認知在學習中的重要性，換言之，個人並不需要直接的被獎勵或是處罰，行為也可以透過個人對於情境的認知而學習。也就

是說「學」並不一定經由「教」的過程，社會學習理論告訴我們，有些人類的行為是自己觀察學來的，並沒有特定的人傳授。人們乃是依他們對結果的認知及定義方式而產生反應，而非僅是結果本身客觀的意義。

社會學習理論的重心在於學習對象的影響力。經由下列四個步驟。我們可以發現學習對象對個體影響力的高低。

加油站

如果你不能向一個六歲孩子解釋清楚你的產品，那麼這個產品可能就不值得被購買。

If you can't explain it to a six-year-old, you don't understand it yourself.

傑夫・貝佐斯(Jeff Bezos)亞馬遜公司創始人

（一）注意階段

人的學習作用始於學習對象具有某種特色，可引發我們的注意力。若學習對象具有吸引力且頻繁出現、對當事人具重要性、或與當事人條件相似時，最能引發當事人的學習動機。

（二）記憶階段

係指學習對象若不再出現，當事人記住學習對象行為的程度。學習對象若不再出現，當事人所記住其行為之多少，即為學習對象的影響程度。

（三）自動模仿階段

經由觀察學習對象的行為，而且能立即加以仿效。這個過程強調當事者可以表現出學習對象的行為。

（四）強化階段

若有正面誘因或獎賞，將可以激勵當事人樂於再三表現與學習對象相同的行為。

二、社會學習的三種方式

根據學者彼得和奧爾森(Peter and Olson, 2005)的看法，消費者進行社會學習的過程有三種可行的方式，相關說明如下：

（一）外顯楷模學習

所謂外顯楷模學習是指消費者透過觀察其他消費者的行為，或是看到其他相關電視節目的報導、模特兒展示等，所學習來的行為。

（二）晦隱楷模學習

所謂晦隱楷模學習是指消費者被要求去想像一個楷模在各種情境下行為的結果，並加以崇拜或是引以為戒的過程。

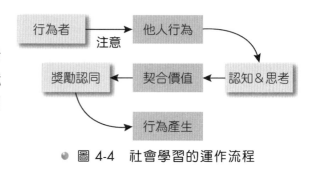

● 圖 4-4　社會學習的運作流程

（三）口頭楷模學習

口頭楷模學習是指被告知相關消費者在特定情況下可能的行為結果，以做為消費者學習的對象。

社會學習理論的觀點是行為學習理論與認知學習理論的結合觀點，從消費者觀察別人的行為（刺激）時，對這樣的行為會與以思考其定義，並加以記憶，而在實際模仿的行為中，又被他人所稱讚（增強），則這樣的行為會持續延續下去。

💡 **行銷的應用**

社會學習的過程，如同其意義，這些過程就在我們平常的生活中，即在我們與同儕之間、鄰居之間，或是與家人互動之間，都隱含著許多社會學習的機會，從這些過程中，我們可能聽到、看到，或是被要求想像到，某些特定的行為或是結果，並進而引起行為的仿效，學習就產生了。幾項行銷應用的方式介紹如下：

1. 公開表揚

商家可以經由許多特定活動的結果，進行公開的表揚相關得獎者，如抽獎獲獎人、抽中機票的消費者，或是報導最幸運購買福袋的人，這些公開的作法，會引起消費者進而消費的欲望。這些表揚雖然不是消費者自己中獎，但卻看到中獎機會的可能，進而產生購買行為。

2. 部落格經驗分享

　　許多部落格是現代消費者重要的資訊來源，很多消費者會在網路上留下自己的相關消費經驗，讓一些可能要進行消費的人做為參考，或去想像自己消費後的情況，這些部落格大都是真實消費者的經驗，也都能引起不錯的迴響。

3. 歡愉的經驗廣告製作

　　許多廣告的製作可以強調消費者在賣場中快樂購物的過程，甚至做出消費者享受某些購物的流程；廣告也可以製造對比差異，例如強調車禍現場，某家保險公司的快速到達現場服務，而大老闆的保險公司卻久久未到的情況差異。

4. 使用方法的介紹

　　許多產品的使用對於消費者來說是裹足不敢前進的，因為使用起來可能不是那麼簡單，國內許多 DIY 的家具公司，常常在現場實地演練，讓顧客直接觀摩，甚至上場練習，這些都是一種社會學習觀點的運用，像是許多木工傢具、地板的組裝，透過現場的觀察與模仿，學習效果就產生，也更能進一步激發其可能的消費行為。

5. 成功經驗的分享

　　成功的感覺是每一個人都企盼的，國內許多美語補習班會運用美語流利的學童拍攝一些演講或是安排演戲的劇情，讓這些學童流利的語言能力與自信，展露在所有消費者面前，讓作父母的在觀看後，進一步引發其想要送小孩去學的欲望。此外，國內知名的直銷公司，也都宣揚二度就業婦女的成功經驗與喜悅，讓許多家庭主婦也都想起而效尤，創造自己可能的成功機會。這種看到孩童流利的英語與自信、看到成功二度就業婦女的喜悅，因而想去模仿的行為，就是一種社會學習的行為發酵之結果。

 專欄 4-5

地球只有一個

　　隨著地球人口的持續增加，經濟的蓬勃發展，導致由消費所帶來的環境危害日益嚴重，近幾年，地球環境日趨暖化，許多資源也被破壞殆盡，因此，環境保護的議題已是全世各國必需正視的課題。而許多企業也因應環保的訴求，推動許多與環保相關的作法，稱之為綠色行銷。而在消費者的環保意識提升與政府的法律規範要求之下，綠色行銷也勢必成為企業最主要的經營方針，未來企業如果無法趕上此一潮流趨勢，必將面臨被淘汰的命運。

　　綠色行銷的具體作法，是企業在產品設計、生產、包裝時，能降低商品不利於環境保護的因素，生產綠色產品，規劃回收、再生，建立以環保為訴求的服務導向。但是這樣的作法多少會增加企業的經營成本，因此並不是許多企業願意做的，目前政府的角色多是站在道德勸說的立場，整體效果並不如預期。因此若要真正保護地球，正視環境的重要性，關鍵因素還是在消費者本身，也因而許多公益團體提出綠色消費的運動。

　　綠色消費，係指消費者選購產品時，考量到產品對生態環境的衝擊，而選擇對環境傷害較少，甚至是有利環境保護的商品，其範圍涵蓋了產品的生產、運輸、行銷、丟棄過程、回收程度，以及產品包裝等。綠色消費運動最主要的理念，是藉由消費者積極進行綠色消費行為，來引導、改變廠商的生產、銷售特性，而減少地球的汙染負荷，迄今、許多企業也都在其所製造的商品包裝中標示相關環保的數字與作法。消費者不要忽視自己的力量，因為沒有消費者就沒有企業的存在的。如果每一個消費者都投入綠色消費運動，每一個企業也勢必一定要重視所有環保的議題，生產出符合環保的相關商品，讓地球的環境減少一份破壞。因此、所有的消費者應該呼籲大家一起來學習重視環境保護的議題，而企業家也更應站出來，教導消費者相關的環保概念，畢竟，我們的地球只有一個。

三、學習理論結語

　　學習理論可以幫我們了解消費者在不同的消費場合中如何進行學習活動，這些學習活動不論是主動或是被動的，都會影響其消費行為的不同層面，有效的應用不同的學習理論，可以協助行銷人員改變消費者的行為或是動機，也將有助於企業相關行銷工作的推動。

 個案　蘋果公司運用學習理論的行銷模式

　　蘋果公司是一家總部位於美國加利福尼亞州庫比蒂諾的跨國科技公司，成立於 1976 年。蘋果公司主要從事消費電子產品、電腦軟體和在線服務等領域的研發、設計、製造和銷售。其知名產品包括 iPhone 智能手機、iPad 平板電腦、Mac 電腦、iPod 音樂播放器、Apple Watch 智能手錶等等。此外，蘋果公司還提供各種在線服務，如 iTunes Store、App Store、iCloud、Apple Music 等等。蘋果公司以其高質量、高端的產品和品牌形象而著名，並一直被認為是全球最有價值的品牌之一。

　　蘋果公司能持續成長的原因之一是廣泛的讓消費者和公司一起成長與學習，受到愛好數位科技人士們的喜歡與追隨。蘋果公司除了有相關清楚的產品說明書外、也有支援中心讓消費者可以得到專業的技術支援和問題解決方案；除此之外、也提供許多方式讓消費者來學習與參與，以下包括下面幾種：

1. 官方網站：蘋果公司的官方網站提供豐富的產品資訊和操作指南，讓消費者能夠更深入了解蘋果產品的使用方法和技巧。

2. 線上教學：蘋果公司在網站上提供了大量的線上教學資源，包括教學影片、線上課程等，讓消費者可以自主學習。

3. 零售店：蘋果公司的零售店通常都會有專業的員工，能夠提供消費者有關蘋果產品的詳細介紹和操作指導，也可以進行產品示範，讓消費者更好地了解蘋果產品。

4. 活動：蘋果公司會定期舉辦各種活動，例如講座、工作坊等，讓消費者可以與蘋果產品更加接觸，學習使用技巧和操作方法。

5. 社群媒體：蘋果公司在社群媒體上也有專門的帳號和社群，可以進行產品宣傳和教育，也能夠讓消費者在社群上分享使用心得和技巧，互相學習。

　　蘋果公司也透過學習理論進行相關的行銷工作、刺激消費、掌握消費這行為、並培養忠誠顧客群，以下整理蘋果公司在三大學習理論的相關作法如下：

1. 行為理論

　　行為理論強調人們行為受到外部環境因素的影響，例如獎勵和懲罰。

　　蘋果公司在推出新產品時，會透過促銷活動、折扣優惠等方式來吸引消費者的購買，也推出付款計畫、交易回收等購買方案，降低消費者的購買門檻和風險，從而刺激消費者的購買行為。

2. 認知理論

　　認知理論強調人們對環境的主觀認知和評價，蘋果公司會透過產品發表會、廣告等方式來呈現產品的獨特性、創新性和高品質，從而激發消費者的認知需求和欲望。

　　蘋果公司運用了認知學習理論，將產品設計和銷售策略與消費者的認知和學習過程相結合。例如，蘋果公司會透過產品設計和品牌推廣來強化消費者對產品特色和優勢的認知，並通過品牌價值和形象的提升來加強消費者對品牌的信任和認同感，進而影響消費者的購買決策和購買行為。

3. 社會學習理論

　　社會學習理論是一種強調觀察和學習的理論，該理論認為人們會通過觀察他人的行為和經驗來學習和模仿。

　　蘋果公司也運用了社會學習理論，通過品牌形象的塑造和口碑的推廣來影響消費者的消費決策。例如，蘋果的廣告常常採用感性、藝術性的手法，以創造出獨特的品牌形象和價值觀，並透過社交媒體和口碑推廣，讓消費者在社交網絡和現實生活中形成一種集體學習的效應，進而產生對產品和品牌的共鳴和認同。蘋果也在產品發表會上呈現使用者的真實反饋，例如分享使用者的經驗、提供使用者的評價等，讓消費者感受到社會證據的力量，進而增強其對產品的信心和認同感。

　　總之，蘋果公司通過多種途徑，讓消費者能夠更好地學習和了解產品，不僅提高消費者的使用體驗和滿意度，也能夠為蘋果公司帶來更多的忠實消費者和良好的口碑。蘋果公司在行銷策略通過運用多種學習相關理論，從而創造出獨特的品牌形象、品牌價值和消費者體驗，進而在市場上取得了巨大的成功和影響力。

問題與討論

　　蘋果公司是世界百大公司之一，其創意的產品與創新的行銷策略每年在蘋果WWDC 開發者大會上的報告與演說也都令人嘆為觀止。

1. 請有 APPLE 產品的同學說明分享自己的經驗（為何選擇及喜歡的亮點）。

2. 請使用其他相關產品但不同品牌的同學，分享其選擇的經驗與看法。

學習評量

一、是非題

1. （　） 操作學習理論主要的重點是認為行為是行為結果的函數。

2. （　） 所謂「代理產品經驗」是指消費者會經由觀察其他產品使用者來獲取產品的知識。

3. （　） 古典制約的行為是屬於無意識的、不受個人意識所掌控。

4. （　） 操作制約學習理論認為消費者的忠誠度或習慣性購買行為是可塑造的。

5. （　） 若反應只有在部分狀況下才獲得增強的話，稱為完全增強。

6. （　） 行為學習理論的觀點是適合運用在低涉入的消費狀況中的，店內的陳列與促銷是低涉入產品行銷上的重要方法之一。

7. （　） 根據行為科學的研究，不同的消費者行為，在時間耗費及複雜性上是相同的。

8. （　） 行為學習理論注重個體的外在環境，而非注重個體的內在心理歷程。

9. （　） 消費者學習與經驗的豐富性會增加其對產品資訊搜尋的程度。

10. （　） 認知學習理論的觀點之一是認為刺激不一定會引起反應。

二、簡答題

1. 何謂古典制約學習？行銷上如何應用？

2. 請說明何謂操作制約理論？請舉出兩個實務上運作的例子。

3. 請從認知學習觀點來說明推廣健康食品的作法？

4. 請說明社會學習理論的觀點？行銷上如何應用？

5. 為何消費者的行為可以透過不同學習理論來了解與控制？

Chapter **05**

消費者的動機

前言

　　在現實的生活中，有些人對於某些新的產品表達出無比的熱情，但有些人卻完全沒有感覺。有些人對百貨公司週年慶的活動有無比的興趣，但有些人卻完全沒有任何在乎的感受，為何會有這些不同的差異呢？這些現象共同的解答就是「動機」不同。早年日本車可以打敗美國車的原因也在於其能提供較高的品質與較低成本的價值，這些誘人的「動機」就讓日本車獨領風騷幾十年。近年來環保電動車推出後引起市場重組，在特斯拉(Tesla)的帶動下、如果充電站更普及、價格更親民，未來絕對是電動車的時代了。了解消費者的消費動機是相當重要的一件事情，因為這些動機的內涵與應用可以讓企業製作出更符合消費者需要的產品或服務，也更能製作出打動消費者的各種行銷方案。以下分別敘述動機的相關內涵。

 專欄 5-1

臺灣露營風潮

　　臺灣是一個地理環境資源豐富的島嶼，擁有特殊的自然地理景觀，不論是登山者的最愛的超過 3,000 公尺的臺灣百岳、壯麗的峽谷景觀、高聳的峭壁和奇特地形的太魯閣峽谷，或是晨曦晚霞各有風情的日月潭、豐富的森林資源阿里山，還有許多自然地理風景如墾丁國家公園、東海岸海岸公路、墾丁白沙灣等，每個地方都有著獨特的風光和體驗，讓人流連往返。

　　近年來臺灣消費者生活水平提高，人們開始追求更多的休閒活動和更豐富的生活方式，露營的風潮逐漸興起。這種選擇露營來滿足更豐富的生活體驗就是一種消費動機，根據中華民國露營協會統計，臺灣常態性露營人口已突破 200 萬人，露營逐漸成為國人重要觀光休閒活動之一。

　　以下整理分析露營蔚為風潮的原因與消費動機：

　　露營是一種可以與大自然接觸的休閒方式，不僅可以放鬆身心，還可以享受自然美景。城市中的居住環境往往缺乏自然氛圍和親近自然的機會，因此人們開始尋求能夠與大自然接觸的旅遊方式。

露營也是一種相對便宜的旅遊方式，比起住在旅館或民宿，露營可以節省住宿費用。城市的擁擠和住宿的昂貴通常是導致露營風潮興起的原因之一。

隨著汽車保有量的增加，開車露營也變得更加容易和方便。許多人開始體驗自己搭帳篷、生火、烤肉的樂趣，以及與家人或朋友一同在大自然中度過時光的美好感受。

相對於野營需要披荊斬棘、跋山涉水的難度，業者提供的方便性、舒適性更是適合闔家出門露營的最佳誘因。

最後，這幾年(2020~2022)疫情期間人們無法出國旅遊，因此露營也成為了一種在國內度假的好選擇。臺灣有很多優美的露營地點，例如海邊、山區或湖泊，可以滿足不同人的需求。

臺灣的露營風潮是由多種因素共同作用的結果，包括追求休閒娛樂、便宜的旅遊方式、疫情限制、以及汽車普及等。露營讓人們可以體驗到不同於日常生活的感受，帶來身心上的放鬆和享受大自然的美好，透過露營、直接生活在野外、接受大自然的洗禮才能真實體驗了解臺灣真的是充滿豐富自然資源與美麗景觀的福爾摩沙。

第一節 > 動機的意義與內涵

一、動機的意義

動機是什麼意思呢？學者對於動機(motivation)這個字有許多不同的定義，雷尼(Rainey, 1993)指出 Motivation 一字係源自於拉丁文的動詞，有「推動」的意思。所以動機可以解釋為個人內在的驅力，推動人們採取行動。所謂驅力是指個體因為需要獲得滿足而形成的一種壓力，當壓力到達某一程度時，就會驅使個體採取某些行動以降低這些壓力，這種過程也可以稱為動機作用。

動機作用是指一個人在某種程度上被推動或誘發所產生的努力，並完成某些目的的心理歷程。斯默霍恩、亨特和奧斯本(Schermerhorn, Hunt, & Osborn, 1997)認為動機是指個體內在的一種力量，此種力量使個體的行動水準，方向和持久性得以強化。相關動機示意圖請參考圖 5-1。

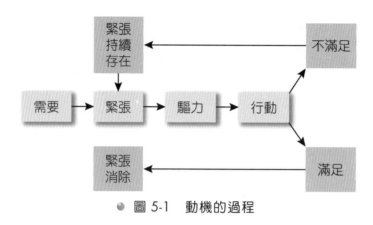

● 圖 5-1　動機的過程

不同消費者有不同的需求與不同的消費動機，畢竟，消費者的購買行為是千奇百怪的，而這些行為的差異大都是動機不同使然。造成消費者動機差異的原因包括內在因素與外在因素，所謂內在因素是指消費者個人生理上的差異與人格特質的差異；而外在因素則包括消費者個人的職業、薪資所得、社會地位等。

消費者個人的消費動機有時是因為個人內在需求激發產生，例如生理上的飢餓或口乾舌燥；也可能是外在因素激發，例如同儕之間的學習與刺激、誘人的促銷廣告等。此外，消費者的動機有時是這些內在因素與外在因素綜合的影響結果。

二、消費動機的類型

最早研究消費動機的學者是陶博(Tauber, 1972)，他認為人們消費時應該有一些來自購物行為本身，而非來自產品本身提供功能的動機。Tauber 經過一系列的深度訪談研究之後，將人們消費的動機歸納為以下幾種：

1. 為平淡無奇的日常生活增添一些樂趣。

2. 享受購物以求自我滿足。

3. 了解新的流行趨勢。

4. 把購物當作都市生活裡的一種運動。

5. 藉著接觸商品享受感官刺激，例如：試穿、試戴、試吃等。

6. 追求戶外的社交經驗，例如：在店裡認識新朋友、和店員交談聊天等。

7. 享受討價還價或者買到折扣品和便宜貨的樂趣與成就感。

（一）Tauber 的分類

陶博(Tauber)的動機觀點主要貢獻在於讓人們了解消費的三種功能：1.獲得需求的商品的功能；2.同時獲得需求的商品以及和貨品無關的各種額外需求功能；3.純粹為了獲得和商品無關的需求與服務的功能。陶博(Tauber)並將動機分為個人動機與社會動機，其內容如下陶博(Tauber, 1972)：

1. 個人動機(personal motives)

(1) 角色扮演(role playing)：許多活動是經由學習而來，這些活動在傳統上被認為是社會當中的某個角色或地位，例如：母親與家庭主婦的角色，她們的消費動機有許多是來自於家庭的責任與家務需要。

(2) 轉移(diversion)：購物可讓人們從一成不變的日常生活中轉移注意力，因此甚至可以充當為一種娛樂。

(3) 自我滿足(self-gratification)：不同的心理狀況與情緒狀態可以解釋人們為什麼去購物，有些人會為了減輕沮喪而去購物，像這樣的狀況，他們購物的動機就是在享受購買行為的當下。

(4) 搜尋流行趨勢(learning about new trends)：充斥在日常生活中的各種產品同時也代表一個人的生活態度與生活型態。有些人會為了表達自我而去尋找與他們自我意念相符合的產品。

(5) 運動(phyical activity)：購物可以讓人們以非常悠閒的節奏運動，這對居住在都市的人來說是十分具有吸引力的，也因此，有許多女性都會假運動之名行血拼之實。

(6) 感官刺激(sensory stimulation)：零售通路可以提供消費者各種潛在性的感官享受，有些消費者喜歡在店裡閒逛，瀏覽各種商品並且觀察人群，他們喜歡接觸各種商品，喜歡店裡頭播放的音樂，喜歡經過化妝專櫃香水產品所散發出的香味，或是各種美食的展示。

2. 社會動機(social motives)

(1) 戶外的社交經驗(social experience outside the home)：市場在傳統上就是一個社交活動的中心，在許多國家仍有各種傳統市集，人們在市集裡進行社交活動，購物可以讓人們遇見朋友或者進行其他社交活動以滿足個人社會性的需求。

(2) 與有類似興趣的人互動(communication with others having a similar interests)：企業可以開設提供各種和興趣相關產品的商店，例如：遊艇店、集郵店、汽車零件訂作店、家飾店等等，可以把有相同興趣的人聚集起來，讓他們彼此交換心得或在店裡獲得最新資訊。例如：唱片行可能把一群臭味相投的小子聚集在一起。

(3) 同儕團體的吸引(peer group attraction)：到某家商店消費有時只是要取得同儕團體或參觀團體(reference group)的認同與接受。人類是社會性動物，與他人互動並獲得肯定是相當重要的一件事情，因此許多消費的動機是為了獲得朋友的肯定。

(4) 身分地位與權力(status and authority)：在某些地方購物可以讓人們備受禮遇與尊重，甚至於免費享受一些服務，到這種地方購物可以讓人感到身分與地位的不同。

(5) 討價還價的樂趣(pleasure of bargaining)：許多人喜歡享受討價還價的過程，並深信透過討價還價可以讓商品價格降到合理的價位，這種人都會為自己討價還價的能力感到自豪。

陶博(Tauber)特別指出企業的的競爭優勢應該是取決於迎合消費者到店購物動機，而非在產品相關的差異化經營，因為任何產品相關差異化經營，不管是品質差異化還是低價格競爭，都會被競爭者輕易學習，成功的企業在行銷上更應探討消費者到店消費的深層心理狀態（即消費動機），了解消費者到店時，除了購買所需商品以外，他（她）還希望得到什麼？他（她）的期望是什麼？探索這些關鍵性因素並針對這些因素努力深耕，才能創造出真正屬於自己的特質，成為與競爭對手截然不同的優勢，而這才是現代企業最需努力的方向。

（二）Sheth 的分類

另一位學者謝瑟(Sheth, 1983)也將購物動機分為兩大類：一是功能性需求，二是非功能性需求。以下分別說明之：

1. 功能性需求

所謂功能性需求即是基於理性思考下的基本需求，考慮的因素也都是客觀性、實際性的因素，而這些因素是與個人切身直接相關的，以購物地點的選擇為例，是否能一次購足所有需求物品、停車方便性的考量，或是相關距離遠近等因素都會激發消費者的欲望（或阻礙這些動機的產生）；以商品層面來看，功能性需求則是指產品是否提供能吸引消費者、並滿足消費者的一些功能，如此才能激發消費動機。

2. 非功能性需求

　　非功能性的需求則是由感性思考衍生出來的需求，通常都和商店本身的社會、情感和知識價值有關連。人們會因為商店本身的形象、氣氛、店員的格調、與商店本身代表的社會經濟階級而惠顧某一家商店。人們也會因為尋找新鮮的事物、滿足好奇心、降低購物的枯燥，以及了解最新流行趨勢而光顧一家商店。諸如這些動機都是屬於非功能性需求動機。

　　謝瑟(Sheth)根據消費者的購物需求種類以及購買的商品是一般商品還是特殊商品，將購物行為分成四種，以及四個在不同情況下的代表性通路。請參考圖5-2。

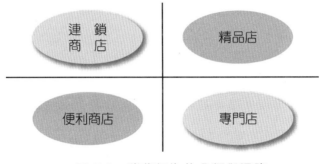

● 圖 5-2　消費行為的分類與通路

➕ **加油站**

　　行銷不僅僅是賣產品，而是向顧客提供一個能夠解決他們問題的解決方案。

　　Marketing is not just about selling products, it's about providing a solution that solves customers' problems.

約翰‧詹奇(John Jantsch)行銷專家和作家

專欄 5-2

消費者學潛水的動機

　　海洋覆蓋了地球表面的 71%以上，是地球上最廣闊、最豐富的生態系統之一。海洋中有豐富的生物資源和景觀，包括珊瑚礁、魚群、海龜、鯊魚等，這些都吸引了眾多愛好者前往探索。此外，海洋還具有寧靜、安靜的氛圍，可以讓人們放鬆身心，享受大自然的美麗。

　　潛水（水肺潛水）是最直接接近、深入海洋的方式之一，也能讓人欣賞海底風光、享受海底世界。也因此近年來潛水是一項受到越來越多人歡迎，除了探索海底世界外、許多人也當作是挑戰自我的目標，越來越多人也把潛水當做是人生必須要會的清單之一。

　　作者本人也是潛水教練，是全世界最大的潛水組織 PADI 的參謀教練，曾經在臺灣墾丁和小琉球教授潛水外，也在雪梨教潛水、並帶領學生至菲律賓與澳洲大堡礁潛水，深知學生學潛水有著不同的動機與原因，整理敘述如下：

1. 探索神祕的海洋世界：潛水可以讓人們親身體驗海洋世界的美麗和神祕，觀察各種生物和珊瑚礁等海洋景觀。

2. 增強身體和心理的健康：潛水是一種全身運動，可以增強身體的耐力、柔韌性和協調性。

3. 潛水也可以讓人們放鬆心情，減輕壓力，緩解焦慮和憂鬱等情緒問題。

4. 挑戰自我和擴展興趣：潛水需要一定的技能和知識，因此可以讓人們挑戰自我、擴展興趣，增加自信心和成就感。

5. 獨特的旅遊體驗：潛水可以讓人們體驗到不同的海洋生態系統和文化，讓旅行更具有獨特性和豐富性。

6. 透過潛水活動認識同好、朋友：潛水還可以認識更多的人，結識志同道合的潛水愛好者，擴大社交圈子。

7. 其他原因：為了實現海島生活而必須培養一技之長、和女（男）友拚能
力、完成人生夢想清單、挑戰恐懼、女（男）友要求及懷疑自己是海洋
生物等等。

潛水具有豐富的優點和吸引力，讓越來越多人想要學習和體驗。對於
那些對海洋和自然環境充滿好奇和熱愛的人來說，潛水可以是一個非常有
價值和有意義的選擇。

第二節 > 動機理論

動機理論一般是運用在社會科學領域中，透過動機理論的認識，我們可以了
解消費者的需求，並提供切合其需求的相關商品與服務，才能達到行銷的目的。
以下分別介紹幾種不同的動機理論與其應用的方式。

一、需求層級理論

馬斯洛(Maslow, 1943)的需求層級理
論(hierarchy of needs)是最著名的動機理
論。Maslow 認為人類是一種需求導向的動
物，天生就有滿足特定需求的欲望，當需
求不滿足時，就會激發個體產生行動，直
到需求被滿足為止。Maslow 假設人類均有
五個層級的需求，其中包括：生理的需求、
安全的需求、社交的需求、尊嚴的需求及
自我實現之需求。而當某個層級的需求達
到相當程度的滿足後，才會再追求其上一
層級的需求，這五個需求的內容是（請參
考圖 5-3）：

● 圖 5-3　Maslow 需求層級

1. 生理需求：包括飢餓、口渴、蔽體、性及其他身體上的需求。

2. 安全需求：保障身心不受到傷害的安全需求。

3. **社交需求**：包括感情、歸屬、被人接納及友誼等需求。

4. **尊重需求**：包括內在的尊重因素，如自尊心、自主權與成就感，及外在的尊重因素，如身分地位、被認同與受人重視。

5. **自我實現**：心想事成的需求，包括自我成長、發揮個人潛能、及實踐理想等需求。

　　馬斯洛(Maslow)認為個體滿足需求的過程是一個層級一個層級地往上爬的（如圖5-3）。站在動機的角度來看，該理論是說，雖然需求無法得到百分之百的滿足，但只要達到相當程度的滿足後，該需求便不再具有激勵作用了。所以，根據馬斯洛(Maslow)的說法，若你想激勵消費者時，必須先了解消費者目前停留的需求層級，再設法滿足該層級或更高一層級的需求。以下分別說明這五大需求：

（一）生理需求

　　所謂生理的需求一般是指食物、空氣、水、睡眠及性需求等，這些基本的需求若是長久沒有得到滿足，則會影響到人類的生存，人類的基本需求是人類生存的基本條件，就像許多生物一般，缺乏了陽光、空氣、水可能就無法生存了。馬斯洛(Maslow)認為這些基本的需求要先滿足，人類才會去追求更高層次的需求。就像俗語所說「衣食足，然後知榮辱」，如同一個消費者在生活上一定先滿足相關的基本需求，如吃得飽、穿得暖，然後行有餘力，才追求進一步的需求，例如到國家音樂廳聽歌劇等。所以馬斯洛(Maslow)所認為的生理需求就是人類所有需求中最基本、最優先的需求。

（二）安全需求

　　馬斯洛(Maslow)認為一個人的生理需求滿足後，進一步所追求的需求就是安全的需求。安全的需求包括個人的生命安全、個人的安定與熟悉的環境，也包括許多心理上的安全感，如消費的安全性等許多金融相關商品的設計就是提供一個安全的保障訴求，如壽險或保險及相關的儲蓄或是穩定型的基金，這些不同商品的訴求都在於保障一個安全現在或保障自己未來的安全等。

（三）社會需求

　　社會性的需求就是歸屬感的需求，包括愛情、友情與被人接納等需求。人類是社會性的動物，很難獨居於社會之外，因此在實際的生活中，也都隸屬於不同的組織團體。社會需求指的是在這些團體中能獲得別人的關心，能夠被人接受的

一種需求。這種需求是一種人際關係的維持，像是組織中的社團、居家環境的社區大會、聯誼會等。現代許多人也都藉由網路的部落格或是聊天室在與維持一些朋友的互動，也藉此獲得一些關心，沒有人願意離群索居的，這就是社會性的需求。

（四）尊重的需求

尊重的需求包括地位、優越感、個人自尊與聲望等。馬斯洛(Maslow)認為人類在滿足前三項需求後，會進一步去追求成功、追求地位，並且期望在組織中得到他人的肯定與尊重。一般的人藉由地位的獲取來證明自己的身分，也期望從地位中所擁有的聲望與權力讓人欽佩與讚美，這些都是屬於尊重的需求。

（五）自我實現的需求

自我實現的需求是馬斯洛(Maslow)的需要層級中最高的需求。所謂自我實現的需求是指一個人追求自我理想與自我提升的實現。自我實現的需求通常都是在所有需求都滿足的情況之下，人們拋開了許多現實生活中的枷鎖，進而追求自己的理想，追求自己想要的生活，或是讓自己最大的潛能得以發揮。

馬斯洛(Maslow)的理論很符合我們的直覺邏輯，而且容易了解，因此很受管理者的認同。其五大需求層級明確，並且具有優先順序，一個層級的需求滿足後，才會進而追求下一個需求。但許多學者對其觀點仍有不同的意見，其中包括：

1. 勞勒(Lawler, 1972)研究指出：「雖然需求層級理論廣為社會所接受，但此理論仍缺乏實證的支持」，而且許多研究拒絕接受馬斯洛(Maslow)理論背後的涵義。有實證研究結果並不支持人的需求呈現如馬斯洛(Maslow)所謂的五個階梯層級，也不認為某層級需求得到滿足後，即不再具有激勵效果；或某個層級的需求得到滿足後，次高層的需求才能具有激勵效果。

2. 也有些學者認為人類的需求不一定是如馬斯洛(Maslow)所提出的這五個（勞勒 Lawler &薩特爾 Suttle, 1972），研究發現的需求也是只有兩個的，如：低層次的生物性需求和高層次的需求。而學者阿德發(Alderfer, 1972)則提出人類的需求只有三種。

3. 另外，需求層次的排列方式與定義也有許多學者提出不一樣的看法，有一些研究發現個人在追求需求滿足時，並不是向上流動的，當他在追求某項需求卻遭受挫折時，可能會返回較低層次的需求。

4. 最後,馬斯洛(Maslow)的需求理論在非西方主流文化地區中並不適用。例如,在集體取向的文化地區,如日本、希臘,個人化的自尊需求和自我實現需求就比較不具有激勵作用,反倒是安全需求較具影響力(弗朗切斯科 Francesco & 高登 Gold, 1998)。

 加油站

如果你不能解決消費者的問題,那麼你就沒有市場。

If you're not solving someone's problem, you're not in the game.

泰德·萊維特(Ted Levitt)美國商學教授和作家

行銷的應用

雖然學者對於馬斯洛(Maslow)的觀點有許多不同的看法,但在實務運作上,需求的觀點是常被提及的。因此在這裡根據馬斯洛的觀點提出幾項可行的行銷應用:

1. 生理需求:由於生理需求是人類最基本的需要,許多產品也因此孕育而生,如健康食品、醫療食品、保健飲料或是低卡的低脂的食品,針對這些產品進行行銷時,可以強調健康導向、或是強調對生活功能的提升。

2. 安全的需求:如同之前所提到的保險商品外,相關的防身保護警報器,大樓逃生繩索、地震維生箱等,都是一種強調安全的產品,這些產品在行銷時也常強調「人有旦夕禍福」、「月有陰晴圓缺」,這些作法都是為了滿足人們的安全需求。

3. 社會需求:社會需求是強調一種人際互動關係,因此許多產品孕育而生,如個人清潔用品、服飾、個人交際娛樂場合等。例如「好東西要和好朋友分享」的咖啡廣告,就是強調一種社會需求的關係,網路上有「愛情公寓」的部落格也是一種重視社會需求的場合,讓忙碌的人們也可以在虛擬的空間中,滿足愛情或友情的滋潤。

4. 尊重的需求:尊重的需求強調個人地位與聲望,因此也衍生了許多產品的開發,包括知名品牌的名表、名車、皮包等,有些居住的地點也能彰

顯其地位,如臺北的信義計畫區或是臺中的七期重劃區,這樣的居住環境多少帶給人們所要得到的尊崇與敬佩。

5. 自我實現的需求:自我實現的需求強調個人的理想與願望的實現,相關衍生的產品包括教育、自我開發課程、度假村、美食、環遊世界計畫等,都是針對許多人憧憬的理想進行規劃,許多人在卸下工作責任後,都想要過一些自己打從心裡一直想過的生活或體驗。許多頂級的旅遊－－像是環遊世界－－就是一種實現個人理想的旅遊計畫,據說這樣的旅行團還供不應求呢!

 專欄 5-3

牙套:新需求的創造

在市場上,有許多需求是隨著許多不同的因素自然產生,或是人為因素製作出來,牙套就是一個典型的例子。何謂牙套呢?所謂牙套是指套在牙齒上面的套子,通常是用相關普通金屬或是貴金屬做成,以矯正牙齒為主要的功能,一般來說,做到好少則 5 萬,多則上 10 萬去了。

自古以來沒有特別聽說過牙套的歷史發展,因此,牙套可以說是全新的產物,應該也可以說是牙醫師們創造出來的一個新的需求吧。早期沒有牙套時,每一個人也都活的好好的不是嗎?為何在這個年代會有這樣的動機需求呢?可能的原因有下列幾項:

1. 牙醫師們創造出新的需求,開發新的商機。(但不可否認的是或許牙套對於某些病人是有療效的)

2. 消費者愛美的價值觀之需要,整齊美觀的牙齒似乎也是美麗的必要因素之一。

3. 新科技研究與發展的支持,藉由科技的進步、研發出更新的產品。

4. 生活水準的提升,重視門面是人際關係重要的一環。

隨著科技的發展及生活水準的提升,不斷的創造出新的需求是讓消費者與企業雙贏的好方法。

二、ERG 理論

耶魯大學教授阿德發(Alderfer, 1969)以馬斯洛(Maslow)的需求層級理論為藍本並加以修訂,提出三種核心需求:存在需求、關係需求及成長需求。並進行實證的研究使理論與實證研究更加融合,我們稱其為 ERG 理論。

ERG 理論與馬斯洛(Maslow)的觀點有些雷同;存在需求(existence)是指維持生存的基本要求,相對於馬斯洛(Maslow)的生理及安全需求。關係需求(relatedness)指人們想維持重要人際關係的欲望。唯有透過與他人互動,才能滿足個體社交及建立身分地位的欲望,這相對於 Maslow 的社交需求及尊嚴需求的外在部分。而成長需求(growth),指個人追求自我發展的欲望,相對於馬斯洛(Maslow)尊嚴需求的外在部分及自我實現需求。

除了以三種需求代替五種需求外,ERG 理論與需求層級理論還是有其他的差異,ERG 理論強調:(1)一個人可能同時會發生幾種需求,不限於 Maslow 的一種需求而已;(2)如果較高層的需求無法得到滿足時,退而滿足較低層需求的欲望會加深。

相對於 Maslow 需求層級理論的過度僵硬,ERG 理論並不認為低層次的需求必先滿足,進而才能滿足高層的需求。例如,某人的存在與關係需求均未滿足的狀況下,卻因成長需求的激勵而進行不同的學習進修,企圖以「寒窗苦讀的方式」,希望能得到「梅花撲鼻香」。

此外,ERG 理論包含「挫折—退化」的構面。馬斯洛(Maslow)認為個體會停留在某種需求,直到該需求得到滿足為止。而 ERG 理論卻持不同的論點,例如,個體若無法滿足自身的社交需求,則會以追求更多的金錢或更好的工作環境來彌補曾受挫的需求。因此挫折導致個體退化到較低層的需求。

心理學家已經發現,教育、家庭背景、社會體系及文化環境等變數,會改變人們對不同需求的重視程度,因此 ERG 理論比較符合我們對個別差異的認識。ERG 理論與馬斯洛(Maslow)需求層級理論都指出員工在低層需求得到滿足後,會轉而追求高層的需求;但 ERG 理論的觀點卻認為可能同時會有許多需求產生,它們亦均具有激勵效果,而且,ERG 理論提出回饋的機制。也就是說消費在滿足高層需求的過程中受挫的話,會退而以追求低層需求取代之。

ERG 理論較符合我們對個別差異的認知。教育、家庭背景、及文化環境等變數,會影響個人對需求的重視程度。實證顯示不同種族對各需求的重視程度也不同,例如西班牙人及日本人重視社交需求的程度高於生理需求,這點與 ERG 理論相符,也因此 ERG 理論得到許多研究的支持。

　　ERG 理論不同於馬斯洛(Maslow)的需求層級理論，在應用上不需要特別強調層級的觀念，而與馬斯洛(Maslow)相同的作法是可以針對每一種需求設計相關商品，提供消費者的需要與滿足。

1. 存在的需求：存在的需求是指生存的基本需要，企業可以提供相關強調生存的價值與應用，例如許多海洋深層水，或是鹼性水等，都是一種提供讓消費者生存得更好的產品。

2. 關係的需求：基於人類是社會性動物，關係的需求是指人們想維持人際關係的欲望，企業可辦理會員聚餐、會員使用心得分享、座談會等方式，讓消費者互動維持關係。

3. 成長的需求：成長的需求是指消費者想超越自己、想成就某種目標及追求成功的欲望。國內知名的卡內基訓練就是一種提供人們滿足成長需求的商品，也獲得市場上的肯定。

三、激勵－保健理論

　　激勵－保健理論是由心理學家赫茲伯格(Herzberg, 1959)提出的，Herzberg 當時是以組織內部員工的激勵作為討論的方式，根據赫茲伯格(Herzberg)的說法，導致工作滿足的因素是截然不同於導致工作不滿足的因素。因此，經理人若僅致力於去除那些導致工作不滿足的因素，只能平息員工的牢騷，不一定可以激勵員工。赫茲伯格(Herzberg)視公司政策、行政管理、督導方式、人際關係、工作環境及薪資等為保健因子，經理人把這些因素處理好後，員工不會感到不滿足，但也尚未到滿足階段。如果想激勵員工努力工作，赫茲伯格(Herzberg)建議我們應把重點放在強調成就感、認同、工作內容本身、職責及個人成長等，讓員工內心能感到充實的因素。

　　這樣的論點在消費者行為中也是可以應用的，消費者對於一件商品的滿意程度並不在於商家所提供的基本要素，因為這些基本要素如同組織中的保健因子，對於消費者來說是不會不滿意，但也不會滿意的因素，企業所提供的商品應該與其他商家不一樣，有不同的屬性，或是不同的功能與訴求，才能提升消費者的購買動機（激勵因子），因此激勵與保健因子在行銷上也是可以加以運用的。

　　赫茲伯格的激勵－保健兩因子理論在實務運用上必須特別注意人性的觀點，因為從消費者的角度來看，企業幾乎是沒有辦法永遠滿足消費者的期待與欲望，而且有些消費行為不完全取自於產品本身的特性，在消費過程中，還是會受到一些外在環境的干擾，激勵效果可能就不如預期了，有時也會因為情境的改變，原本以為會出現的滿意度也不一定會存在。

行銷的應用

　　針對赫茲伯格(Herzberg)激勵與保健的兩因子理論，企業在從事商品設計時，除了維持產品基本功能與特色的存在外（保健因子），要讓消費者產生購買動機，必須要從激勵的因子著手，也就是提供除了基本價值外，增加一些額外的價值，或是差異化的特色才能刺激消費者購買的動機，例如提供終生的售後服務、加入最新的科技發明等。

＋ 加油站

　　2018 年一項手機和網路使用的研究指出：過度使用手機和網路會對青少年的心理健康產生負面影響，導致情感孤立和社交隔離。這些影響可能增加患上憂鬱症和焦慮症的風險。

　　此外，這項研究還指出，對於那些沉迷於社交媒體的人來說，網路使用的時間越長，患上憂鬱症的風險就越高。這些發現強調了過度使用網路和手機可能對青少年心理健康造成的負面影響。

作者：Xie Y, Szeto GP, Dai J, Madeleine JH.

出處：Journal of Mental Health and Clinical Psychology.

專欄 5-4

異性效應

　　我們都有過這種體驗：有異性參加的活動，較之只有同性參加的活動，我們一般會感到更愉快，活動過程中也會更積極，俗話說：同性相斥，異性相吸，就是這個道理。這也就是心理學上的「異性效應」。換言之，當有異性參加活動時，異性間心理接近的需要就得到了滿足，於是彼此間就獲得了不同程度的愉悅感，激發起內在的積極性和創造力。消費者所出現的各種場合，如果也都有相關的安排，應該會刺激其前來的動機。

　　兩性交往有諸多的好處，男、女生在智力類型是有差異的。男女經常在一起互相學習、互相影響，就可以取長補短，差異互補，提高自己的智力活動水平和學習效率。兩性在情感特點上也是有差異，女生的情感比較細膩溫和，富於同情心，情感中富有使人寧靜的力量。這樣，男生的苦惱、挫折感可以在女生平和的心緒與同情的目光中找到安慰；而男生情感外露、粗擴、熱烈而有力，可以消除女生的愁苦與疑惑。因此俗話說：同性相斥、異性相吸，就是這個道理。

四、增強理論

　　增強理論是源自於操作制約學習的觀點，認為行為的結果才是影響行為產生的主因，也是讓行為持續產生的動機。換言之，如果人們採取某種行為後，立即有正面的鼓勵結果出現，則會增加該行為重複出現的機率，也就是針對消費行為立即予以獎勵，例如折價、贈品等，對消費者無非是一種正面的支持與激勵。市面上有許多針對消費者激勵的作法，當然這些增強的作法也引起消費者購物的動機，例如刷卡累積點數，再根據不同的點數給予不同的贈品鼓勵，包括小型家電到贈送機票等。其他如來店禮、買一送一等促銷手法都是一種增強理論的應用。

　　增強理論在應用上忽略了個體的內心狀態，而只重視個體行為後的結果。增強理論是操作制約學習理論的運用，其中假設認為人具有趨樂避苦的特性，但增強理論卻忽略了人的感受、態度、期望和其他能影響行為的認知變數。無疑地，增強作用對行為有極重要的影響，但讀者應該更客觀的認識的是：增強的作法絕非是影響行為的唯一因素。

行銷的應用

　　如同前面所言，人類的行為具有一種趨樂避苦的特性，如果能透過適當的獎勵或是懲罰的運作，對於人類行為的塑造是有幫助的。當然增強的刺激物不一定是相關商品本身，消費者當下受到如皇室般的服務，或是消費完後受到他人羨慕的眼光，對消費者來說也都是一種增強的動力。

 專欄 5-5

網路購物的動機

　　由於科技的發達，流通業的興盛，加上智慧型手機的普及，上網購物幾乎是消費者生活平常，根據行政院數位經濟創新研究中心的資料，2020年臺灣網路購物市場規模達 1.46 兆元，年成長率達 16.9%，根據 eMarketer 的資料，2021 年全球電子商務市場規模預計達 4.89 兆美元，年成長率達16.5%。而 Statista 的資料也指出，2021 年全球移動支付市場規模預計達2.4 兆美元，年成長率達 24.8%。這樣的發展趨勢也因此造成許多實體店面的經營壓力，迫使商家也必須有所變革與創新，並投入網路市場，這也是比然的趨勢。

　　消費者上網購物的動機很多，這幾年因為疫情的關係，更讓線上購物有驚人的成長。即使是疫情減緩，未來網路的購物也將趨於常態，更是兵家必爭之地。因此對於商家來說，了解消費者網路的購物動機，影響網路消費的因素極為重要，這甚至是有關企業存亡的關鍵因素。疫情帶動線上購物，過去一年，46.8%網路使用者皆有線上購物的經驗。34.7%的電商用戶都曾在線上購買生活雜貨；13.9%用戶曾購買二手的商品；38.6%消費者在購買前會使用比價工具，貨比三家，找到最划算的交易；近年來開始發展的「先買後付」機制，也有 7.9%的用戶使用。

　　根據《Digital 2022: TAIWAN》報告，電商購物行為：免運、折價、付款順暢，最吸引人！在購物誘因上，最吸引消費者的前五名因素分別為：免運(67.5%)、折價(53.5%)、簡易的付款流程(40.8%)、貨到付款選項(38.5%)以及消費者評價(34.2%)。這些統計分析的資料是商家們要理解與應用的，才能在網路市場占有一席之地。

網路消費可以不受時間和空間的限制，在家中或辦公室就能完成購物，且訂單會直接送到指定地址，這樣的方便確實吸引忙碌的現代人買單，此外，網路消費可以透過搜索和推薦系統找到多樣化的商品，可以比較價格和品質，選擇最符合自己需求的商品。更由於網路消費因為店家省去實體店面的租金和人力成本，因此網路商品通常有較優惠的價格，這更是打動消費者的重要因素之一。

第三節 ▸ 消費者的動機衝突

消費者平時都有不同的動機，有些動機並不像馬斯洛所說會一個一個有順序的出現，在大多數的情況之下，消費者的許多動機是同時出現的，也因此消費者常會遇到不同動機彼此衝突的現況。動機的衝突會影響消費者的消費型態與選擇，因此行銷人員應該要知道消費者產生動機衝突的情況，並提供可能的解決方案，藉此刺激消費者的消費動機。動機衝突的類型一般可以分成三種：雙趨衝突、雙避衝突與趨避衝突。以下分別敘述之。

一、雙趨衝突

所謂雙趨衝突是指消費者同時出現兩個具有吸引力的動機，而必須從中選擇一個時的狀況。雙趨衝突通常發生在消費者有限的資金下，對於喜愛的兩樣東西只能選擇一項，於是就產生了所謂「魚與熊掌」不可得兼的情況，這種現象就是所謂的雙趨衝突。例如消費者拿到其該月的工作薪資時，想要買電腦，又想買好一點的休閒腳踏車，但是可用的資金不多，而使消費者限於兩難之中，這就是一種典型的雙趨衝突。

行銷的應用

消費者的雙趨衝突是市場上常見的狀況，許多行銷的策略是可以化解相關的衝突情況的，例如商家提供「先試用後付款」，或是「分期付款」的方式都是可以解決問題的。

二、雙避衝突

所謂雙避衝突是指有二樣東西都是個人所不想要的，亦即希望能避免的，可是個人必須從中選擇其中之一，於是便面臨「雙避衝突」，而只好做「兩害相權取其輕」的無奈決擇。這種狀況通常發生在現有商品中的換新品的思考或是送維修的思考，這兩項都是要花錢；再如生活中病人必須被要求從打針或是吃藥的兩個不喜歡的選擇中挑一項，這種狀況都是雙避衝突的情形。

💡 行銷的應用

雙避衝突是消費者針對兩種具有負面特質的選項，盡可能從中選擇一項最低風險的選項，許多汽車公司會宣導汽車定期維修的重要性，並對消費者訴求「現在不花小錢、未來要花大錢」的觀念，讓消費者乖乖的選擇定期維修的作法。

三、趨避衝突

這是指個人對於一項具有正負二種結果的目標，產生既想趨近又要逃避的二種動機與矛盾心理，因此，產生趨避衝突。例如，有一個待遇很好但地點卻很遠的工作，求職者既想獲得高待遇，卻不願到遠地去，於是就產生了趨避衝突的困境，就像是想吃魚又怕沾腥這種趨避衝突的狀況。以消費者來說，喜歡吃甜食的人又害怕變胖，這種「既期待又怕受傷害的」心理就是一種趨避衝突。

💡 行銷的應用

以想吃零食又怕胖的例子來說，企業可以推廣低熱量的美食料理，讓消費者可以享受美食又不擔心變胖，許多企業也都推廣包月或是包星期的低熱量餐飲，強調美食、均衡、低熱量與健康導向，在市場上也得到不錯的迴響。

從激勵理論的討論，我們知道消費行為有不同的動機，有些消費行為所追求的利益，也不是如表面所看到的利益，例如香水的購買並不是只想買香水這樣產品，而是期望香水所提供的浪漫、感官上的滿足與對異性可能的高吸引力等，行銷人員必須要發覺產品所提供的附加價值與潛在功能，真正了解消費者的需求與動機，再根據這樣的瞭解規劃相關的行銷組合與策略。

 專欄 5-6

運用動機的衝突刺激消費？

生活中每一位消費者都免不了要看牙醫，開車的人也都避免不了要將汽車送進汽車維修場，這都是消費者生活中共同的經驗之一，但也都有共同不愉快的感受。

牙醫師與維修場的黑手有何共同點呢？對於消費者來說，有些經驗是類似的。例如消費者在看牙醫時，常會聽到「這牙齒很糟糕」、「這牙齒不馬上治療不行」、「不裝牙套以後會暴牙」等一些讓人害怕的話。而在汽車維修場任人宰割的經驗也是許多消費者心裡的痛，像是「這零件不換不行」、「機械的東西什麼時候會壞不知道喔？」、「如果發生意外、後果是會很嚴重的」等半恐嚇的言語。

可是在這些不喜歡的言語中，消費者還是不得不接受，為什麼呢？牙醫生與黑手的知識都是相當專業不可取代的，他們的建議也是很難討價還價的，也因此，消費者常有來自這些「專家建議」的恐懼與不安。

這種負面的刺激是會讓消費者不安與焦慮的，因此從事行銷工作應該避免以恐嚇性的言語來刺激消費者才是正途，這也是一種職業道德。

個案　World Gym（世界健身房）掌握消費者需求與動機 獲得消費者肯定

　　隨著現代生活節奏的加快，人們的健康意識越來越強，加上臺灣都會裡地狹人稠，難得尋覓一個安全可以運動的地方，因此健身房成為了一個越來越受歡迎的運動空間選擇。臺灣的健身房品牌眾多、定位也有些許差異，有的以年輕族群為主，強調肌肉與健美的訓練，也有純粹提供都會女性的瑜伽有氧軀體雕塑的教室，也有提供給商務人士運動、三溫暖與蒸氣室的會館。這些健身房品牌在市場上定位不同，以各自的特色和優勢為區隔，針對不同的消費族群設計相應的行銷策略。

　　現代人上健身房的原因是多種多樣的，許多人上健身房是為了更好地鍛鍊身體，增強體能和健康。其次，健身房是一個社交場所。在健身房，人們可以認識新朋友，分享健身經驗，建立健康的社交網絡。最後，健身房也是一個紓解壓力的地方。現代生活壓力大，人們需要一個地方放鬆身心，健身房提供了這樣的環境。相關研究報導整理後、現代人上健身房的原因可以分為以下幾種類型：

1. 健康意識型

　　這類人通常有較高的健康意識，關注身體健康和健身的益處。他們上健身房的動機主要是維持身體健康和改善體態，減少疾病風險，提高身體素質和活力。

2. 趣味娛樂型

　　這類人通常認為健身是一種娛樂和趣味活動，上健身房的主要目的是放鬆身心，消耗能量，享受健身帶來的愉悅感覺。對於這類人來說，健身房是一個社交場所，可以結識新朋友，擴大社交圈子。

3. 競技運動型

　　這類人通常有競爭意識，追求高水平的運動表現和成就感，上健身房的動機是為了訓練和鍛煉身體，提升運動能力和技術水平。他們通常有明確的目標和計畫，會根據自己的需求選擇不同的訓練課程和器材。

4. 心理健康型

這類人通常對自己的心理健康非常關注，上健身房的動機主要是釋放壓力，提高自信和自尊心，減輕焦慮和憂鬱等情緒問題。對於這類人來說，健身是一種自我調節和療癒的方式。

除了上述分類，也有其他的分類方式。例如：

1. 美容塑身型

這類人上健身房的主要目的是改善外表，緊實肌肉，減少體脂肪，塑造身材曲線。他們可能會根據不同的部位選擇不同的訓練課程和器材。

2. 動機複合型

這類人可能有多種動機驅使他們上健身房，例如健康意識、美容塑身、趣味娛樂。

World Gym 為世界知名品牌之跨國企業，成立於 2001 年、在臺灣健身界深耕 21 年，以帶起全臺運動風氣為目標，60 多萬的會員，其以中低價位和大眾化的形象為特色，主要吸引大眾和年輕族群。截至 2022 年 已有超過 110 間健身俱樂部，是臺灣最大健身品牌公司。相對於臺灣健身房其他品牌，包括世界健身房 健身工廠、還有網紅館長的成吉思汗，及各地方政府的國民運動中心等，世界健身房有他的市場定位及策略、以依據上述的運動動機進行相關的規劃來滿足來運動的消費者各種不同的動機：

1. 產品規劃

設計多樣化的健身課程，包括瑜伽、有氧運動、肌力訓練等，以滿足不同消費者的運動需求。此外，也可以設計不同程度的課程，從初學者到進階者皆能參與。

2. 服務提供

提供個人化的健身指導和教練，讓消費者得到更貼心的服務。此外，還可以提供體脂測量、飲食建議等相關服務，讓消費者能夠更全面地掌握自己的健康狀況。

3. 行銷策略

透過社交媒體等渠道，定期推出促銷活動，吸引消費者的注意力。此外，還可以舉辦健身比賽或者其他類型的活動，讓消費者有更多參與健身的機會。

4. 服務品質

提供良好的環境和設施,保持器材的良好狀態,讓消費者能夠安心地進行運動。同時,也可以提供一些貼心的服務,例如毛巾、沐浴用品等,讓消費者在運動後可以更方便地進行清潔。

健身房不只是提供運動場合,也是一個社交場合,臺灣的世界健身房可以提供社交活動來增進會員之間的交流和互動、並感動消費者的作法,以下是幾種常見的社交活動:

1. 提供全方位的運動體驗

World Gym Taiwan 提供多種運動課程和設備,包括有氧運動、肌力訓練、瑜伽、有氧拳擊、室內徑跑等,讓顧客可以有多樣化的運動選擇。此外,他們也舉辦各式各樣的健身活動,例如健身比賽、派對和聚餐等,不斷推陳出新,增加顧客對運動的興趣和熱情。

2. 滿足顧客需求

World Gym Taiwan 認為顧客就是他們的一切,因此他們會盡力滿足顧客的需求,例如提供專屬的健身教練、訂製個人化的運動計畫、提供自助洗衣服務、提供免費無線網路等,讓顧客感受到完善的服務和體貼的照顧。

3. 與消費者連結

World Gym Taiwan 經常舉辦各式各樣的活動,例如聚餐、健身比賽、生日派對等,讓顧客之間可以建立起友誼和互相支持的關係。此外,他們也會定期舉辦免費體驗課程,讓顧客可以體驗到各種不同的運動,進而提高對運動的興趣和熱情,並加強與顧客的連結。

4. 強化社群經營

World Gym Taiwan 建立了一個強大的社群網絡,透過社交媒體平臺、網站和俱樂部活動等方式與顧客互動,增加顧客對健身的參與感和歸屬感。他們也與不同領域的名人和網紅合作,透過這些名人的影響力,吸引更多的人參與健身活動。

　　總之，World Gym Taiwan 不斷進行創新，提供多樣化的服務，並且重視與顧客的連結和互動，透過這些作法來鼓勵顧客運動，並提升顧客對健身的興趣和熱忱，堪是健身界的楷模，其能成為世界最大健身組織並非浪得虛名。

 問題與討論

1. 請有上健身房運動經驗同學分享自己的消費動機。
2. 請嘗試收集比較不同健身房的定位、會員制度、行銷設計規劃等，並分享討論之。

學習評量

一、是非題

1.（　）　相同的動機一定有相同行為來滿足個人需求。

2.（　）　所謂「規避－規避衝突」就是「魚與熊掌」不能兼得的意思。

3.（　）　消費行為是受動機所驅使的，整個行為過程中包含了許多活動。

4.（　）　同一個動機可以有不同行為來滿足，不同的動機也會導致相同的行為。

5.（　）　馬斯洛的需要層級理論可以說明消費者的行為可能是源自於不同的動機。

6.（　）　一般成就動機較明顯的人比基本的需求動機的人較容易購買代表身分的品牌。

7.（　）　情緒與認知都可以喚起消費者消費的動機。

8.（　）　消費者的動機可能來自於個人內在的需求，也可能來自於外在的刺激。

9.（　）　不同文化背景的消費者會有不同的動機與需求。

10.（　）　激勵與保健理論認為企業提供相關的基本需要與保障是無法刺激消費者的欲望。

二、簡答題

1. 請由低而高，寫出五個馬斯洛的五個需求層級？如何應用在消費者行為上？

2. 請說明何謂激勵保健理論？在行銷上如何應用？

3. 請說明三種可能的動機衝突？並舉例敘述。

4. 何謂增強理論？增強理論如何有效的應用在消費者行為的領域中？

5. 何謂社會動機？在行銷上有何意義？

Chapter **06**

人口統計變數與生活型態

前言

本章要探討的主題是人口變數及生活型態與消費行為的關係與影響，消費者個人的相關特性是重要的行銷訊息，因此，Kotler(1991)強調人口統計和生活型態，皆與消費者行為具有密切關係。人口變數的資訊在於方便衡量、資料取得較為便利，是描述消費者行為輪廓的基本工具。而生活型態的了解更可以彌補人口統計衡量之不足。因此本章針對人口變數與生活型態進行探討，以了解這兩大因素對於消費者行為的影響，並提出行銷的可行作法。

專欄 6-1

女性消費者是行銷的重要對象

隨著性別平等認知的成熟與女性專業能力的提升，當今女性的社會地位已與男性並駕齊驅，甚至超過男性。女性消費能力在全球經濟中的地位日益重要，根據 2022 年的數據顯示，全球女性的消費支出占全球消費支出的 85%以上，總消費支出超過 40 萬億美元。在美國，女性每年的購物支出高達 5 萬億美元，占全國消費支出的 70%以上。根據臺灣經濟部統計，臺灣女性的消費支出在家庭中占有重要地位，約占全家總消費的七成左右。關於不同類型的消費支出，根據 2020 年的數據，全球女性對於教育、健康、美容和家庭方面的消費支出比例正在逐年增加。以上數據顯示出，女性的消費能力在全球經濟中具有重要地位，對各個產業和市場都產生了重大影響。各大品牌和企業也越來越重視女性消費者的需求和偏好，不斷推出符合女性需求的產品和服務。

研究資料也顯示，由於女性社會地位的提升，女性掌控 94%的家居裝飾支出，負責 91%的家用消費品購買，擁有 60%的小汽車和卡車，還承擔了 50%的商務旅行，在美國 30%的已婚女性所賺的收入超過她們的丈夫。這些消費現象

的背後事實上也反映了女性就業的普遍性、女性教育水準的提升及女性專業技術能力獲得肯定。

因此行銷人員必須站在女性心靈和情感消費需求的角度，來思考女性的消費特徵，許多企業的研究團隊也因此大半是選擇女性所組成的，這樣的作法可以更貼切的了解女性消費者的需要。這些人口變數的內涵與生活型態的轉變讓企業不得不重視女性的市場與消費模式，忽略了女性的重要性將會失去市場的優勢。

第一節 ▷ 人口統計變數

在新世紀的市場經營中，企業不能再存有舊傳統的思維模式，以為只要生產好東西就一定有人買；相反的，企業必須先找出可能的顧客群在哪裡，接下來要問的是：這些顧客有何不同的特質？

一般影響消費者不同行為特質的因素，可分為直接觀察與推論兩種分析方式（恩格爾、布萊克威爾和米尼亞爾：Engel, Blackwell, & Miniard, 1995）。前者係指可直接觀察到並加以衡量的，包括：人口統計因素、行銷組合因素及情境因素。至於推論的影響因素，則有心理、社會及文化因素等三項。本節特別介紹人口統計變數的部分，其他議題也在本書中有詳細的介紹。

所謂人口統計變數是指包括所得、年齡、性別、收入、職業、家庭人數、教育、婚姻狀況、居住地區等因素，這些因素所代表的許多訊息通常是相當具體且明確的。因此實務界通常都會將這些變數當作是市場區隔的重要因素，相關文獻也顯示人口統計變數對消費者的購買行為影響甚大。如科爾岡卡、隆德和普萊斯(Korgaonkar, Lund, & Price)曾於 1985 年，提出因果性結構模型，認為性別、年齡、收入和種族等人口統計變數，會影響到顧客購買或需求行為。以下針對不同的因素進行陳述，探討這些不同的人口變數如何影響消費者行為。

一、年齡

年齡是指個人成長計算的標準，不同年齡層的人有著不同的信仰、價值觀、態度及不同消費的行為。也因此許多企業也都針對不同的年齡層消費者推出不同

的商品，不論在產品的功能、價格、或是購買的地點，都有不同的設計，各款各式的手機就是一個明顯的例子。例如手機公司針對年輕人推出最新的智慧型手機的手機，而針對老年人推出大鍵盤、簡單功能的手機。因此，年齡是可以作為行銷上區隔市場的一個變數。

其他把年齡當作是區隔變數的例子還很多，包括化妝品、奶粉、個人清潔用品、保養品和綜合維他命等，也都有相當成功的作法。年齡相對於其他人口變數來說，是較為穩定的一個變數，它是一個人持續成長的歷程，變化不會特別大，相對於個人職業、收入及所得，或許一年中就有很大的改變，因此以年齡來作為行銷的推廣依據是相當穩定的，例如臺灣的大學生，一般都是介於 18 歲至 24 歲之間，大學生總人數根據計教育部 2022 年統計資料，因為少子化已經破百萬

● 小朋友也是消費者，其特定的需求是不能忽略的（攝影：簡麗莎）

人，總人數 97 萬 1258 人（2000 年時 136 萬 4782 人）。少子化也讓國內很多私立大學招生岌岌可危，學校如果比較偏遠、或是沒有特色將被迫關閉；以「年輕」年齡為主要市場的學校，或許要重新定位不同年齡的學生來源，像是社會人士的進修教育等。

另外一群「銀髮族」也占臺灣總人口數將近 16.2 %，所謂銀髮族是指 65 歲以上的老年人，根據內政部統計資料(2021)，這群人大約占臺灣將近 380.4 萬的人口，也因此國內相關的老年人商品方興未艾，許多腦筋動得快的企業家，也紛紛設置了養生村，並大作廣告歡迎老年人入住，這些都是以消費者年齡為變數所做的行銷思考。

 專欄 6-2

速食麵市場

速食的食物似乎是現代人飲食的特徵之一，也反映出消費族群的生活型態。特別是速食麵的產品在臺灣有非常廣大的市場。根據東方線上資料庫的研究數據，臺灣越年輕的族群消費速食麵的比例越高，研究數據顯示，

國、高中的學生一星期至少有吃一次速食麵的經驗，數據也顯示 30 歲以下的年輕族群食用速食麵的比例明顯高於整體水準，特別是大學生的市場彷彿是速食麵業者的最愛。因此，30 歲以下的消費者是速食麵產品主要的目標族群。

行銷工作在確定目標市場後，進一步的動作就是要針對目標族群的生活型態與相關的人口統計變數特性進行了解，30 歲以下的消費族群喜歡什麼樣的口味、應該製作什麼樣的廣告、價格應該如何決定等，這些問題應該是速食麵公司每天念茲在茲的吧。

二、性別

女性與男性天生就不一樣，再加上後天的學習與期待，女性有女性的特有行為模式，男性亦同，也就是說，性別不同消費行為也大都不一樣。市場上許多商品都是以性別來作為區隔的，例如衣服、化妝品、雜誌、汽車或是手機，這些商品在不同的性別進行購買時，其考慮的因素、所花的時間與預期的花費可能都不一樣。因此從區隔的精神來看，行銷工作在推動男性與女性商品時，就應該有不同的設計、包裝、功能、顏色及服務時的考量。

就像是市面上的嬰兒用品，男寶寶偏向藍色系列，女寶寶偏向粉紅色系列，就連紙尿布也會因為男寶寶或是女寶寶的不同而有不同的設計。

近年來女性在家庭與社會上所扮演的角色越來越舉足輕重了，女性在消費上的影響力絕對是不容許被忽視的。像是許多早期針對男性所設計的辦公用品大都不符合女性的需求與喜愛，聰明的商家早已經針對女性的需要做調查，並設計出符合女性上班族的相關商品。像是輕薄短小、輕巧易攜的筆記型電腦、粉紅色系的辦公背包等，這些仕女型專用的商品也都獲得女性的青睞，國內知名的百貨公司－衣蝶百貨，就是一個以重視女性市場並進行相關女性喜愛設計為主的百貨公司。

 加油站

女性掌握了日常生活中 80%的消費決策。

Women make 80% of the daily consumer decisions.

斯蒂芬妮・荷蘭(Stephanie Holland)行銷專家，
The Holland Group 設計公司創辦人

 專欄 6-3

性別差異與飲食研究

　　不同的性別會呈現出不同的生活型態，東方消費者資料庫的內容指出，男性與女性在飲食上有明顯的差異，這些差異是值得從事消費者行為研究的人來了解的。

　　研究發現，女性消費者對於健康飲食的認知較高，也更傾向於選擇健康食品和飲品。男性消費者則在健康飲食方面較為被動，較少有積極行動的傾向。

　　東方消費者資料庫研究指出，女性比男性更樂意到各地旅遊時嘗試當地美食、嘗試廣告中介紹的新食品，不過表示絕不在不衛生的地方外食的女性比例較男性略高，因此建議食品業者及餐廳、小吃店可在菜單上求新求變以吸引女性顧客，但前提是要注重食品的衛生與安全。

　　女性在飲食上扮演「早期採用者」甚至是「意見領袖」的角色，因此食品廠商必須先討好女性消費者的脾胃，觸動她們的味蕾、挑起她們的好奇心，才得以藉助人際傳播的口碑效果提升產品的知名度與品質知覺（產品好不好吃可比品牌形象重要得多），適度搭配媒體廣告與公關行銷對產品市場占有率勢必有正面的幫助。

　　研究數據也顯示男女在烹飪及蒐集相關資訊行為上有顯著的差異，女性比男性對自己的烹飪技術顯得較有自信，並願意花較長的時間烹調很複雜的菜餚或糕點，並儘可能親自料理食物；在資訊蒐集方面，女性較喜歡看電視上的烹調節目或美食介紹，經常閱讀美食雜誌或食譜，並常與親友討論新的餐飲資訊。

一項 2019 年的研究顯示，男性比女性更傾向於食用加工肉類、油炸食品和糖分含量高的食品，而女性則更傾向於攝取較多的水果和蔬菜。此外，研究還發現，女性比男性更傾向於關注食品的營養價值和成分。這研究也與 2020 年的研究顯示一致：女性比男性更傾向於食用傳統的健康飲食，例如，大量攝取水果、蔬菜和豆製品。男性則更傾向於食用肉類和高脂肪食品。

多數女性受訪者親自料理自己或家人的飲食是為了健康的理由，那麼食材的健康衛生與否絕對是女性消費者會錙銖必較的部分了。有八成的女性受訪者在購買食品時一定會查看內容添加物的標示及保證期限，相對地只有六成五的男性會這麼做；男女飲食狀況意見調查中也提及「會聽親友的建議購買健康食品」與「經常購買天然食品或無農藥的有機蔬果」也反映出女性對食材純淨的追求及健康概念的崇尚，雖然有機蔬果的價格足足比一般蔬果貴上好幾倍，但在「吃的東西是一分錢一分貨」的觀念下，多花一些錢，買到健康，何嘗不是一件好事。

如同前言所說，許多調查也顯示出女性影響力越來越重要，包括家庭的購買決策、超級市場購買的商品，甚至家裡的財務與投資選擇等，都是由女性在主導，因此行銷人員絕對不能輕忽女性消費者的存在。

根據市場調研公司 Nielsen 在 2016 年發表的一份報告，報告名為"The Future of Grocery-E-commerce, Digital Technology and Changing Shopping Preferences around the World"。該報告研究了全球 22 個國家的消費者對於食品和日用品的購買行為和偏好，並分析了不同性別、年齡、地區等因素對消費行為的影響。該報告中提到了女性消費者的消費特點和偏好，並對這些特點的背後原因進行了一定的解釋和分析。

報告指出女性消費特質可以從多個角度進行分析，以下是一些常見的女性消費特質：

（一）注重外表和形象

女性消費者往往比男性更注重自己的外表和形象，包括服裝、化妝、髮型等方面。因此，女性消費者通常願意花費更多的時間和金錢在美容、護膚、服飾等方面。

（二）購買過程講究情感體驗

女性消費者通常比男性更注重購物的情感體驗，包括購物環境的氛圍、售貨員的服務態度、商品的外觀設計等。因此，商家可以透過創造愉悅的購物體驗來吸引女性消費者。

（三）較為注重品質和安全性

女性消費者通常較為注重商品的品質和安全性，特別是對於食品、化妝品等與身體健康有關的商品更是如此。因此，商家可以透過提供高品質、安全的商品來吸引女性消費者。

（四）偏好細緻和可愛的商品

女性消費者通常偏好細緻、可愛的商品，包括粉色、紫色等顏色，卡通、花朵等圖案。因此，商家可以透過設計出符合女性消費者口味的商品來吸引她們的注意力。

總體而言，女性消費者具有自己的消費特質和消費偏好，商家可以根據這些特點來進行產品設計和營銷策略的制定。

 專欄 6-4

女性專用筆

由於女性意識漸漸受到重視，女性的就業人口也逐漸提升，但市場上的相關的文具商品大都還是以男性陽剛的設計為主，這些設計似乎是不符合女性的風格，也吸引不了女性的購買欲望。

因此聰明的商人就推出符合女性的專用筆，像是法國 Waterman 傲蝶系列女性專用筆，就是少見的專為女性所設計的筆，除了有線條的筆身之外，也具有多種主題明亮顏色款式設計，筆身部分也沒有筆夾的設計，充分顯示這樣的筆不是為男性習慣放置在西裝或是襯衫的口袋上的男筆，而是與化妝鏡及口紅一樣放在女用皮包裡。來自法國巴黎的公司設計上多了更多的細心與浪漫，這種貼心的設計、讓人驚豔的色彩確實擄獲了不少女性的芳心。

資料來源：http://www.waterman.com/en/style/pens/craft/audace

三、種族

不同的種族有著不同的生活環境與文化的差異，也因此培養出不同的價值觀、態度與習慣，當然消費模式也不盡相同，所以種族的因素通常也被運用來當作是區隔市場的重要因素。

國外多樣化種族的區分是相當明顯的，而且不同種族的人口總數也都相當龐大，完全符合區隔的要素，也因此在國外針對不同種族的特性推出多樣化的商品。根據聯合國人口部門 2022 年底 世界人口總數 80 億人，其中亞洲 46.7 億人、非洲 13.9 億人、歐洲 7.46 億人、北美洲 3.66 億人、南美洲 4.32 億人、大洋洲 4.39 千萬人，這之中又包括不同種族，不同種族有著不同的文化、生活習慣與消費模式。以美裔黑人來說、根據 2020 年的數據，美國黑人占總人口的比例約為 13.4%。這意味著大約有 4,500 萬美國人是黑人、占美國總人口數的九分之一，黑人一年的購買力可達 1 兆美元。因此黑人的市場也受到相當的注意，像是黑人芭比娃娃的產生就是一個例子。畢竟，如同前面所言，美國黑人的特性與需求是不同於美國大多數的白人的。

在國內也存在著不同的種族，包括閩南人、客家人、外省人及原住民四大族群等。根據 2022 年的統計，臺灣各族裔人口數字統計及比例：閩南人 1,053 萬人，占總人口的 44.77%；客家人 378 萬人，占總人口的 16.05%；外省人 626 萬人，占總人口的 26.62%；原住民族 56 萬人，占總人口的 2.39%；新住民族 24 萬人，占總人口的 1.01%。這些族群雖然都濡沐在大中華文化之下，但還是具有自己的一些價值觀與信念，因此國內企業有時也會針對這些不同族群打出不同的廣告內容，像是義美食品公司就曾經推出以非常親切的客家話做為廣告的主要語言，試圖提升客家人的市占率。

四、教育

許多研究也呈現出，不同的教育程度有著不同的需求與消費模式，特別是一些文化藝文活動的消費上特別明顯。另外，像是一些 3C 商品、如電腦、數位相機和高級音響設備等，也都與教育的因素有關。

根據內政部 2020 年資料：國小及以下 109.3 萬人，占總人口的 4.64%；國中398.3 萬人，占總人口的 16.93%；高中（含職高、高職）775.5 萬人，占總人口的 32.94%；專科 261.9 萬人，占總人口的 11.12%；大學及以上 908.4 萬人，占總人口的 38.57%。大專以上比重逐年上升，其餘教育程度比重均逐年下降，其中女性大專以上比重上升速度較男性為快。2017 年底年滿 15 歲以上顯著人口識字率為 98.79%。由內政部資料可知，國內高等教育是越來越普及了，尤其是國內大專院校幾乎是全世界密度最高的，再過沒幾年後，幾乎每一個人都可以直接讀大學，並擁有大學畢業的文憑了。

不同的教育程度有著不同的消費模式與重視的生活議題，像是這幾年來許多層出不窮的狂牛病和禽流感等相關食品安全議題與黑心食品的相關訊息充斥氾濫，而高教育程度的人似乎對這樣的問題特別關心（黃儀蓁、李明聰，2006）。

研究也指出對於食品安全議題包括農藥殘留、細菌汙染、油脂過高、生長賀爾蒙濫用、抗生素濫用和黑心食品等問題，教育程度呈現出相當明顯的差異。

另外高教育程度的消費者對於環保議題與地球暖化的問題，也比較有所回應，對於商家所推動的環保承諾與努力也給予比較大的支持。

➕ 加油站

受過良好教育的消費者更容易接受新的產品和服務。

Well-educated consumers are more likely to accept new products and services.

菲利普・柯特勒(Philip Kotler)現代行銷之父

五、所得

個人所得直接影響消費行為的就是購買力的問題，不同的收入會有不同的消費模式，因此，所得也如同之前的一些因素，是行銷人員用來作為區隔的主要變數。不同所得的人開不同的車，住不同的地區，買不同的房子，因此，擁有財富也是相當令人羨慕的一件事情，在未來所謂「M 型化」的社會中，所得可能就是兩個極端，一是相當富有的一群人，追求名牌與享樂；另一群則是努力追求溫飽而已的人。

臺灣平均國民所得 35,513 美元（2022 年人均 GDP），相較於其他先進國家收入似乎是不高的（請參考表 6-1），因此國人到日本或是歐美旅行時，常會覺得消費很吃力。

其次，所得有不同的內涵與意義，包括名目所得、實質所得與可支用所得，所謂「名目所得」是指個人實際所領到的所得；實質所得是指經考慮通貨膨脹後所做的調整；而「可用所得」是指一個人在扣除相關必要性的支出後可用的所得，如房屋貸款、儲蓄或是保險。在了解消費者的所得時，這些不同的內涵所代表的意義也是應該要了解的。

表6-1 各國所得比較（2022 年國際貨幣基金組織(IMF)公布資料）

排名	國家	人均 GDP（美元）
1	盧森堡	127,673
2	愛爾蘭	102,217
3	挪威	92,646
4	瑞士	92,434
5	卡達	82,887
6	新加坡	79,426
7	美國	75,180

表6-1 各國所得比較（2022 年國際貨幣基金組織(IMF)公布資料）（續）

排名	國家	人均 GDP（美元）
8	冰島	73,981
9	澳洲	66,408
10	丹麥	65,713
27	中華民國	35,513

 專欄 6-5

鎖定年輕人市場的作法與策略

　　由於每個品牌的市場定位和目標客戶群都不同，以年輕人市場為例，要打進年輕人市場，品牌需要理解年輕人的價值觀和喜好。年輕人通常注重個性化和自我表達，所以品牌需要提供與他們的生活方式和價值觀相符的產品和體驗。其次，品牌需要與年輕人建立情感聯繫。年輕人通常更傾向於支持他們認為與他們價值觀相符的品牌。因此，品牌可以透過社交媒體和其他數字渠道與年輕人互動，讓他們感覺到自己被聆聽並受到重視。品牌可以透過贊助或與年輕人有關的活動來增加品牌知名度。例如，與音樂節、體育賽事或其他文化活動合作，可以讓品牌與年輕人的生活方式相關聯。品牌需要採用年輕人容易接受的數字行銷策略。例如，利用社交媒體和網絡廣告等渠道，以有趣的方式呈現品牌形象和產品特點。

　　以下列三個例子說明：

1. H&M：H&M 是一個時裝品牌，他們透過與知名設計師合作，推出具有設計感的限量版產品，進一步提高了品牌價值。此外，他們還使用線上銷售和社交媒體來與年輕人建立聯繫，並且專注於可持續發展和環保意識，符合年輕人對社會和環境的關注。

2. TikTok：TikTok 是一個社交媒體平臺，以短視頻和創意內容為主打，非常受年輕人歡迎。TikTok 透過提供易於使用的創作工具和與熱門創作者的合作來吸引年輕人，並且持續推出有趣的挑戰和互動活動，以保持年輕人對平臺的興趣。

3. Supreme：Supreme 是一個街頭時尚品牌，非常受年輕人的喜愛。他們透過與各種文化和藝術領域的合作，推出具有時尚性和獨特性的產品，並且與粉絲和客戶建立強烈的情感聯繫。此外，他們還使用限量版和抽簽等方式來增加產品的稀有性和獨特性，進一步滿足年輕人的心理需求。

這些品牌都在不同的層面上成功地吸引了年輕人的關注和忠誠度。他們了解年輕人的價值觀和喜好，並且與年輕人文化相關的活動、社交媒體和創新產品建立聯繫，以提高品牌價值和吸引力。要打進年輕人市場需要品牌在產品、體驗、情感聯繫和行銷策略上都做到符合年輕人的需求和偏好，從而贏得他們的支持和信任。

六、職業

不同的職業代表著不同的收入外，更代表其消費傾向的特徵，因此也是重要的區隔要素之一。不同的職業會有不同的需求，如勞工階層在工作時需要大量的體力消耗，因此許多藥酒商品就鎖定了勞工階層。而白領階級的職業，則需要較正式的服裝與辦公用品。國內許多雜誌的定位大多鎖定在白領階級，例如天下雜誌、遠見雜誌、商業週刊等，都鎖定白領職業的上班族群。

臺灣產業目前已逐漸走向服務業，人們的生活水平也漸漸提高，因此，傳統的勞工階層慢慢減少，目前大約只占總工作人數的三成。在許多公司遷往大陸生產後，這些階層的人會越來越少，這些不同職業的趨勢與變化，及職業差異所帶來的不同需求更是行銷人員不能忽視的重要因素。

從以上這些不同人口變數的內涵中，可以觀察到「一樣米養百種人」的感覺，每一個消費者有著不同的性別、年齡、信仰、職業等等因素，而這些因素也直接影響其消費模式，因此行銷人員在從事行銷工作時，這些不同的變數應該是每一項成功行銷工作相當重要的參考要素。

第二節 > 生活型態與消費者行為

一、生活型態的定義

　　生活型態是指一個人如何生活的生活模式或生活的方式。個人生活型態會受到個人許多的內外在因素影響，其中包括個人的價值信念、態度與人格特質，也包括外部環境的影響，如文化、次文化、社會階層、參考群體和家庭等。這些外部環境因素與內在心理因素所統合而成的生活型態，會影響個人消費行為與決策，如對產品與品牌的選擇、對價格的接受程度等。學者對生活型態有著不同的定義，以下簡單敘述之：

（一）恩格爾、科拉特和布萊克威爾(Engel, Kollat and Blackwell, 1978)

　　認為生活型態乃「個人價值觀和人格的綜合表現」。而個人的價值觀深受本身文化影響，即使在同一社會環境下，個人的生活型態亦因個人人格差異有所不同，所以生活型態可說是「個人價值觀及人格特性經由不斷的整合所產生的結果」。

（二）威廉‧拉澤(William Lazer, 1963)

　　認為生活型態是一種系統性的觀念，是某一個社會或其中某一個團體在生活上所具有的特徵，這些特徵足以顯示出這社會或團體與其他社會或團體的差異，而具體的表現在生活模式中。所以「生活型態是文化、價值觀、資源、信仰和社會認可等力量所造成的結果」，從行銷的角度來看，消費者的購買行為，就是反應出某一特定社會的生活型態。

（三）柯特勒(Kotler, 1976)

　　生活型態乃是將消費者視為一「整體」，而不是片段資料所能代表的。

（四）普盧默(Plummer, 1974)

　　一個人的生活型態就是他（她）表現在活動、興趣與意見上的生活方式。

（五）國內學者林清江教授自次文化的觀點認為

生活型態可以視為一個人在次文化中的生活途徑，因為一個社會之中的整體文化是由較小的文化單位所組成，有些是可發現於所有社會的；有些則具有特殊性質，只存在於某些社會中，兩者在有些小文化單位之間，彼此關係甚為密切，而構成次文化。

綜合各學者對生活型態的定義與看法，簡單歸納其共通的部分可知：「生活型態就是一個人或一個團體在社會上的生活與行為模式。」由於個人資源的限制，必須對時間、精力及金錢有所分配，而在分配有限資源的過程中，又受到社會、文化、信仰、價值觀及個人性格特質等因素的影響，最後呈現出一個人的活動、興趣、意見、產品使用等生活行為模式。

二、生活型態的重要性

生活型態的概念是從 1960 年代以後開始被重視的議題，學者正式將它引入行銷領域成為進行討論的主題之一。因為生活型態除了包含人口統計變數的優點外，也能呈現出個人心理特質的豐富化及多元化。過去行銷研究者通常使用性別、年齡、收入、職業、居住地點等人口統計等變項來作為區隔市場的要素，但無法完全描繪出消費者的特性，更無法了解消費者

● OUTLET 所提供物美價廉的商品，似乎也反映出一種生活型態（攝影：簡明輝）

的內心，像是消費者的態度與價值觀等因素，而這些因素是真正影響購買行為的重要關鍵，因此、生活型態可以被視為是一種更精準貼切的市場區隔基礎。

普盧默(Plummer)曾說：「生活型態研究的基本前提乃在於『越了解消費者，則越能和消費者做有效的溝通，銷售成功的機會也越大』」。個人生活型態通常會表現在其活動、興趣與意見的生活模式中，此一潛在心理特性也會影響購買決策行為（偉爾＆普倫斯基 Well & Prensky, 1996）。尤其由社會學觀點，人們可由各項活動所分配的時間、精力及金錢不同，反映出差異化的生活型態（嚴月霞，1995）。學者霍金斯、貝斯特和科尼(Hawkins, Best & Coney, 1989)更明確指出消費者會把獨特生活方式反射在日常購買行為，特別是消費者商品購買行為與勞務需求。

　　所以，如同伯克曼和吉爾森(Berkman & Gilson, 1986)所言：生活型態就是個人一致的行為狀態，它同時影響消費行為，也會受消費行為的影響。此外，運用人口統計變數來描述消費者的特性，通常只能知道「誰」買了我們的商品，但運用生活型態相關工具的測量。可以得知消費者「為何」要買這些不同的商品，買這些商品可能的用途為何等。簡言之，生活型態的認識可以讓我們更了解更多消費者內在的資訊，更可以提供更多有利於行銷工作的資訊，讓行銷工作人員更可以掌握消費者的需求與特性。

 專欄 6-6

生活型態的研究：運動與消費者行為的關連

　　運動並不是每一個人都喜歡的，以美國人來說、有一些美國人喜歡運動，有些人則否。學者黃曉楓在研究中比較美國成人運動者與不運動者，發現許多有趣的生活方式差異。研究中針對美國人 16%最常做特定運動的人與 18%最不常運動的人進行調查，了解其生活方式及心理特徵的差異，並進行相關面對面的訪談。研究發現運動者典型地視運動為生活的一部分，提供了他們生理上、心理上及社交上的利益，而不運動的人視運動為工作或做家事雜務的副產品。對愛好運動的人來說，運動是生活方式的一部分，但對沒有從事特殊運動計畫的人而言，卻是很乏味的活動。

　　研究也發現，運動者原則上較不運動者重視健康。他們傾向於避免食用膽固醇、脂肪、鹽分及添加物之食品，而吃低卡路里的食物、低脂肪的冰淇淋和酸乳酪、蔬菜、新鮮魚類及海鮮。運動者較可能選擇添加維他命的食物，注意營養成分標示，以及採用雜誌廣告上所得到的食譜。他們通常會比不運動者樂觀、自信、外向以及注意環保。最後，他們傾向於閱讀新聞週刊及華爾街日報，而不運動者則可能觀看美國的通緝要犯、未解之謎以及有關幫派方面的影集。

　　顯然從研究中可以知道，以運動為變數去了解不同的生活型態，確實可以發現許多明顯不同的消費行為，而這些差異的認識更可以協助有效行銷策略的擬定。

第三節 ▶ 生活型態的測量

近年來最常用來測量生活型態的方法就是心理繪圖的技術。心理繪圖 (psychographics)是一種工具，這種工具透過了解個人心理上、社會活動上，以及個人生活上的相關因素進行分析，並藉由市場中消費者的性格傾向描述，以及他們對於產品、人們、理念或者事物所抱持的態度，或他們所實際接觸的媒體，來決定市場如何區隔。目前最常用來衡量生活型態的量表主要有兩種，AIO 量表與 VALS 量表。AIO 量表，顧名思義就是以消費者的活動(activity)、興趣(interest) 和意見(opinion)作為衡量生活型態的指標。VALS (values and life styles)量表由史丹佛研究機構(Stanford Research Institute)提出，主要是在生活型態的 AIO 量表中，加入價值觀(value)的概念。有關 AIO 量表及 VALS 量表的內容，以下分別敘述之：

一、AIO 量表

生活型態是一種生活的模式，可以藉由個人所常參與的活動(activities)、喜歡的興趣(interests)與個人的想法與意見(opinions)等來加以辨別，這也就是一般所謂的 AIO。透過 AIO 量表行銷人員可以描述那些在活動上以及產品使用型態上相類似的消費者剖面。

AIO 主要的內涵如下：

1. **活動(activity)**：指一種可觀察的外顯行為，如購物、運動、交誼等。

2. **興趣(interest)**：指針對某事物或話題感到興奮的程度。

3. **意見(opinion)**：指個人在某種刺激情境下，對某些問題作口頭或文字上的表答，它被用來敘述相關的想法、期望與評價。

AIO 相關敘述如表 6-2 內容所示：

表6-2

活動	興趣	意見
工作	家庭	自己本身
嗜好	家事	社會議題
社會事件	工作	政治

表6-2 （續）

活動	興趣	意見
度假	社區	商業
娛樂	休閒	經濟
俱樂部會員	流行	教育
社區	食物	產品
購物	媒體	未來
運動	成就	文化

資料來源：Joseph T. Plummer, "The Concept and Application of Life Style Segmentation," Journal of Marketing, Vol. 38, Jan. 1974, pp.34.

　　AIO 量表是透過一系列的問題，來了解消費者在活動、興趣與意見上的想法或是喜愛程度，相關問題的問法如表 6-3 所示：

表6-3 AIO 問題

	非常同意	同意	沒意見	不同意	很不同意
1.我喜歡戶外運動，享受大自然	□	□	□	□	□
2.我認為買東西應該討價還價	□	□	□	□	□
3.我喜歡新奇的東西	□	□	□	□	□
4.我喜歡在折扣期間消費	□	□	□	□	□
5.我喜歡參與知性之旅；如：美術展、音樂會等	□	□	□	□	□
6.我同意「舉手之勞作環保，青山綠水永得保」	□	□	□	□	□
7.我認為政府應該徹底執行垃圾分類	□	□	□	□	□
8.很注重飲食的選擇與節制	□	□	□	□	□
9.我買東西時，實用為第一原則	□	□	□	□	□
10.流行與實用之間，我比較喜歡流行	□	□	□	□	□

從表 6-3 可以調查出消費者是屬於哪一種生活型態的人，這些不同生活型態的人也可以進行相關歸類，以利於行銷策略的擬定。

生活型態是一個不斷改變的變數，其內涵會隨著社會變遷與流行的趨勢而改變，因此行銷人員在了解消費者的生活型態時，問卷的內容適用性、對象的考量等都是很重要的。

 專欄 6-7

銀髮族商機無窮

依照聯合國的標準，一個地區年齡 65 歲以上的人口超過 7%就是屬於老年化社會，臺灣在 1985 年就步入老年化社會。而據行政院主計處統計，2022 年我國老年人口（65 歲以上）約 416.8 萬人，占總人口數 17.53%，預計 2031 年將進入超高齡社會。屆時臺灣每 5 個人之中，就有一個是 65 歲以上的人口。據估算這些銀髮族的商機高達 3 千多億。

所以國內眼光快的企業家，就生產相關產品，像是許多高鈣或是維骨力的商品。也因此，許多企業、醫療體系，紛紛加入打造「老人國」的銀髮事業，包括潤泰集團、奇美集團、臺塑集團長庚醫療、西園醫院，以及各家金控公司，都已在全臺灣尋找適合地點，建構不同等級的銀髮住宅。

例如紀麗君、黃曼瑩(2003)所述：近年投入銀髮事業最早開山鼻祖是潤泰集團，其位在淡水淡江大學旁的「潤福新象」，就是以臺灣第一座五星級服務安養住宅，每人每月收費多達 2 萬多元，進住保證金最低從每人 480 萬元起跳（15 坪），進住逾 9 成 5。石化業的奇美集團，則在臺南關廟興建占地 7 公頃的「悠蘭山莊」，僅 2 百戶，收費為每人每月 2 萬元，由於南部風氣尚未開，目前仍然努力招攬。臺塑集團長庚醫療團隊在桃園龜山蓋了占地 34.32 公頃「養生文化村」，戶數有 3 千多戶，申請入住的老年人必須年滿 60（配偶不得低於 50 歲），依個人或雙人入住的不同要先繳 25 萬餘元到 39 萬餘元的保證金，入住前要先經健康評估，無法定傳染病、失智、精神疾病或需人照顧者才能進住，住宅分 14 坪和 22 坪兩種選擇，每月繳納的管理費介於 2 萬多元到 3 萬多元之間。內湖康寧醫院「康寧生活會館」總共 165 戶，進住率已逾 8 成，採保證金收費制度，保證金 560 萬元起。

　　這些針對銀髮族所規劃的社區受到歡迎的原因包括：社區內有不同的動態靜態活動安排，讓老年人的生活也可以多采多姿；此外，社區內也有相關的服務團隊進駐，讓老年人的生活可以受到完整的照料；而且許多老年社區的地點風景優美，讓老人家每天過著高品質與愜意的生活。

資料來源：紀麗君、黃曼瑩(2003)http://www.ettoday.com/2003/10/04/23

二、VALS 量表

　　VALS(Values And Life Styles)量表是由史丹佛研究中心所發展出來的系統(Mitchell, 1981)，消費者可以透過 VALS 量表的調查與分析而區分成不同的類型，每個類型皆有其獨特的生活型態。

　　早期在 1970 年代，進行消費者市場的區隔時，對於消費者特徵的發掘大都是以人口統計變數(demographic)為主。到了 1980 年代，則以心理統計變數(psychographics)為主。人口統計變數雖用以了解消費者所扮演的角色，但伴隨著消費者的行為越趨複雜，心理統計變數則可以更深入了解使用者未來的生活方向、想法等等。

　　VALS 的發展分成第一版的 VALS-1 與第二版的 VALS-2，因為第一版的 VALS 的概念與設計被認為過於抽象，而且各個分組之間也太過於相似，因此 VALS 針對 VALS-1 進行修改為 VALS-2，以作為用來衡量目標族群的價值觀(values)和生活型態(life styles)。

　　VALS-2 主要是以自我導向和資源為標的，區隔出八種不同的消費者價值型態，這八種包括成就論者(achievers)、實踐論者(fulfillers)、經驗論(experiencers)、製造論者(makers)、努力論者(strivers)、奮鬥論者(strugglers)、實際論者(actualizers)、相信論者(believers)。以下分別敘述之：

（一）成就論者(achievers)

　　成就導向的消費者通常是指重視個人事業成就的消費者，這些消費者具有冒險的性格特徵，對生活事物較有掌控的欲望，消費上喜愛購買代表身分地位的品牌，平時也閱讀相關專業期刊。

（二）實踐論者（fulfillers）

實踐論者通常是指較為務實的消費者，這些消費者具有成熟穩重、滿足現狀的特性。在消費品的購買中，實踐論者較重視產品的功能、耐用性與價值感，平常也較重視教育與公共事務議題。

（三）經驗論者（experiencers）

經驗論者主要是重視新奇、特殊與多樣化商品的消費者，一般來說這些消費者比較年輕，充滿熱忱，並且具有衝動消費的特質。這類型的消費者大多的支出都花在社交與休閒生活上，新鮮奇特的訊息也是他們關心的焦點。

（四）製造論者（makers）

所謂製造論者的消費者是指重視自己、重視工作與家居生活的消費者，對於外在事物比較不關心，對於產品的購買比較偏重於功能的效果，而購買的類型是以家居基本必需品為主。

（五）努力論者（strivers）

努力論者通常是指為自己的目標不斷辛苦努力的消費者，這些消費者追求自我認同與成功的形象，也關心他人對自己的想法。因為沒有足夠的資源與關係，所以通常往成功的路上並不是那麼的順利，這類型的消費者可用的所得不高，但由於重視個人形象，因此在個人製裝費上的支出較多。

（六）奮鬥論者（strugglers）

奮鬥論者通常是指比較貧窮且教育程度較低的消費者。一般生活中較重視基本的需求，關心吃得飽、穿得暖的基本需求問題，這類型的消費者通常是追求安全感的謹慎消費者，也是具有較高品牌忠誠度的消費者，對資訊的依賴程度也較高。

（七）實際論者（actualizers）

實際論者是指成功、積極主動、重視自我形象的消費者。這些消費者也重視社會議題的發展，對於新事物、新技術也都非常好奇，但對訊息的內容會進行思考與批判。

（八）相信論者（believers）

相信論者通常是指傳統、保守消費者的特徵，這些人喜愛自己熟悉的東西，偏愛自己本土的品牌，其信念與價值觀多是來自於家庭、社區或是國家。這些人的特性是以家居生活為主，具有不輕易改變的特質。

這些不同價值觀的分類與描述，反映出不同類型的生活型態，在了解消費者行為上有一定的幫助，畢竟，消費者不都是完全一樣的，明確的區隔與分類，有助於行銷工作在推動時更精準的掌握不同顧客群的需要。但 VALS-2 系統的內容是以美國社會為發展的基礎，因此、在應用上還必須注意到文化差異的問題。

 專欄 6-8

臺灣休旅車市場的發展

臺灣自從週休二日風氣逐漸盛行後，休閒生活的規劃也開始成為消費大眾的重要生活課題之一；也因為休閒風氣的盛行，一些跟休閒活動相關的周遭事物，進而成為大家的關注的主題，如：休閒農場、度假中心、旅遊景點、休旅用品器具、休旅交通工具－SUV 休旅車……等。

在這些休閒流行的事物中，休旅車的市場更是特別的蓬勃發展。近幾年來，臺灣新車市場的總銷售量約維持 5% 成長，反觀新式 RV 休旅車，銷售量卻是非常可觀，據交通部最新資料表示，休旅車成長率為 280%，而汽車市場占有率達到 16.5%，預估臺灣平均五部新車賣出，就有一部是休旅車。統計發現，近十年來國人購買 RV 休旅車已成為一股流行風潮，截至目前為止，全國的 RV 休旅車銷售總量已經超過 150 萬臺。根據 U -CAR 新聞數據，2022 年全年臺灣休旅車銷售總量約為 24.8 萬輛，而全年臺灣汽車銷售總量則為約 43 萬輛，因此休旅車在全年臺灣汽車銷售中的比例約為 57.7%。

現在，週休二日的政策施行，消費者對於較遠途的旅遊即可以進行規劃，成為全家假日相聚的良好時機；不過，全家人的旅遊計畫加上一家子的行李，一般的房車似乎已有不敷使用的狀況，

因此，裝載量較大的 SUV 休旅車因此盛行了起來；較一般房車大型，行李裝載量大增，加上使用功能多，高底盤的設計，多了一般房車所無法比擬的能力等；又往往一些好的景點及旅遊地區，當然不會是在都市中，絕大部分都會是在郊區及山區，臺灣因為地理環境的關係，更是陡坡山路多的狀況；此時，為了應付臺灣如此的地形，高底盤多功能的 SUV 休旅車隨即成為休旅生活的當紅炸子雞。

 **個案** 　　網路世界的消費個人特質、人口統計變數

　　網路購物已成為現代人生活中不可或缺的一部分。根據 2022 年的調查報告顯示，全球電子商務市場的規模已達到 28 萬億美元，預計到 2025 年，該市場的規模將達到 40 萬億美元。隨著全球電商市場的不斷擴大、網購的趨勢儼然成形，網路購物更是消費者生活中不可或缺的一部分，也由於科技的發達、智慧手機普及讓網路購物日益興盛勢不可擋。根據 2022 年的報告顯示，全球有 70% 的網路流量來自行動裝置，移動購物的比例已達到全球網購總量的 57.7%，預計未來幾年這個趨勢還會繼續增長。其次，社交媒體將成為一個新興的網購平臺。根據 2021 年的報告顯示，全球有超過一半的消費者在社交媒體上進行過購物，預計這個數字未來還會繼續增長。此外，個性化的網購體驗將成為一個重要的趨勢。消費者希望購物體驗更加個性化，因此許多零售商正採用機器學習和人工智慧技術來提高購物體驗的個性化程度。　網路購物的現況和趨勢發展都顯示出網路購物已成為一個不可忽視的消費趨勢。隨著科技的發展和消費者對網購體驗的不斷提高，未來網購市場的發展前景非常值得期待。

　　網路世界的消費者特性和消費習慣不全然同於傳統的消費模式、而且也不斷地發生變化。因此網路世界消費者特性是必須被商家認識了解的，包括消費者的人口特性變數、消費習慣和消費動機的相關因素等。根據 2019 年的研究報告顯示，全球有超過 4.5 億人在網路上進行消費，其中約有 2 億人在中國進行了網路消費，這個數字已經超過了美國、日本和英國的總和。根據 Salesforce 的 2018 年消費者調查報告，有 68% 的女性會在網路上購物，而男性只有 56%。而 eMarketer 的 2020 年報告指出，18~34 歲的

人是最活躍的一群，在這個年齡層中有超過 90%的人在過去的一年中在網路上購物。根據 Pew Research Center 的 2018 年報告，高等教育程度的消費者更可能在網路上購物。在大學或更高教育程度的人中，有 90%的人在過去的一年中在網路上購物。許多社交媒體平臺，如 Instagram 和 Facebook，已經推出了直接購物功能，讓消費者可以直接從社交媒體上購買商品。

以下舉 Facebook Marketplace 個案公司為例：

最新的消費者統計顯示，Facebook Marketplace 已經成為了全球最大的社交電商平臺之一。根據 Facebook 的官方數據，Facebook Marketplace 每月有超過一億兩千萬的用戶活躍使用，並且有超過八千萬的商家在平臺上售賣商品。

消費者對 Facebook Marketplace 的喜愛程度也在不斷增加，根據一項研究報告顯示，約有 67% 的消費者表示他們會在 Facebook Marketplace 上購買商品，其中大多數的消費者都是年輕人和女性。

Facebook Marketplace 的消費者主要集中在年輕人和女性之間。根據調查顯示，年輕的消費者（18~34 歲）占用了 Facebook Marketplace 消費者的最大比例，而女性消費者也比男性消費者更願意在 Facebook Marketplace 上進行購物。

然而，根據一些研究報告和調查，可以獲得一些關於 Facebook Marketplace 消費者的一般特徵：

1. 年齡：Facebook Marketplace 的消費者年齡跨度很大，但年輕的消費者（18~34 歲）占用了較大比例。

2. 性別：女性消費者比男性消費者更願意在 Facebook Marketplace 上進行購物。

3. 教育程度：Facebook Marketplace 消費者的教育程度各不相同，但往往是受過高等教育的人士。

4. 收入：Facebook Marketplace 消費者的收入水平也各不相同，但主要集中在中等收入階層。

5. 職業：Facebook Marketplace 消費者來自不同的職業背景，但大多數消費者都是在校學生、全職工作者、自由職業者或家庭主婦。

Facebook Marketplace 提供了許多方便的功能，如可以按照地理位置進行搜尋，可以直接和賣家聯繫進行交流，也可以透過 Facebook Messenger 進行快速的付款和交付。此外，Facebook Marketplace 還提供了許多樣式和篩選器，可以讓消費者更輕鬆地找到自己需要的商品。總之，Facebook Marketplace 是一個受消費者歡迎的購物和銷售平臺，對於商家來說也是一個非常有潛力的銷售管道。

最後，根據 2021 年的一項研究，研究發現，在疫情期間，消費者對於產品的感知風險和社交距離感知風險對於線上購物意願產生了影響。COVID-19 疫情的影響，許多消費者改變了購物習慣，更傾向於在網路上購物。因此，2021~2022 年的網路消費額已有非常顯著的增加，2023 年後更預計會有相當的發展。

總結來說，網路消費者具有多種消費特性，包括年齡、性別、收入、教育程度、消費習慣和消費動機等方面。隨著科技和社會的不斷進步，這些特性也在不斷地演變和變化。消費者對於商品品質、價格和服務質量等方面有著高度的關注和重視。網路消費者也更加注重網路安全和隱私保護，這也為網路零售商提供了更大的挑戰和機遇。

問題與討論

不同的人口結構與生活型態有著不同的消費行為，從個案中了解網路購物或是社群媒體也都有著不同的消費人口與特性。

1. 請分享自己的網路消費經驗。

2. 請討論網路消費市場相關公司或是個人（網紅）的作法，以及如何引起消費者的喜愛、訂閱或是共鳴。

學習評量

一、是非題

1. (　) 心理統計區隔的方法認為：越了解消費者，就越能有效的和消費者溝通，並向他們行銷。

2. (　) 地理區域也可以是次文化分野的一種要素，如臺灣西部與東部的文化就有明顯的差異。

3. (　) 所謂的 AIO 是指活動(Activities)、興趣(Interests)與服從(Obey)。

4. (　) 女性傾向的文化強調生活品質、環境保護、重視人際關係、小而美的價值觀。

5. (　) 同一各地區的環境會造就出相同的需求與生活型態。

6. (　) 不同區域有不同的氣候、文化、族群，導致不同的生活型態。

7. (　) 所謂 AIO 量表是指價值生活型態量表。

8. (　) 市場區隔的原則必須重視區隔後的市場消費人口的足量性。

9. (　) 消費者的需求與消費能力會隨著年齡而改變，不同性別在生理與心理的需求上不同。

10. (　) 不同的教育程度、職業與性別皆有相同的消費模式。

二、簡答題

1. 消費者人口統計變數的認識對於行銷工作有何幫助？

2. 都會地區的生活型態有何特別的消費行為？

3. AIO 量表的了解對於消費行為的研究有何幫助？

4. 不同的性別有何不同的消費特徵？如何應用在行銷工作中？

5. 市場的趨勢及商機與人口統計變數或是生活型態改變有何關連？

Chapter 07

態度與價值觀

 前言

　　影響個人消費行為的因素除了上幾章所提及的個人背景因素、知覺、動機、生活型態之外，還包括價值觀與態度等因素。在前一章的內容中，學者也提及生活型態是消費者個人價值觀與人格發展的綜合體，因此，態度與價值觀對於個人的消費行為都有直接的關連性，也就是說個人會因為價值觀的不同、態度的差異而會有不同的消費行為模式。因此，本章將針對價值觀與態度進行討論，研究其如何影響消費者行為。

　　本章第一部分探討價值觀的內涵，包括價值觀的意義與重要性、價值觀的類型，並進一步討論價值觀對於消費者行為的影響及應用。

　　本章第二部分是探討態度的意義與其對消費者行為的影響，進行探討相關態度的應用，像是如何了解現有消費者的態度、如何改變消費者態度，如何創造新的消費態度等，有關態度之間的衝突所產生的認知失調也在本章的探討中。

第一節 > 價值觀的內涵

　　每一個消費者都有自己的價值觀，不同的價值觀會有不同的消費模式，因此了解價值觀的相關內涵與價值觀的應用對於消費者行為的探討是相當重要的。

　　多數人的價值觀大都是從小就形成了，價值觀形成背後的推手包括父母親的管教方式與期望、老師及學校教育的方式與影響，及個人的學習經驗與體驗等。因此每一個消費者的行為模式背後都有一套自成體系的價值系統，明白的告訴自己什麼是對的什麼是錯的、什麼是最重要的什麼是較不重要的？或什麼該買什麼不該買，這都是同一套價值系統來左右的。所以要了解消費者的行為就應該要了解個人的價值觀及價值體系。

一、價值觀的意義

　　價值觀是指「一個人在一特定的環境中，與環境互動後所培養出的一套信念與行為模式」。例如：從政是好還是不好？什麼是愛情？同性戀是正常還是不正常？花一萬元吃一頓飯值不值得？花三個月的薪水出國玩一星期值得嗎？這些

問題都是屬於價值觀的問題，對於上述問題的回答可能會因人而異，不同生活背景或是不同文化的人回答的內容差異可能更大。

學者羅克奇(Rokeach, 1973)認為價值觀是一種持久的信念，這個信念使個人或社會偏好某種特定行為方式或存在目的。而布朗(Brown, 1980)則說明價值觀為個體認為重要的事物或觀念，代表其對於某些事物或情況的欲望、偏好、喜惡及需求。所以，價值觀具有相當穩定及持久的特性。因為父母或社會的價值觀從小就不斷地灌輸到我們腦海中。當我們還是小孩的時候，大人就常告誡我們什麼是好的、什麼是不好的、不受人歡迎的等等，全部都劃分得很清楚，並且也都會深藏在意識與潛意識之間。也就是說，我們所抱持的價值觀，大多在幼年時期即已形成。像是在知名小說家金庸的《倚天屠龍記》小說中，張無忌的母親殷素素從小就告誡他說：「越漂亮的女人越會騙人」，導致張無忌的價值觀中，認為漂亮的女人都壞人，一直到長大後對於漂亮的女性都維持一種戒慎恐懼的狀態。

因此，價值觀是一種基本的信念，且帶有判斷的色彩，表示個人對於什麼是對的、什麼是好的及什麼是能讓人接受的意見之一種信念。例如當一個人對於環境保護議題特別的重視，也深深認同地球的資源是越來越受到破壞時，他的價值觀裡應該有著環境保護優先的觀念，因此當他在消費相關商品的時候，會傾向購買具有節能省碳或其他再生用品，也會考慮相關產品對於回收的問題等，他也會對於一些破壞環境的廠商嗤之以鼻。而如果消費者從小就有節省、不浪費的價值觀，在消費的模式上就比較保守，也會必較傾向消費生活必需品為主。相反的如果消費者從小就有享樂、享受的想法，長大後的消費模式就會較傾向鋪張奢華，而這些不同的消費模式會持續到個人成年之後、甚至一輩子。

近年來，價值觀的議題逐漸被應用在行銷領域上，儼然已成為一個新的行銷管理發展的重要觀念，是企業要能掌握消費者行為的一項重要知識。

➕ 加油站

你如何花錢，反映了你的價值觀

The way you spend your money is a reflection of your values.

戴夫‧拉姆齊(Dave Ramsey)理財專家

二、價值觀的形成

價值觀的形成與環境有關，環境包括相關的時空背景，如家庭環境、國家文化等因素。例如大中華文化下的每一位消費者大都有相似的價值觀，像是儒家的中心價值觀是「仁」；和常言道：「生以辱，不如死以榮」，也是一種價值觀的表現。「放下屠刀立地成佛」的精神，也是中國人價值觀中「知錯能改，善莫大焉」的想法。

再則，國內雖然進行許多教育改革。但卻無法改變父母期望小孩追求高學歷的努力，這正也是中國人認為「萬般皆下品，唯有讀書高」的價值觀，在這樣的價值觀下，寒窗苦讀十年、或是懸梁刺骨的行為在我們的生活中也是一件平凡的事，也因為這樣的價值觀，讓臺灣的補教業者生意興榮昌盛，既使廢除聯考制度推廣多元入學方案，在既有的價值觀下補教相關行業也雖之多元發展、多元發財。

因此價值觀的形成受到環境的因素影響很大，如文化因素與家庭教育等，像是古時有〈孟母三遷〉的故事，正說明環境對一個人行為塑造的重要性，以下分別敘述價值觀形成的因素。

（一）價值觀的形成與文化有關

價值觀帶有道德的色彩，因為它包含著個體認為什麼是對的、什麼是好的，什麼是值得做的等想法。不同的社會皆有其構成的成員共同追求的價值目標，在西方國家是以自由、民主、平等、秩序、安全等為主要的信念；而東方國家則是重視和諧、感性、倫理等。這些不同的信念是每個文化所追求的，含有濃厚的感情與期望。

不同的價值觀彼此之間也會互相衝突，例如將西方的價值觀融入中國價值體系中，衝突較為明顯，近年來國內的許多改革都源自於國外的一些觀念，雖然這樣的觀念與作法在其他國家很成功，但在國內常出現許多水土不服的現象。價值觀雖是大多社會成員所共享的信念與遵循的規範，但不一定代表所有成員都贊同。有些主要的價值觀通常都是主流文化、統治階級、或既得利益團體的想法與堅持。

專欄 7-1

臺灣健康產品的行銷展望

　　隨著臺灣消費者的生活水準提高，消費者的健康意識逐漸抬頭，臺灣健康產品市場方興未艾。以致於國內許多健康中心陸續的成立，販售保健食品與保健器材的直銷商人數也逐年成長。在人民所得增加及商家們大肆的宣傳下，追求健康的價值觀蔚為風潮，儼然變成是一種全民運動。

　　根據 2019 年由經濟部統計，臺灣健康食品市場規模約為新臺幣 780 億元（2006 年 400 億）。其中包括吃的、吞的、抹的、穿的、用的等，各式各樣的商品讓人目不暇給。這些也都是拜「追求健康的價值觀」所賜而來的商機。消費者對於健康的關注度越來越高，對於保健產品和健康食品的需求也在逐漸增加。其中，以保健食品為例，包括膠原蛋白、鈣、葉黃素、益生菌等保健品種類，市場需求量也在不斷上升。此外，由於臺灣人口老化的趨勢明顯，根據行政院主計總處公布的人口統計資料，截至 2022 年，臺灣 65 歲以上人口數為 4,168,857 人，占總人口數的 17.53%，臺灣的保健品市場也逐漸轉向以老年人、長者為主要客群。因此，在未來，臺灣的健康產品市場還有很大的發展空間。行銷人員若是可以了解消費者的價值觀，則更能掌握市場的「錢」途。

資料來源：2019 年經濟部資料；2022 年行政院主計總處資料。

（二）價值觀的形成與時空背景有關

1. 時空背景

　　價值觀的形成和不同年代也有關係，也就是說，不同時代的人會有不同的價值體系，例如民國初年在大陸出生的中國人，由於環境充滿了競爭與危機，內憂外患不斷，因此那一個年代中國人的價值觀與性格特徵比較傾向於嚴格、規矩、紀律等相關的特質。這樣的價值觀或是行為模式，本身並沒有所謂的好或壞，只是因應那個環境，為了求生存以適應環境的一種價值體系。而這群人在民國三十八年後隨著國民政府來臺，在臺灣娶妻生子，其後代在臺灣的民主富裕環境中，所培養出來的價值體系是有別於父母親的價值體系的，因此所謂的「代溝」是常發現的現象，這也是本土常聽說的「芋頭與蕃薯」的故事。這代溝的意義事實上

就是兩代之間價值體系不同所致。此外，以日本消費者為例，日本人的價值觀也因為時代背景發展因素的不同，而有明顯的世代區分，日本區隔價值觀的分法大致可以二次世界大戰結束前後來區分，因為在二次大戰結束之後，美軍進駐日本，也帶來不同的西方文化與價值觀，對於新一代的年輕人有顯著的影響。

2. 家庭教育、學校與同儕

價值觀的形成和家庭教育與學校教育息息相關。記得小時候，母親總是告誡我們要把碗裡的飯粒吃乾淨，告知「盤中餐粒粒皆辛苦」，這是一種勤儉的美德。價值觀受到父母、老師、同學、朋友和其他人的影響很大。例如當一個人認為什麼是對的、什麼是錯的，或是對於教育、性及政治等的看法，往往會發現其中絕大部分跟自己的父母親意見一致，原因在於個人的價值觀受到父母的影響是很大的。也和身旁周圍的朋友相似，則是因為「臭氣相投」才會變成好友，不是嗎？

三、價值體系

所謂價值體系是指一個人的許多不同價值觀依其重要性及強度予以排列，則形成此人的價值體系。我們每個人都有各自的價值體系，而形成個人的特色。歷史故事中所謂的「我愛凱撒，更愛羅馬」，就是說明有人為了國家而犧牲了朋友，就是表示在他的價值觀中，對於國家重視的信念是大於朋友的情誼的。另外，「親情誠可貴，愛情價更高，若為自由故，兩者皆可拋」也是一個明顯、不同價值觀的排序的例子。

價值觀雖有穩定與持久的特性，但也會隨個人的成長與際遇而改變，也就是說不同價值的重要性會隨一個人的成長而有不同，當個人接觸到其他的價值體系時，個人的價值觀或許會有所改變。例如，考上大學後，每一位同學都在打工，也認為打工是一個人獨立自主的表現，雖然有些學生並不缺乏金錢，但為了符合同學間對自己「獨立自主」、「轉大人」的肯定，既使父母親不同意小孩打工，許多學生還是會去打工。

四、價值觀了解的重要性

了解個體的價值觀是一件重要的事，因為價值觀會對消費行為產生直接的影響。如果企業設計一些符合消費者價值觀的產品特質，更能吸引消費者的青睞。例如美式風格的咖啡館所營造出來的氣氛會受到時尚年青人的喜歡。市場上有許多高貴的房車，像是賓士或是 BMW 的格調設計，所訴求的重點也都與高階消費者的價值觀契合，例如重視成就感、重視品味。

第二節 > 價值觀的類型

　　每一個人都有著不同的生活環境與經驗，因此，價值觀的發展也有不同的差異，而在類似的文化中，消費者接受共同信念之薰陶，會形成大同小異的價值信念，所以價值觀雖然具有獨立的特性，但也可歸納成幾種不同的類型。以下分別敘述之：

一、奧爾波特(Allport)的分類

　　價值觀有著不同的分類與型態，根據人格特質論的創始人奧爾波特(Allport)的觀點，價值觀可區分為六種不同的類型。這樣的分類有助於我們了解價值觀的內涵，也可以讓我們知道不同的價值觀有著什麼樣的行為特徵，茲分述如下：

1. **追求真理型**：強調經由批判且理性的方法來作為行事的原則。

2. **經濟務實型**：強調務實、實在的行為模式。

3. **唯美浪漫型**：強調形態及和諧感的情境行為。

4. **強調人群型**：強調合群的社會人際關係。

5. **熱愛政治型**：強調權力的取得及影響力的運作。

6. **強調經驗型**：強調一致性及對宇宙整體的了解。

二、荷馬和卡勒(Homer and Kahle)的分類(1988)

　　學者荷馬和卡勒(Homer and Kahle, 1988)透過 LOV (List of Value)量表將價值觀分類成九大類，其中包括：個人自我滿足、成就感、興奮、歸屬感、自尊、安全、尊崇、享樂與他人的溫馨關係等價值觀。Homer and Kahle 將這九大類歸屬於個人內在價值、個人外在價值及人際關係價值三個價值構面，如表 7-1 所示。

　　這三種不同的價值構面反映出不同的消費型態，例如重視個人內在價值的消費者，比較重視自我的滿足與相關個人的實際需求。例如有學者研究結果指出：重視內在價值的消費者會比較傾向購買自然不加工的食物（莫文和米諾 Mowen and Minor, 2001）。

表7-1 LOV 價值觀的分類與構面

個人內在價值	自我滿足
	興奮
	成就感
	自尊
個人外在價值	歸屬感
	尊崇
	安全
人際關係價值	享樂
	他人的溫馨關係

三、新世代的價值觀

新世代通常是指 Y 世代或是 Z 世代,特別是指受到網路及科技影響的這一群年輕人。近年來,一般所謂的新世代也指「六年級」和「七年級」的年輕人。這些新世代與舊世代的價值觀是南轅北轍的。例如:在人與人溝通的方式是以手機及電子郵件為主,新世代愛追求流行與時髦,如染髮、刺青和身體打洞等,也極注意熱門話題和流行音樂等資訊,更因網路無國界而容易受到外來文化的影響,嚮往歐美等先進國家的生活方式,喜好外來的文化藝術、國外明星、流行服飾和飲食等。

新世代價值觀是相當現實的,超過一半比例的人將「金錢」列為他們最想要的東西,尤其是年輕女性上班族及學生,出手大方,但可能入不敷出,臨時急用的現金周轉金需求大增,先享樂,後付款觀念,讓許多現金卡大賣,也都認為借錢是一種高尚的行為;新世代的年輕人也無法容忍別人輕忽他們,希望得到別人的肯定,努力追求自我,喜歡享受個人專屬空間及展現自我獨特品味,有獨立的思維觀念,只要獨立而快樂的生活,不結婚也無所謂;即使結婚也不一定要小孩,成為頂客(DINK)族(double income no kid),不再視結婚生子為人生目標。新世代也不相信上天安排命運,不追求傳統而安定的生活,善於規劃自己的生涯,積極充實自我,願意為實現自我理想而放棄高薪,甚至到鄉下、海邊經營農場、民宿。新世代最常做的休閒活動則為看電視、聽音樂、玩電動遊戲、上網、聊天、喝咖啡聊是非,和逛街購物等。

　　以上這些都是新世代的價值觀與生活態度，研究消費者行為的專家對於這些意識型態必須要重視，並應用在相關的行銷策略之中。消費者個人的價值觀會影響其消費行為，相同價值觀的消費者在消費模式上也都有相似的共同點。因此對於行銷工作來說，了解消費者的價值觀是相當重要的。

資料來源：陳姝娟；http://www.asia-learning.com/mic1/article/25470279。

 專欄 7-2

借錢是高尚的行為？教壞小孩～

　　行銷人員可以依據消費者的價值觀來發展相關的行銷策略，也可以透過各種不同的技巧塑造消費者的新價值觀。例如捷安特以推廣健康的價值觀來促進自行車的銷售量，汽車公司推廣節能省碳的價值觀來推薦新的環保汽車，這種健康、環保的價值觀都是正面的；但是藉由塑造錯誤的觀念來刺激產品銷售，就不是值得鼓勵的行銷模式。例如許多企業為了業績，常會去塑造一些不當的價值觀，造成許多年輕人誤以為是正確的行為。

　　2003 年大眾銀行在發行 MUCH 現金卡時，特別以廣告強調「借錢是高貴的行為」、「借錢也可以借的理直氣壯」，導致許多年輕人掉入陷阱，不斷的借錢，不斷的欠錢，造成年紀輕輕的卻負債一堆。此外，先前也是有一個廣告，說是「只要我喜歡，有什麼不可以」，也讓當時年輕人學習這樣的價值觀，讓許多年輕人產生更自我、更自私自利的行為態度。

　　因此，企業存在於社會中，應該有基本的社會價值觀與社會責任的理念，不能因為為了獲利，去塑造不當的價值觀，或扭曲了現有的價值觀，這才是企業與社會之福。

 # 第三節 ＞ 態度的內涵

　　價值觀會影響態度和行為，因此態度的意義與對行為的影響，也是研究消費者行為應該要知道的，在現有社會科學的領域裡，態度是一個很重要的概念。無論是心理學、社會學，或其他與企管有關的科目均把態度列為重要的論題。例如

政治學家對人民選舉的態度有興趣；經理人員注意員工的工作態度；而行銷人員則強調消費者對產品、公司的態度，凡此種種不一而足。在本節中，我們將介紹態度的意義、內涵與對消費行為的影響。

一、態度的意義

態度是一個人對特定人物、觀念、情境所抱持的一種信念和情感的複合體。態度與價值觀不同，價值觀所牽涉的範圍較態度廣泛、更基本，甚至還包括深層的潛意識成分，而態度則比較直接而具體。研究發現，態度和價值觀呈正相關。因此，知道一個人有什麼價值觀，就可以了解他的態度，並且在大多數的情況下，可解釋其行為（黃曬莉，1990）。林建煌(2002)指出態度是指對一個特定的對象（例如品牌），所學習到的持續性的反應傾向，此一傾向代表著個人的偏好與厭惡、對與錯等等的個人標準。學者 Allport(1961)提出態度概念就是經過學習的準備狀態，以對某一對象或某種對象，一貫採取好意的反應或不好意的反應。

根據以上所述，態度是對人、事、物的評價。例如一個人可能會針對美國用武力解決恐怖分子的作法採負面的看法，或是針對未婚生子採反對的看法，這樣的敘述就是一個人對這些不同的事件的態度。一位消費者如果認為公司對待消費者的方式有不尊重，他對公司的態度可能傾向負面的評價，有負面的態度時，為解決內心的平衡狀態，個人會進行相關反消費的行為。

和價值觀不同的是，態度不若價值觀穩定。例如，廣告訊息很可能會改變你對某種產品或服務的觀點。如果福特汽車的推銷員可以讓消費者對福特汽車刮目相看，這個態度的轉變可能會促使消費者去買福特汽車。

另外也有學者認為態度可說是消費者對一產品或品牌的整體評估，此決定了產品或品牌在消費者心目中的地位（王志剛、謝文雀，1995）。在日常生活中，不斷的做出不同決策，這些感覺和意見就是態度，所以，態度可說是消費行為中重要的角色，如同威爾斯、普倫斯基（Wells、Prensky，謝廷豪譯，2002）所言，態度是一種習得的傾向，基於對事物認知的評估所產生的感覺意見，而有一致性的行為傾向。

綜合上述之學者，本書定義態度是對於其他人、產品、理念和其他事物所產生的情感與意見，而這些個人的喜惡，在對特定對象進行評估時，將會影響消費行為中所做出的決定。因此，如何改變消費者的態度，使消費者變更其評價，並且讓他們以省時又省力的方式完成購買決策，滿足其需求，實為行銷人員需用心了解之處。

二、態度的內涵

欲了解態度之內涵，須先明瞭構成態度的三個主要成分，態度三成分是由 Lute (1991)提出，稱作 ABC 模式。所謂 ABC 是指三個態度的成分，分別為情感、行為與認知。A 來自於「Affection」這個字，與情感、情緒、底層的動機因素有關。B 來自於「Behavior」這個字，跳脫情感與思考層面，直接處理顯之於外的行為表現，其中包括行為改變與習慣養成都是行為表現。C 來自於「Cognition」這個字，人們如何察覺、傳送、處理訊息，舉凡知覺、記憶、問題解決、決策都屬於認知的範疇。現今學界已廣為認同態度由情感、行為與認知所組成，以下分別敘述之：

（一）情感

情感(affection)是指一個人對該態度標的物的整體感覺與情緒，也就是指個人對於一般的人、事、物所表現出的喜歡或是討厭的傾向。態度包括評價的部分，評價有喜惡的分別，所以態度中也隱含了情感的成分。一般而言，情感成分是單一構面的變數，通常情感是整體性評估，也就是情感係表達出一個人對於態度標的物的直接與整體評估。情感因素對於在某些傳達消費者自我的產品上所發揮的作用最大。

（二）行為

行為(behavior)是指一個人對該態度標的物的行動意圖或實際行動，也就是指個人對於某件人、事、物有了認知與情感之後所產生的反應或是行動傾向，例如表現出熱切的歡迎行動，或是避之不及的行為。

因此，行為一般所指的便是一個人針對某一態度標的物，所採取的特別行動或以某一方式來行動的可能性與傾向。通常行為成分對於一些經常性購買的產品上會比其他兩項成分更容易成為態度上的比較關鍵因素。

（三）認知

認知(cognition)的部分是指個人對於某件事情的看法或是了解的程度。也就是指一個人對該態度標的物的知覺、信念與知識。這些認知往往是來自於對該態度標的物的直接經驗或其相關的資訊來源。如果一個人對於一件人、事、物都不了解或不認識，如何談到對這人、事、物的態度呢？大致上來說，認知成分在複雜的產品上特別重要，因為複雜的商品要從接受到喜歡之前，應該需要詳細的認識才可能產生正面的態度。

綜合上述之學者，本書認為一個人對態度標的物的整體評估，是由一個人對該標的物的認知與情感所決定，而行動則是評價越高，越能產生其行為意向，所以對於應用態度的組成因素，針對不同產品類別，例如消費性產品中的便利品、選購品以及特殊品，使用不同廣告訴求方式，將能更容易打入消費者的心，改變消費者的態度。

舉例來說，生活中勸別人戒菸的方式也可以從這態度的三個層面來運用，首先可運用「認知層面」的作法，以先告知抽菸的害處，並提供具體的研究結果、調查的實際數字等，讓抽菸的人真正的知道這些相關訊息；接著運用「情感層面」切入提供許多可能的肺癌末期的一些真實圖片，讓人看到後感到可怕與噁心，之後再進行規勸戒菸的行為。許多廣告中也常見到這些先以認知為切入點，再輔以情感的訴求，像是保險公司的死神廣告內容，操作「明天先到？」還是「下輩子先到？」的聳動文宣，也是運用認知與情感的操作方式，讓人產生購買的行為。

三、態度的衡量

價值觀與態度一樣都是可以衡量的。組織中常會運用一些問卷去衡量消費者對公司的態度，藉由這樣的調查來了解消費者對於組織的滿意程度，並進一步的改進組織相關的措施，以提高顧客對組織的忠誠度。

但要有效的測量出消費者對於組織的態度，則需要設計更具體的問卷內容，例如對於服務的滿意度與對組織的忠誠度之間並無明確的關係，一位有高服務滿意度的消費者不一定會有忠誠度的提升。也就是說我們衡量的態度若越特定，找出的相關行為就越具體，而兩者間顯示出高度相關的可能性也就越大。當然在許多的態度與行為之間還會有許多的影響變數，在分析時要格外注意。

例如群體壓力或是個人經驗對於態度的調查會有不同程度的影響。像是為了減少曲高和寡、被眾人視為異類的不舒服或是壓力時，通常都會表現出認同團體的態度。而在許多的調查研究中，以學生為調查中心進行購屋的研究，可能也無法找到一個好的建議給建設公司，因為學生本身並沒有購屋的經驗與需求，在調查相關態度時，就無法發現真的態度內涵。

一般態度都是運用李克特的量表來測量，舉例如表 7-2：

表7-2 態度測量練習表

消費者滿意度調查問題	評分
1.今天的服務人員效率很高	（　）
2.今天用餐的菜色品質很好	（　）
3.今天用餐環境令人歡愉	（　）
4.今天服務人員能迅速反應我的需要	（　）
5.我對整體用餐經驗很滿意	（　）

請以 1-5 的分數來進行評分，越同意的給 5 分、其次 4 分，依此類推，最不同意的給 1 分。

　　國內最大的餐飲集團－王品集團，對於每次消費者的滿意態度都進行相關調查，也都從調查中得到資訊，並迅速反映顧客的意見與需要，也因此王品集團旗下的餐廳都獲得到消費者的肯定與支持。相關參考資料請見圖 7-1 陶板屋的問卷。

　　定期的消費者態度調查有助於管理階層及早發現潛在問題與消費者的意圖，以籌措對策來防止事情繼續惡化。而消費者態度的調查可以幫助我們分析影響消費者滿足與不滿足的因素。管理者可以嘗試著去設計其經營環境中相關的問題，例如哪一項原因是消費者普遍表示負面的意見？如何衡量消費者滿足度？是否大多數消費者均滿意他們的服務等？因此消費者態度的研究可以作為企業經營過程中的診斷因素。當然也是企業最直接需要改進的參考因素。

加油站

將客戶放在第一位，利潤就會自然而然地隨之而來。

Put the customer first and profits will naturally follow.

邁克爾‧勒博菲(Michael LeBoeuf)行銷顧問

陶板屋
和風創作料理

您好：
您的建議，我們在意，
陶板屋會努力做的更好，
謝謝您的支持！

請在選項內 畫記 ☒ 桌號_____ ___月___日

1.請問您最近半年第幾次到陶板屋用餐？（全國陶板屋）
☐ 1次 ☐ 2次 ☐ 3次 ☐ 4次 ☒ 5次 ☐ 6次以上

2.請問您今天到陶板屋用餐的資訊來源是？（複選）
☐ 以前來過 ☐ 朋友介紹 ☒ 手機簡訊 ☐ 網路訊息
☐ 新聞報導 ☐ 廣告文宣 ☐ 其他_____

3.請問您今天到陶板屋用餐的目的是？（複選）
☐ 家庭聚餐 ☐ 朋友聚餐 ☐ 同事聚會 ☐ 商務聚餐
☐ 結婚紀念 ☐ 約會 ☐ 慶生 ☐ 其他_____

4.請問您個人今天點的主餐是？（單選）
☐ 香蒜瓦片牛肉 ☐ 陶板原塊牛肉 ☐ 陶板羊肉
☐ 陶板肋排 ☐ 陶板魴魚 ☐ 陶板雞 ☒ 其他_____

5.您今天用餐後的感覺是（單選）…

	非常滿意	滿意	普通	差	很差
主餐	☐	☐	☐	☐	☒
前菜	☐	☐	☒	☐	☐
沙拉	☐	☐	☒	☐	☐
湯類	☐	☐	☒	☐	☐
甜點	☐	☐	☒	☐	☐
飲料	☐	☐	☒	☐	☐
服務	☒	☐	☒	☐	☐
整潔	☐	☒	☐	☐	☐

6.請問您會不會介紹朋友到陶板屋用餐？
☐ 會 ☐ 不會

7.請問您對陶板屋或服務人員的建議是？

_____

_____

姓　名：_____ ☒ 男 ☐ 女
年　齡：☐ 19歲以下 ☐ 20-24歲 ☐ 25-29歲 ☐ 30-34歲
　　　　☐ 35-39歲 ☒ 40-44歲 ☒ 45歲以上

聯絡電話：　　　　網路會員獨饗大賞：www.taoban.com.tw

● 圖 7-1　陶板屋的顧客問卷調查

專欄 7-3

麥當勞正視消費者需求，在英國起死回生

全球知名的速食業者－麥當勞，在 2006 年時被英國票選為最不受歡迎的企業，也是英國消費者心目中最沒有道德的品牌。這都是因為近年來英國掀起了一場健康飲食潮，消費者對形體和健康越來越重視，而麥當勞的食物曾多次被指責是垃圾食品，麥當勞成了調查者心目中聲譽最差的企業。英國政府甚至禁止電視臺播放麥當勞的廣告。

因此，麥當勞被迫改變，並推出了一系列健康食品選擇，以迎合消費者對健康飲食的需求。在英國麥當勞推出了一個名為 "Good to Know"（了解健康）的計畫，以幫助消費者做出更健康的飲食選擇。該計畫包括提供更健康的食品選擇，例如更低脂肪、低熱量和素食選項，以及提供更多的食品資訊，例如營養成分、過敏原信息和食品來源。經過多年的努力，2021年 5 月的一份報導，麥當勞在英國的銷售額增長了 8.5%，並且在英國擁有超過 1,500 家分店，是英國最大的快餐連鎖店之一。麥當勞起死回生作法就是有正視消費者的價值觀改變，並對自身的餐點進行改革，以符合市場消費者需要。

第四節 > 認知失調

通常我們對於不同的人、事、物都會有不同的態度，而這些態度之間有時會有互相衝突的時候。心理學家費絲堤吉(Festinger)曾經提出「認知失調論」(cognitive dissonance theory)，用來說明人們面臨態度和行為不一致時，如何調適的問題。

所謂「失調」就是一種信念（或態度）和行為不一致的現象，而認知失調則指個體知覺到他的兩種或兩種以上的態度之間，或他的態度與行為之間，存在著矛盾。這種矛盾會使當事人經驗到某種程度的衝突和焦慮，並使個人產生降低失調狀態的動機。此時，行為者可能會放棄或改變其中的某個「認知」，而遷就另一個「認知」，藉以消除緊張，恢復調和一致的心態。

　　而 Festinger 在此所指的「認知」，是泛指所有包括認知成分的一切思想、觀念，以及態度和行為等。使我們產生認知失調的狀況，歸納起來有以下三項：（李美枝，1991；黃安邦，1989）

一、決策後的失調

　　人們在做成重要的決策之後，失調往往如影隨形而至。這是因為做選擇之後，被選擇事物（如你決定採用銷售經理的意見）的缺點以及被拒絕事物的優點（如人事經理的警告）會突然變的明顯，使我們產生悔不當初的感覺（這就是認知失調），為了減少這種失調，我們會：1.提高被選擇事物的喜好程度；2.降低被拒絕事物的喜好程度。因此，當人們做完某種決定之後，往往會讓自己相信、並更喜歡他所作的選擇。

二、為付出的努力辯護

　　當人們為了某項目標而付出很大的努力（或代價）後，卻發現自己得到的東西沒什麼價值，這時候我們就會面臨認知失調的情況，而為了減輕因失調所產生的焦慮，我們會為自己所付出的努力做辯護。例如，銷售經理在各種場合大力推銷他的計畫，但在多次的辯護討論之後，他逐漸發現這項計畫的可行性確實不高，但為了維護面子及維持個人行為前後一致的形象，他可能仍然為其計畫辯護而不願認錯。

三、與態度不一致的行為

　　當我們做出一些與自己的態度不一致的愚蠢或荒謬的行為（或昧著良心的行為）後，如果沒有足夠的「外部理由」（藉口）來辯護時，就會產生認知失調，而為了消除這種失調現象，我們會轉而去尋找「內部理由」（合理化）來說服自己所作的行為。

　　當然，沒人能完全避免認知失調。例如環境保護是相當重要的信念，但是個人卻沒有隨手做環保。或者你告訴小孩飯後要刷牙，但你自己卻未以身作則。在此種情況下。人們會如何處理心理上的不平衡感呢？Festinger 認為人們消除認知失調的意願是否強烈取決於下列三項因素：

1. 造成認知失調要素的重要性。

2. 當事者相信他可以左右上述要素的程度。

3. 可能介入於該失調的報償值大小。

如果造成失調的要素與結果是相當重要的，個人也有改變的能力或個人改變完後會比較快樂的情況下，個人會傾向去改變自己其中一種態度或是行為。

專欄 7-4

報復性消費

疫情對全球經濟造成了重大影響，但在疫情控制得到一定程度的情況下，一些國家開始出現報復性消費現象。報復性消費是指消費者在長時間的限制後，釋放所積累的購買力，並通常帶有一定的情感和欲望。

在臺灣，由於政府及民眾共同努力，疫情控制相對穩定，因此 2022 年中開始報復性消費的現象逐漸浮現。消費者開始瘋狂購買各種商品，尤其是奢侈品、汽車、家電、旅遊等高價值消費品。2023 年農曆春節假期長達 10 天，長榮航空東北亞、東南亞及歐洲航線，春節機位銷售明顯成長，其中日本超級熱門。東南亞則以泰國最受歡迎，越南、印尼、菲律賓訂位率也達八成以上。

這種現象的背後有多種因素。首先，疫情期間，許多人因為居家隔離和限制出行等原因，無法消費。這些人在控制疫情後，開始釋放所積累的購買力。其次，疫情期間，人們的消費習慣發生了改變。他們開始在網上購物，學習線上購物的便利和好處。隨著疫情的控制，人們開始重回實體店面消費，這種消費體驗也引發了報復性消費。

另外，消費者價值觀的改變也是報復性消費的原因之一。在疫情期間，人們體驗到了生命的脆弱，也更加重視生活品質和享受。人生無常的價值觀更是在疫情時間深埋在消費者心中，也因此更多消費者更願意花錢寵愛自己，更願意花錢在高品質、高價值的產品上，享受生活帶來的滿足感和快樂，在人生中再多任性幾回！

 個案 | **NIKE 形塑運動價值，培養運動人口**

NIKE 是由菲爾‧耐特(Phil Knight)和一位運動教練比爾‧鮑爾曼(Bill Bowerman)在 1972 年所共同創立的運動品牌，迄今已成為馳名國際的大型體育用品公司。主要生產運動鞋、運動服裝及相關體育用品，以自己的品牌銷售包括：耐吉、Air Jordan、耐吉 Golf、Team Starter 等等。

NIKE 一開始就以健康訴求的價值觀來推廣其品牌，最初的企業宣傳標語即已：「如果你有身體，你就是運動員」的概念為訴求，強調每一個人都是可以運動的。這些年來更透過許多的活動來推廣運動相關的概念，讓消費者打中心裡就認知到運動的重要與價值。

NIKE 透過價值觀的形塑，讓消費者認識 NIKE 的品牌外，更認識到許多運動的相關知識，其主要是透過下面三種方式來推動品牌的經營與形塑運動的價值理念。以下分別敘述之：

1. 產品行銷(product marketing)

產品行銷的重點在於運用平面廣告來推動產品，例如 DM 的製作、大型醒目的看板，或各種報章雜誌方面的廣告等等。其中嵌入的除了要推廣的產品外，更加上一些運動的價值理念，例如「There's No Finish Line」等文宣，告訴消費者運動是一輩子的事。

2. 品牌行銷(brand marketing)

品牌行銷是以媒體廣告為主軸的行銷廣告，設計內容除了有動人的多媒體廣告設計之外、並透過運動界名人或名星來代言，透過優秀的運動員與品牌形象結合，NIKE 彷彿就是最佳品質的代表符號。而運動員百折不撓的運動精神與堅持到底的運動精神更是讓消費者自我激勵最好的典範，從運動過程中也直接或間接的把這些運動員的精神內化在自己的價值信念中。

3. 運動行銷(sports marketing)

運動行銷是以各種世界級的運動比賽的贊助廣告為主，包括各種籃球、足球、網球、高爾夫球比賽等，在比賽其中，許多頂尖的運動選手或啦啦隊等，都穿著耐吉的產品，同時在比賽現場的外牆或內牆周圍也幾乎是全部耐吉的廣告或商標。贊助活動本身就是一種企業形象強化的行銷策

略，也就是說，當消費者的正面的運動價值信念是從 NIKE 的相關訊息中所習得，自然的，當消費者需要相關運動商品，NIKE 很自然的就變成第一個選擇了。

此外、NIKE 更是經常在海外舉辦各種季節性活動，這樣的作法不但能提升海外市場知名度，更能藉此推銷其新年度的產品，此種行銷手法常伴隨著知名球星的表演，在各地大型球場中，這些 NIKE 的球星在眾人面前表演精人美技抑或邀請民眾與之比賽，這些不同風格的球星也都展現拿手絕活，以不同的方式帶給民眾新鮮的感受，而與球星近距離的接觸，更能讓球迷感受其魅力，全身上下皆著用 NIKE 的球星們無異成了 NIKE 的最佳活廣告，銷售成績自然一片長紅。例如籃球大帝麥可喬登只要一出場，其他都是多餘的。

NIKE 經常性的推廣各種運動，辦理許多講座告知消費者運動的重要性，並也傳授許多不同運動的基本知識與技術，透過許多活動的辦理，從中培養了很多的運動人口，其中包括辦理慢跑運動社群、認養社區籃球場、辦理籃球比賽，例如不斷為各類運動和健身活動設計一系列鞋類及服裝等，更是致力於和體育明星的培養及青少年參與體育運動的機會。其中包括首次創辦 3 對 3 籃球賽、NIKE 高中男子籃球聯賽、青少年足球超級杯賽等，這些對運動產生正面價值信念的人口就變成 NIKE 的潛在顧客群。

除此之外，NIKE 更進一步推動女性參與運動，根據體育署於 2021 年所公布的調查，臺灣地區 15 歲以上人口運動率為 44.7%，比 2019 年上升了 1.4 個百分點。其中男性的運動率為 53.8%，女性的運動率則為 36.1%。女性運動人口有大幅成長，加上許多運動商品也主打女性市場，蔡依林、張鈞甯等女性代言人也刺激了女性的消費人口，女性運動人口隨之增加，臺灣之光戴資穎征戰全球羽壇及 2020 年東京奧運後更是吸引很多女性投入羽球運動行列。NIKE 更是推廣女性有氧運動，鼓勵女性享受運動等，這其中也鼓勵女性穿上運動型內衣，打破傳統女性對於運動穿著的價值觀。從「JUST DO IT」到最近的「甩掉舊的你」，任何一個廣告都成功的抓住了許多人的目光。NIKE 廣告基本的訴求都是一樣的，都是要鼓勵人們多運動，且別被自己現有的能力所拘束、要更努力增進自己的實力。這些都是形塑運動價值觀的作法，因為消費者價值觀改了、運動習慣建立了，NIKE 的商機當然也隨之而來，NIKE 的口號「Just Do It」和「There's No Finish Line」，便是 NIKE 所取得的一切成績的最好證明。

問題與討論

　　塑造運動價值觀與辦理相關運動活動，可以培養大量的運動人口，NIKE 也因此獲得許多潛在顧客，讓公司的營收持續長紅。如同本章內文所述，價值觀的塑造不是一件立竿見影的事情，要改變、影響一個人的價值觀也不是件容易的事，特別是個人的健康養身理念灌輸與運動生活習慣價值的培養更是不容易。請從 NIKE 所推廣的相關活動與辦理的理念，討論其可行的理由與重點，或不可行的原因？

學習評量

一、是非題

1.（　）態度是由認知、情感與意動三個相關成分所組成。

2.（　）顧客消費態度不會隨時間、空間及其他因素改變。

3.（　）情感也是影響態度的一個重要因素，有些情感是可以經由購買情境經驗而產生的。

4.（　）行銷人員可以藉由信念的加強或改善來影響消費者的態度。

5.（　）一般來說，消費者的態度是持久不變的。

6.（　）所謂價值體系是指每一個人不同的價值觀依重要性排列的一個系統。

7.（　）態度是無法衡量的，因此態度也無法改變。

8.（　）每一個消費者對於產品的購買與使用一定會產生認知失調的狀況。

9.（　）消費者認知失調的結果對於其下次再購買的意願會有負面影響。

10.（　）消費者的價值觀與其所在的文化有直接或是間接的影響。

二、簡答題

1. 何謂態度 ABC 的三成分，請敘述之。

2. 請說明價值觀如何形成？

3. 請說明價值觀如何影響消費行為？

4. 何謂認知失調？消費者的認知失調對於企業有何影響？企業如何降低消費者的認知失調？

5. 新一代年輕人有何特別的消費價值觀？

MEMO:

Chapter 08

人格特性

 前言

　　人格是指個人處理與適應環境的一般模式。依照人格心理學家的看法，個人在不同的環境、不同的購買情境下，往往會採取一致性的反應。例如，假使個人具有積極性、精明性的人格特質，則在消費行為上，會表現出更多的互動、溝通、談判，相反的，消極、內向的個性，在購買行為的互動、溝通較少，購買行為也比較被動。

　　在消費市場上常看到許多人為了殺價，殺到臉紅脖子粗，可能只是為了占便宜，為了「坳」到一棵 5 塊錢的蔥；相反的，有些人買東西就非常的「阿殺力」，完全不討價還價的。為何有這些不同的差異呢？事實上，「人格」是可以解釋這些差異性的行為，也可以讓我們知道這些差異性背後的原因。因為人格是我們對於人、事、物的一種心理傾向，這樣的心理傾向讓每一個個體都有獨特的行事風格。

　　本章的內容，首先針對人格的內涵進行探討，了解人格與消費行為的關連性，除了進行了解人格的差異與消費者背後的原因之外，更要去了解行銷管理工作如何特過這些人格的差異來進行有效的行銷規劃。本章也探討影響人格特質的因素，其中包括遺傳因素、環境因素與情境因素。最後也針對人格的分類及不同人格特質所呈現出的消費行為進行分析。行銷人員對於消費者的性格了解越深入，對消費者的行為越能解釋、預測與控制。

第一節 ＞ 人格的內涵

　　個人的人格會影響個人對外界知覺的方式及行為，也就是說，不同的人格對於相同的事件可能會有不同的詮釋，因為人的行為事實上是人格的呈現，什麼樣的人格會出現什麼樣的行為模式也大都有跡可尋。了解人格的內涵，可以更容易解讀消費者的行為，對於企業來說，不但可以提升顧客滿意度，也因此提升公司業績，因此對消費者人格的了解是行銷人員重要的知識之一。以下分別探討人格的內涵與相關理論。

一、人格的定義

人格一詞源至於拉丁語「persona」，其意義是指個人「真正的自我」。所謂「真正的自我」其中包含了個人內在動機、情緒、習慣、思想等內涵。因此，人格特質是在對人、對己、對事物乃至於對整個環境適應時所顯示的獨特個性。此獨特個性係由個人在其遺傳、環境、成熟、學習等因素交互作用下，表現於身心各方面的特徵所組成，而這些特徵又具有相當的統整性與持久性（張春興，1995）；所以，人格是遺傳和學習經驗的結合，總和個人過去、現在和未來，也是個人所獨特的行為方式與表現，同時也是自我概念的延伸（林欽榮，1983；楊牧青，2000；詹益統，1996）。

國外學者對於人格有大同小異的看法，有些學者認為人格是指形成一個人情感、思想及行為，並且在不同時間和情境中維持一致（珀文和約翰 Pervin and John, 1997）。艾森克(Eysenck, 1970)則認為人格是一個人的性格、氣質、智能和體質等，具有相當穩定而有持續性的組織，若決定了他對於環境獨特的適應。學者奧爾波特(Allport, 1961)認為人格是一個人內在心理生理系統的動態組織，會決定一個人特有的行為和思想。

因此，人格是指個人內、外在特性之集合，它能夠影響一個人在不同情境下所產生的行為；而這些特性（例如樂觀、懶惰、積極、衝動等等）具有持久性並經常表現出來，我們稱之為人格特質。簡單的說，人格是我們對人、事、物的一種心理傾向，這種心理傾向使我們有獨特的個人風格，而且有相當程度的一致性和穩定性。人類因為天生資質不同，再加上後天的環境影響，導致每一個人的人格都有不同的差異，後天環境與社會文化因素差異越大，人格也就越不同，消費行為表現也越不一樣。

二、人格的特性

許多俗語對於人格的特性有一些讓人深刻的描述，如「江山易改，本性難移」、「牛牽到北京還是牛」、「狗嘴長不出象牙」等。就都是認為一個人的性格是具有延續性與難改變的特性。而「一樣米養百種人」，則是認為人們性格多樣化與多元化的特性，根據國內知名學者張春興的研究指出人格大致上有四個特性：

（一）人格具有獨特性

每個人的人格都是獨特的，因為人格是每一個單獨的個體與周遭環境及個人先天因素所塑造而成的。即使是雙胞胎，在成長過程中個人也會面對不同環境刺激的影響，而形成不同的人格特質。

人格是屬於某一個人的,所以具有獨特性。世界上絕對沒有兩個人的人格是完全相同。因為人格是在遺傳、環境、成熟、學習等各個因素交互影響下所形成,因此很難一模一樣,這些不一樣使人在對人、對己、對事、對物等的適應行為上,亦有不同的表現。學者 Stegner 解釋;人格是個人在環境中對自我的信心與期望,所表現出來的特有型態。

(二)人格具有複雜性

人格是個體身心各方面的外在表現特徵所組成的綜合體。因此人格有不同的層面,有些特質是形於外的,而有些人格特質是隱藏的,因此人格具有一定的複雜性。

人格係指個人在身心各方面行為特質的綜合。人格猶如一個多面的立體,各面共同構成人格的各部分,但不相獨立。心理學家稱這些特質為人格特質。人格特質有些表現在外,有些則蘊藏於內。不管表現在外的意識行為,或是蘊藏於內的潛意識行為,都是人格心理學研究的對象。正因為人格包括太多的特質,且在遺傳、環境、成熟、學習等因素的交互影響下發展,故而顯現相當的複雜性。

(三)人格具有統整性

人格所組成的因素是複雜的,涉及不同的層面。這些不同的層面都是有系統的組織在一起的,而不是分立、獨立的。因此,構成個人人格的所有特質不是分立的,而是具有相當統整性的,亦即人格特質可視為一個完整的有機體。

一個「自我」中心特質強的人格,動機的追求必然以自我為中心,而所延伸的想法與行為也是以自己為主。完形心理學派(gestalt psychology)即認為:「人格是一個整體,不能拆散為各個部分」。人格心理學家斯特格納(Stegner)亦說:人格是動機與認知所表現的統一過程。

(四)人格具有持久性

人格有其完整性,並能持續相當長的一段時間,由於其持久性,個人的行為是可預期的。個人的人格一旦形成,在不同的時地,必然表現其一貫性。例如張三無論何時何地都表現他是張三,今天如此,明天亦復如此,絕不可能變成李四,這就是人格具有持久性的特徵。

雖然人格具有穩定與持久的特性,但是人格在某些特定情形還是會改變的,例如個人面對重大事件、或隨著年齡經驗的增長而會有所變化。正如發展心理學

家克魯格(Krueger)所說：「前一階段的身心發展，必定支配次一階段的發展。以前的經驗都附著於一個持久的身心組織，形成一種統一的活動複體。此種活動，支配一切的心理現象。因此，從動態方面來說，人格是一個生活的連續過程，是個人經嬰兒、兒童、青年，及至成人與環境交互影響而形成的。換言之，人格是動態的，它會不斷地發展，不斷地成長。

人格除了持續性的動態調整外，成年後的人格變動則較少，但許多重大事件會影響到一個人的性格改變，像是離婚、失業等重大事件都會改變一個人的人格特性，許多年輕人服完兵役回來後，會有許多改變；甚至在戰爭中面臨許多死亡與血腥的經驗，也會讓人格產生重大改變。

 加油站

　心理學發現：消費者通常會更喜歡與自己相似的品牌或產品，因為這可以增加他們的自我認同。

Escalas, J.E. 2022, Journal of Consumer Psychology

 專欄8-1

人格與購車的差異性：賓士(BENZ) vs. 寶馬(BMW)

　　人格特質與消費行為息息相關，在許多不同產品的選擇上就能看出端倪。在高級房車的市場中，可以明顯的看出購買賓士車種與購買 BMW 車種的消費者具有明顯不同的人格特質。

攝影：簡明輝

賓士給人的印象比較貴氣，也有四平八穩的感覺，所以賓士的車獲得許多大老闆的青睞；相反的 BMW 給人比較有霸氣的感覺，也充滿了奔騰豪邁的感受。因此有許多有錢的年輕小伙子大都是買 BMW 的車種，也因此常聽說江湖上的「阿尼吉」比較鍾愛 BMW 的車型。總之，從消費者在不同的車種選擇中，可以嗅出一些不同人格特質的味道。

第二節 ＞ 人格特質理論

探討人格的內涵必須從心理學的理論基礎著手，事實上，在行銷的領域上已經有相當多的心理學家投入進來，也提出許多成功的行銷建議，而人格特質的內涵更是心理學家討論的重要核心。心理學家曾經有提出幾種不同的人格理論，行銷人員了解這些人格理論有助於發展不同的行銷策略，例如針對不同性格可能形成的背景了解，設計出能打動、能觸發消費者內心深處需求的廣告、文宣等，對於行銷來說會有事半功倍的效果。

人格的定義在上一節已有說明，本單元探討人格特質相關理論，而何謂特質呢？所謂人格特質是以組成一個人完整人格的神經心理結構，尤其引發人的行為和思想，特質除面對刺激反應而產生行為外，同時能主導行為；特質雖非具體可見，但可由個人的外顯行為來推知（陳仲庚、張雨新，1998）。因此有學者認為人格的基本結構是特質，特質是從行為推論而得的人格結構。以特質的觀點來看人格，乃是因為人格具有穩定、持久的特性，它表現出特徵化的或相當持久的行為屬性（黃堅厚，1999）。

因此所謂的人格特質可說是個人與環境作用過程中所形成的一種特有的身心組織，而此一組織變動緩慢，個體在適應環境時，在需要、動機、興趣、態度、價值觀念、氣質、性向、外形及生理等諸方面，會產生不同於其他個體之處（陳仲庚、張雨新，1998）。以下列舉知名的人格理論，說明人類發展過程中不同的階段與其特徵。

一、弗洛依德(Sigmund Freud, 1856~1939)－人格發展理論

Freud 是心理分析理論的始祖，他認為人格特質的形成主要是來自於個人需求的滿足與匱乏，在匱乏與滿足之間形成不同的人格特質。根據 Freud 的理論內容，一個人的人格發展是來自於童年時期三種系統的交互作用，這三個系統包括本我(id)、自我(ego)、超我(superego)。

（一）本我（id）

本我是與生俱來的，發展的重點在於生存的滿足所衍生的本能衝動，如性、飢餓或口渴。

（二）自我（ego）

自我的部分是一個人後天學習而來的，其發展的現象是在現實的社會環境中尋求個體需要的滿足。

（三）超我（superego）

超我是個人人格中最上層的部分，是社會化過程中塑造而來的，其發展的重點在於管理與壓抑本我的本能衝動，並具有控制行為符合社會規範範圍的功能。

這三個不同「我」的構面之間會互相衝突或協調，使個體產生一種所謂的人格動力，這種內在的人格動力是使個體人格發展的主要驅力。

Freud 進一步將人格的發展分成五個時期，每一個時期有不同的任務與可能產生的人格影響，茲分別敘述如下：

1. **口腔期（0~1.5 歲）**：此期的特徵是從哺乳及吸吮大拇指，藉由刺激嘴巴來獲得快感。

2. **肛門期（1.5~3 歲）**：幼兒從排泄中獲得滿足。

3. **性器期（3~6 歲）**：由玩弄自己的性器官當中獲得滿足。

4. **潛伏期（6~青春期）**：小孩較不注意自己的身體，而轉向因應環境的適應技巧。

5. **兩性期（青春期以後）**：在青春期以後，年輕人開始照顧他人、愛護他人。

根據 Freud 的觀點，每一個階段若是無法得到滿足，則會蟄伏在個人的潛意識中，而在往後的生活中無意識的出現，並影響行為。例如許多成年人喜歡吃東西、吸菸或是酗酒，可能都是因為早期的吸吮未得到滿足，有些孤僻的人格特質也是因為早期肛門時期的訓練失敗而被懲罰後自我狀態，延伸成為孤僻的人格特性。

二、艾理克森(Erikson, 1902~1994)－心理社會發展理論

Erikson 的論點將人的一生分成八個時期。每個時期的心理與社會意義不同，而且每個階段都有不同的發展危機。Erikson 認為個體出生後與社會環境接觸互動而成長，在這個過程中，人類由於個體的成長需求，必須從環境中來滿足相關需要，而環境也給予相對應的支持或是限制，以致於造成個人許多成長的趨力或阻礙。如果個體在環境的規範與要求下能順利調適自己通過考驗，則等於個體的自我得以獲得進一步的成長，反之，則可能造成特異的性格特徵。

Erikson 將人生全程按所面對的任務與危機的不同分成八個階段。這八個階段說明了個體自幼稚期到成熟期的自我成長歷程，也進一步說明健康的人格產生的歷程。一般來說，個體在不同的階段學習適應不同的困難，並化解不同的危機，藉由完成每一個階段的任務，而完成個人整體性的自我。

Erikson 將各階段的發展，都以兩個極對立的觀念來表示不同時期的發展危機。其八個時期請參考表 8-1。

目表8-1

	名稱	任務與發展
第一期	嬰兒期	信任對不信任
第二期	學步期	自主性對羞愧和懷疑
第三期	兒童早期	主動性對內疚
第四期	小學期	勤奮對自卑
第五期	青少年期	認同感對角色混亂
第六期	成年早期	親密對孤獨
第七期	成年期	繁殖對停滯
第八期	老年期	自我完善對失望

從表 8-1 中可發現，不同階段的影響會導致不同行為模式的產生，人的行為模式也都受到這些不同任務的洗禮而塑造完成，人格特質的形成就在於每一個時期任務發展的結果。例如不信任的人格特質大都形成在嬰兒時期，嬰兒時期的小 BABY 是懵懵懂懂的，最需要的是安全感、溫暖與照顧，而這些需要若是被忽略，而產生不斷的匱乏時，不信任的人格就會漸漸形成；此外，在小學期間如果沒有得到肯定與鼓勵，而是不斷的遭受挫折或打擊，則消極、自卑的人格特質也會產生。

三、 高爾頓‧奧爾波特(Gordon Allport, 1897~1967)的人格特質理論

Gordon Allport (1961)可以說是最早投入特質理論的研究代表。他將人格定義為：「人格是個體之內動態的組織，這些心理生理系統決定了獨特的行為和思想」。他強調動力組織的觀念，表示人格不是已形成的東西，而是正在形成的東西，這種論點說明人格是一個持續發展的歷程。

Allport 認為人格特質是真實存在於我們之內，它們並不是用來說明或解釋我們行為的理論建構或標籤。特質決定了與造成了行為，它們的產生並不只是對特定刺激作反應，它們賦予我們去尋求合適刺激的動機，並且他們與環境交互作用而產生行為。

Allport 將特質主要分成兩大類：「一般特質」和「個人特質」。「一般特質」是指與一群人所共有的，並隨著時間而改變，就像是社會標準及價值的改變一樣；「個人特質」又稱「個人傾向」(personal dispositions)，指相對於一群人所共享的特質，這些特質對個人而言是特別的。個人傾向又分成三種型式：基本的、核心的和次級的；其意義如下表所示：

■ 表 8-2

基 本 特 質	核 心 特 質	次 級 特 質
相當普遍且有影響力，最具廣泛，和個人生活的每一層面都有所接觸。	描述個人行為的少數顯著特質，例如：攻擊、自我憐憫。	個人所展現出不顯著和不一致的較不重要的特質，此特質可能很少或微弱的被展現，只有親密的朋友才能發現。

資料來源：「人格理論」，杜安‧舒爾茨和悉尼‧艾倫‧舒爾茨(Duane Schultz & Sydney Ellen Schultz)。

四、雷蒙德・卡特爾(Raymond Cattell, 1905~1998)的人格特質理論

　　Raymond Cattell 對人格的研究目的就是要去預測行為，去預測在一個特定刺激的情境下個人如何做反應。他並沒有像一般學者的理論一樣，企圖把不喜歡的行為變成喜歡的行為，把不正常的改到正常的行為等。其研究方式採用相當嚴謹科學方式，對受試者進行觀察和大量資料的收集。

　　Cattell 將特質用三種方式來區分，如下表所示：

目表8-3　Cattell 的人格特質取向

分類方法	說　　　明
第一種分法	• 一般特質：指每個人或多或少都擁有這個特質，只是程度的不同。 • 獨特特質：是少數人才擁有的某部分人格而使人們不同。
第二種分法	• 能力特質：描繪我們的技能以及呈現我們往目標前進之工作效率的特質。 • 氣質特質：描繪面對環境時我們的一般行為風格特質。 • 動態特質：描繪我們動機與興趣的特質。
第三種分法	• 表面特質： 人格的特徵彼此間都有相關，但它們不會構成一個人格的因素，因為這些特徵並非由單一的來源所決定。 • 潛源特質： 穩定、持久的特質，是人格的基本因素，由因素分析所得，而這些因素在使用上可能最為人所知，其形式在客觀的人格測驗上稱作 16 種人格因素問卷(16PF)。

資料來源：「人格理論」，Duane Schultz & Sydney Ellen Schultz。

五、人格特質的類型

　　學者對於人格特質的類型有一些不同的看法，這些看法呈現出人格的差異性，以下分兩部分簡單敘述之：

一、人格特質分類

（一）希波克拉底(Hippocrates)：將人的人格分成四種類型

1. 文靜型：是指處事比較穩重、遇到外在刺激時比較沉著。

2. 憂鬱型：這種人格特徵的人比較消極，沒有信心，易壓抑情緒。

3. 激動型：這種人格特徵的人容易被外在的刺激牽動情緒，容易衝動。

4. 樂觀型：這種人格特徵的人比較有信心，凡事都看到光明的一面。

（二）榮格(Jung)：將人格分成內向與外向兩種

1. 內向者：內向的人多是在自己的世界裡，與外界接觸較不密集。

2. 外向者：喜歡或是經常與身邊周遭的人、事、物接觸與互動。

（三）賴斯曼(Reisman)：以個體生長的社會，把人格分成三個類型

1. 傳統導向：個人行為受到文化傳統，如習俗、價值觀或規範等影響或約束。

2. 內在導向：傳統雖也有其影響，但個人行為較不受其束縛，個人決定個人的行動。

3. 他人導向：這種性格在與人互動的過程中，會傾向附和別人的想法。

（四）鮑威爾(Powell)：以現代人的社會生活為觀點將人格類型分成六類

1. 自律型：會時時約束自己的行為與情緒的人格特徵。

2. 悲觀型：對於外在事物比較缺乏信心。

3. 敏感型：對於身邊周遭的事物比較細心。

4. 戲劇型：以遊戲人間的哲學觀作為待人處事的方式。

5. 活動型：是一種活潑好動的性格特徵。

6. 樂觀型：看待外在事物都是美好的、正面的人格特徵。

　　這些不同的人格類型代表著不同的行為模式，在探討消費者行為時，行為背後的人格特質、特徵、潛意識等是不能忽略的。

二、Big-Five 整合模式

先前的人格理論是討論人格的內涵,但是並沒有具體指出人格的種類,因此學者 麥克雷和戈德堡(McCrae & Goldberg, 1990)就發展出大五模型來描述人格的特質,清楚的指出人類人格的五大類型。霍夫和施耐德(Hough and Schneider, 1996)認為大五模型是一個很良好的人格特質分類架構,可以正確量測人格特質。博爾肯能(Borkeanau, 1992)與皮博迪(Peabody, 1987)等學者也都曾針對大五模型進行實證分析,所得之結論大致都與 McCrae 和 Goldberg 相類似。因此,以大五模型來分析人格特質是相當具可信度且可被接受的。由於這五項基本人格特質在不同文化的情境之中也都適用,所以受到社會科學學者的重視。所謂五大人格面向分別為:

(一)謹慎

謹慎的人格特質是指一個人專注目標或工作的認真度。也就是同一時間只專注少數目標的人格特質。這樣的人在做事時比較有計畫、仔細、周延、自律。研究發現具有謹慎特質的人其成就取向的需求程度較高。反之,同一時間注意很多目標的人,這樣的人比較缺乏規劃的觀念,因此許多事情都要同時進行又缺乏計畫,通常不會做得很好,這種性格特徵還包括不謹慎也較不自律、粗率與散漫。

(二)外向－內向

這種特質的人是指一個人面對社會關係時的舒適程度。外向者樂在社交、好談論,喜歡與他人建立關係。而內向者羞怯安靜、拘謹小心,他們不喜歡有太多的人際關係,在獨處的時候他們反而比較舒坦。

(三)友善

友善的特質是指一個人順從他人的傾向。友善的人會以溫和、關心、諒解、合作的特性與人互動,他們比較強調和諧人際關係。在組織中友善的人比較會和同事、部屬、上級主管發展工作關係。相反的,友善的另一端是具有猜忌特質的人,他們比較重視自己的需求和感覺,而不管別人怎麼想,所以這種人給人的印象是不好相處、冷酷無情、固執己見的。

(四)情緒穩定

情緒穩定的特質指一個人抗拒壓力的能力。負面情緒較少的人較鎮定、冷靜、回應力強、有安全感,不易產生工作壓力,因此是可靠的工作伙伴。而負面

情緒化的人則容易興奮或焦慮不安，他們比較缺乏安全感、情緒狀態不穩定，不論是工作或是人際關係都處理的不是很好。

（五）開放

指一個人興趣廣泛的程度。此項特質反映出每種信念的固執程度以及興趣的範圍。開放的人喜歡聆聽新的想法，也願意改變自己的看法、信念和態度，開放的人也有豐富的想像力和創造力，在工作的互動中也比較有活力。開放程度較低的人對新理念沒興趣也不願改變自己，這些特質的人興趣不多，也較缺乏求知慾和創造力，只對自己熟悉的事物感到舒適。

國內學者洪光遠、鄭慧玲譯(1995)在《人格心理學》一書中針對五大人格特質定義與行為特徵進行描述，並測驗出高、低分者的差異性，其內容整理如下：

表8-4　五大模型的類型

類型	定義	特徵	低分者	高分者
親和性	個人在思想、情緒與行動上，人際取向情形。	有禮貌、令人信賴、待人友善、容易相處。	好批評的、多疑、不合作、易怒的。	心地溫和、寬諒、助人、易受騙、正直的。
謹慎負責性	個人組織性、持續性及目標取向的行為動機。	負責守紀律、循規蹈矩、謹慎有責任感。	漫無目的、不可信賴、懶散、粗心、意志薄弱、享樂主義。	有組織、可信賴、努力、自我要求、守時、細心。
外向性	人際互動上的量與強度，喜愛尋求刺激、歡樂。	自信、主動、健談、交朋友、愛參與熱鬧場合、活潑外向。	保守、冷默、清醒、工作取向、靜默、少活力。	社會性、主動、多話、人際取向、樂觀、熱情、愛好玩樂。
情緒穩定性	心裡不容易憂鬱或有不實理念，也不會過度渴求或衝動。	不易焦躁、不易沮喪、不易緊張、不會過分擔心、有安全感。	多慮、緊張、不安、情緒化、自卑。	鎮靜、放鬆、不情緒化、安全、自我滿足、堅強。
開放性	願意尋求且體會經驗的程度，對不熟悉事物的容忍與探索性。	具有開闊心胸、富於想像力、好奇心、原創力、喜歡思考及求新求變。	從實際、興趣狹隘、非藝術性、非分析性。	好奇、興趣廣泛、創造、獨創、想像、非傳統。

人格五大面向的價值在於它涵蓋了一組可以有效預測人類行為的特質，所以行銷人員若是能充分了解這個架構和消費行為之間的關係，必然更能抓得住消費者的心。當然，還是有些研究指出五大人格構面並不是非常完整的，事實上，世界上也沒有一個十全十美的、沒有任何缺陷的理論的。在研究這些觀點時，如果可以適當的再延伸、廣泛的閱讀比較，或舉一反三的思索，應對理論的充實有所幫助。

 加油站

我們的個性是我們習慣、態度和價值觀的綜合體。

Our personality is a composite of our habits, our attitudes, and our values.

史蒂芬‧柯維(Stephen Covey)作家、演說家和企業顧問

第三節 ▶ 影響人格形成的因素

在第一節我們提到許多的人格特質，有內向、外向的特質，有積極、消極的人格特質等，為什麼會有這些不同的人格特質呢？是因為人生而不同嗎？還是其他因素所影響的呢？大多數的人都相信個人的人格特質應都是來自於父母親的遺傳，但是在實際的例子中我們也發現同一個家庭的子女有不同的人格特質，為什麼呢？也就是說除了父母的遺傳因素外，應還有其他的因素影響到人格特質。中國古代有「孟母三遷」的例子就說明了環境可能對於一個人的影響是重大的，如「近朱者赤，近墨者黑」就是形容外在的大環境事實上是一個大染缸，人在這染缸中很難不被影響的。

社會中也常看到許多父母親有所謂的「明星學校情結」，希望把自己的小孩送去知名的學校，在那裡有所謂的好環境，其中包括好的師資、好的同學背景；這些可能都會造就出小孩的人格特徵。

綜合以上的相關說法，影響一個人的人格大概有三大要素，包括父母遺傳因素、環境因素與情境因素。以下分別敘述之。

一、父母遺傳因素

遺傳是指由父母親的基因傳遞給子女的一個過程，傳遞的內容包括生理及心理方面的相關特質。也就是說遺傳是指懷孕的那一剎那而決定之所有因素。事實上，人的身材、臉孔、性別、氣質、肌肉構造與反應能力等特徵，有絕大多數是在男性的精子與女性的卵子結合的那一個時刻就決定的。換言之，遺傳是指經由受精作用將父母特質，傳遞給其子女的一種生理作用。

心理學家也已發現，像害羞、恐懼、苦惱等特質大都與遺傳有關。這個發現顯示有些人格特質可能也有相同的基因密碼。遺傳學說可以用來解釋，為什麼某人的鼻子像父親、眼睛像母親。但是若所有的性格特徵均由遺傳決定，那麼性格在他一出生時就已定型，日後的經驗都無法改變它。這種觀點是特質論者所堅持與強調的，近年來人類的染色體基因密碼被科學家破解後，許多天生的一些特質也被更強而有力的解釋，然而許多行為科學家認為天生遺傳的因素是不能解釋一切人類所有的性格與行為的，因還有其他的重要外在因素，如環境因素等。但不可否認，遺傳確實是影響我們性格的重要因素之一，這也是許多人重視優生學觀念的一個原因吧。

二、環境因素

（一）居住環境

我們成長過程的文化薰陶，幼年的制約學習，親友和社交團體的規範。及自身的生活體驗等因素都會對性格的形成產生影響力，因此我們所處的環境在性格形成的過程中，扮演著很重要的角色。

環境是指個體生命開始之後，其生存空間中所有影響個體發展的一切因素。心理學家的研究指出，親子關係、家庭氣氛、社會團體、文化背景等都是環境因素的一部份，也都會影響一個人的人格成長。例如，歐美國家是一個成就取向的社會，在文化的價值體系薰陶之下，西方人比東方人有較多的競爭、冒險傾向。此外，一個人長期從事某種職業，也會漸養成該種職業的性格。例如行政機關強調權威、服從、依法辦事，因此長期在行政機關服務的公務人員，多少會養成比較被動、重紀律的個性。

行為論的觀點認為性格係指人的反應是與他人互動的所有方式。行為論者堅信小孩成長的環境才是造成性格差異的主要變數。例如在家庭環境中，出生別就會造成不同的人格特質，例如頭胎出生的小孩，其成長環境是絕對不同於後續出生的小孩。也就是說家裡的排序別會有不同的性格特徵，根據心理學的研究通常長子的個性比較獨立、自主、較有責任心，在工作的表現上也比較能擔當起重責大任。相對的出生排行在比較後面的小孩，例如么女或么子，通常其性格特徵比較依賴，在工作的表現上比較缺乏獨立自主的能力。這是由於後天的環境對於不同出生別的小孩有不同的對待方式與期望所塑造出來的性格特徵。

研究顯示頭胎出生的小孩較容易精神分裂（統計學上的多數），容易感到社會的壓力，因為父母或是親朋好友對長子或是長女的期望都比較高。當然關於性格與出生排行的爭論尚有許多疑點仍待澄清。但研究證據確實指出，頭胎出生的小孩較在乎別人的接納與否，較不會破壞權威定下的規則，也較富有雄心且工作會更賣力，合群性也較強，較容易有罪惡感及憂慮感，以及較不會公然顯露出攻擊的姿態。

國內有許多所謂的明星國小，就是許多父母考慮讓小孩有好的受教環境，一起讀書的小孩在來自於父母的社經地位較高的學區，都被假定為有好的教育環境，因此國內的許多小學都異常增班造成學校的許多負擔，這樣的觀點就是認為外在環境對於人的性格是有影響的。但究竟是先天的遺傳重要，還是後天的環境重要呢？我們無從分出高下。只能說兩者都重要。遺傳設下了先天的界線，但個人所有潛能的發揮，還得視他如何去適應環境的要求而定。

（二）文化環境

人類的主要人格特質因國家文化之差異而不同，也就是說不同國家的人有不同的人格特徵。

有些國家文化所塑造出的人格特質是願意冒險，而有些國家的人民之人格是傾向規避風險的，有些人格重視團隊與合作，但有些人格則是強調個人與獨立。也就是說，國家文化對於人有不同的規範與要求，教育訓練的內容也不一樣。所以，國家文化是會影響其人民主要人格特質。

文化所建立的規範、態度和價值觀，都會代代相傳，持久不變。不同文化孕育出來的意識型態是不一樣的。像是西方社會的人民普遍的信念是勤勞、成功、競爭及獨立。並且不斷地透過家庭教育、學校教育、相關的人和朋友灌輸這些信念。所以可以發現西方社會長大的小孩之野心與攻擊性較強，全然不同於重視與人和諧相處與合作的東方文化。（當然這裡所指的西方社會是以美國為主，歐洲其他的國家之文化特質不同，所造就出的人民性格也不一樣。）

中國文化強調團體合作、強調家庭主義色彩，因此在這樣的重視上，教育相關社會政策或是制度也比較傾向塑造團隊精神。個人的人格特徵就比較傾向團體主義。而美國的文化強調個人表現及英雄主義，因此所教育出來的美國人特質就明顯的與東方國家人民不同。簡言之，人格與文化是有直接的相關的。

三、情境因素

第三個影響人格形成的重要因素就是「情境」。遺傳及環境對性格所造成的效果會受到情境的影響。人的性格通常是呈穩定且一致的狀態，但在不同的情境下卻會有所變化。所以我們不可忽視情境因素。人格雖然會呈現相當程度的一致性和穩定性，但人在不同情境之中，有時也會因應情境的差異，而以不同的人格去適應。俗話說：「見人說人話，見鬼說鬼話」正說明了人在不同情境之下所呈現出來的性格彈性。例如在「相親」的場合，許多人都是非常木訥害羞的，但事實上這些人在平常生活中是活潑好動的。許多私下外向或具侵略性的員工，在老闆面前

● 圖 8-1　人格形成的影響因素

有時反而變的是像溫馴的小綿羊一樣，因此在日常生活中，我們就可以發現確實有許多情境因素會影響到人的性格與行為。

對於自己熟悉的情境，性格表現比較自然。而在不熟悉的情境中，表現得會比較不像自己，但這或許只是針對特別的某些性格的人才會表現出如此的現象。有些有自信、歷練較多、樂觀的人，在許多不同的情境中，表現是一樣出色的。因此我們可以說，情境對於性格的表現是有影響的，但如何影響還是要看情境的內容、對個人的意義與重要性及個人本身的特質等因素，也就是說，如果情境的內容是熟悉的、對個人也無關緊要，自然的這樣的人的性格表現就沒有太大的差異了，像是有相親經驗非常豐富的男生、因父母的期待接受相親的安排，但本身對於婚姻也沒什麼興趣，相親的情境對他個人來說就沒有什麼太大的壓力了。

在許多商店中，面對消費者時大多會有這樣的一個感嘆：「怎麼會有這種人」，事實上了解了人格影響的因素後，就應該比較能夠接受人確實是不同且多樣化的。

第四節 ▷ 重要的性格類型與消費行為

在上述內容中我們提到了許多不同人格的名稱，也了解了這些不同人格可能影響的因素，以下將介紹在實務中較常發現與重要的性格，如果要問為何會有這些不同差異的性格特徵，還是要用所謂的遺傳、環境與情境因素來解釋。

許多學者研究發現性格與消費行為有相當高的關連性。例如行銷心理學家 Tucker 及 Painter 的研究發現「個人對新款式產品的接受性和個人的優越感及社會性有正相關」。Koponen 用愛德華喜好量表研究人格和吸菸間的關係，發現吸菸者的性需要、攻擊性、成就慾及優越感高於普通人，但順從性、秩序性、自我輕視性及聯想性則低於普通人。而且喜歡吸濾嘴香菸的人，和喜歡吸無濾嘴香菸者，性格也不太一樣。

社會心理學家 Cohen 也曾利用測驗把人的性格分為三種：服從性、攻擊性及中立性。然後探討三種人格特性和貨品使用的關係，發現：這三種人格由於人際取向的程度不一，因此貨品的使用及品牌的選擇也大異其趣。其中包括：服從性高的人，是肥皂、酒及漱口水等產品的愛用者；攻擊性高的人，則常用男用香水及手用剃刀。Gruen 的研究也發現一個自尊低落及一般自信心弱的男性較易被說服。

在探討完不同的人格特質與發展歷程後，本節將介紹這些重要的人格屬性特徵，並歸納說明這些屬性在解釋及預測消費者的行為上有何效用。

一、內在導向人格與他人導向人格

所謂內在導向的行為是指個人行為較不受其束縛，個人決定個人的行動，內在導向的人認為自己是本身命運的主宰。他人導向的人格在與人互動的過程中，會傾向附和別人的想法，這種人格的人認為自己的命運受到外力的控制，做事的態度是聽天由命的宿命論觀點。

相關的研究證據指出，內在導向性格特徵的人在做決策前，較會積極地尋找資訊，企圖心也較強。而他人導向的消費者服從性較強，也比較容易受到外在事物的影響。

二、內向人格與外向人格

內向人格的人多是在自己的世界裡，與外界接觸較不密集，外向人格的人喜歡或是經常與身邊周遭的人、事、物接觸與互動。

內在人格特質的消費者比較不表達自己的想法，也比較不與外在環境接觸，因此相關資訊較少。而外向人格特質的消費者則相反，會積極的與環境中的人、事、物互動，在購物上也有較多的議價行為，因為與環境互動多選擇也較多。

三、權威人格

權威人格特質的人常存在著「階級」與「權力」差異的現象。極端權威主義者，在心智上較為僵化，喜愛論人是非，有媚上欺下的傾向，而且通常不信任他人，並固執不通。

如同之前所說，人格與國家文化有關，東方國家如中國、韓國、日本等，大多數人應該有權威性格傾向。相對的，在西方國家權威的人格比起東方國家來的少。

具權威人格特質的消費者在消費時，如被細心款待，或被當作貴族般接待，則比較容易有購買行為，因為這些人格特質的消費者有強烈被服侍的欲望。

四、自我肯定的人格

有些人非常欣賞自己，而有些人則常怨天尤人。對於這種欣賞自己的性格，我們稱之為「自我肯定的性格」或是一般所說的「自信」。從自我肯定的研究中發現，對自己越肯定的人，對成功的期許也越高，也由於人的本性，對自己越肯定的人對別人也越肯定（人性的投射作用）。

高度自我肯定者相信自己的能力綽綽有餘，喜歡冒較大的風險。並且排斥一成不變的事物。

相反的，低度自我肯定者對外在影響的反應較敏感。並且非常介意別人賦予的評價。因此，他們傾向於尋求別人的贊同與肯定，且會模仿仰慕者的行徑及信念，表現出的行為模式就比較傾向於沒有自信的感覺。自信的消費者比較不會產生購後失調的現象，在購物的決策過程中也比較有主見。

五、自我警覺的人格

自我警覺的性格是指個人如何調整自我行為，以因應外在情境因素變化的能力。高度自我警覺者的適應力極強，能配合環境因素的改變而調整自我的行為。他們對於外來線索的嗅覺極為敏銳，對於周遭的風吹草動也較敏感。

所謂高自我知覺的人，善於依不同情境而變換自己的行為。在公眾面前，他們知道如何隱藏自我真實的一面。但低度自我警覺者就不是那麼善於偽裝了，他們不僅將自己真實的一面表露無遺，且行為趨向一致，為人處事也比較容易得罪人，此外，低度自我警覺人格的消費者，就比較容易被說服。

六、風險傾向

每個人或多或少都有想去碰碰運氣的意圖，此一風險承擔或規避的傾向，會影響消費者要多少時間去做一項決策，以及在做抉擇前，要收集多少資訊。有研究指出高度風險偏好的消費者在做決策或是相關政策擬定時所花的時間比較少，但所做出的決策之正確的程度或是品質並不會比較差。每一個消費者風險偏好的程度不一樣，從一些投資理財的作法上就可以清楚看出其差異性，風險傾向較高的消費者比較會投資高風險（但高獲利的商品）；而低風險傾向人格特質的消費者則會選擇穩定的定存或是固定配息的投資（但獲利較低），高風險傾向的消費者比較容易嘗試相關新奇、新穎的事物。

七、成就動機人格

人格心理學家 McClelland 指出，成就動機高的人大多來自中產階級，他們對未完成的工作耿耿於懷，做事或讀書都非常積極，能夠抗拒社會的壓力。成就動機高的人，不管在企業界或其他環境裡，均喜歡冒險，且經由個人的努力，通常都可以獲得成功。

成就動機強的人比較有自我主見，不受社會外在力量的影響，是許多新商品的最先購買者，在消費習慣上也有炫耀性的特徵行為特徵，不僅是用新的東西，用奇特的東西，更希望從中獲得其他人的賞識。

八、創新的人格特質與模仿的人格特質

創新的消費者是指那些可能首先嘗試新產品或服務的人，創新消費者通常態度開放，喜歡購買創新的產品，創新的消費者往往追求各種變化或者新奇的產品，喜歡體驗新的或者更好的品牌，也易尋求替代產品，喜歡追求技術型的產品，如 3C 商品。創新者由於具有較強的冒險精神、獨立性強，喜歡追求時尚且具有以自我為中心的人格特徵。

創新者本人就是富有魅力的廣告宣傳，因此市場行銷人員應該緊緊抓住新產品購買者中的革新者，發展以創新者為核心的行銷活動，從而帶動整個市場行銷活動取得成功。

消費模仿者是指那些不願意嘗試新產品或者服務的人，對於不熟悉的產品或者服務採取防禦性的態度，只有看到別人使用了某種產品或服務之後再模仿使用，模仿的消費者態度較封閉，並傾向於接受含有權威人物魅力的廣告。而模仿者具有尊重傳統規範、謹慎疑慮、缺乏冒險精神、以及以他人為取向等人格特點，他們是否購買新產品並不取決於自己的判斷，而是直接受到已經購買的消費者影響。
資料來源：廣州方舟市場研究有限公司。

九、固執的人格與靈活的人格

固執的消費者對特別的物體或者產品種類有著很強的興趣，常堅持不懈地獲取感興趣的物體或其他特別產品種類，例如在全世界都有很多收藏愛好者，他們收藏各種物品，如郵票、卡片、玩具娃娃等。靈活的消費者則會在各種產品或者服務中搖擺不定，缺少對於某種產品的忠誠度且容易受到宣傳的影響，造成其中差異之原因導因於這類消費者在購買產品時的變化性較大。

行銷的應用

人格因素在行銷的應用上是有價值的，行銷人員面對不同人格的消費者，應有不同的策略，才能得到最大的行銷效果；但在使用上，也不能忽略購買情境因素，畢竟消費行為是一個複雜的過程，不是單一因素所決定的。

專欄 8-2

從飲食的方式看人格

　　不同的人格呈現不同的特徵與行為模式，學者研究指出飲食習慣的方式可以看出人格的差異，例如經常站著吃東西、邊走邊進食，或無論何時何地都可以就餐、吃東西時總比別人先吃完，或者，進餐時習慣邊吃邊做其他的事，這種飲食習慣的人通常呈現出一種喜歡追求忙碌，及講求效率的人格特質。相反的，如果一個人總是喜歡慢慢的進食，也喜歡吃甜食（如糖果、巧克力等），並將將飲食視為是一種享受、一種快樂，這是一種重視生活品質、重視細節人格特質的人。

　　此外，有些緊張型人格特質的人，會以吃東西的方式來消除高度的緊張，平時情緒也是相當放不開的，當遇到美食在面前時也都無法拒絕。而衝動型的人格特質是那種會放縱自己、享受美食的人。

（資料來源：http://www.nen.com.cn 2005-01-24 09:48:29 東北新聞網。）

個案　　澳洲打工度假年輕人之人格特質

　　近年來，隨著澳洲的經濟發展和旅遊業的蓬勃發展，越來越多的臺灣人前往澳洲打工度假。自 2005 年開放打工度假之後、每年前往澳洲的人數幾乎是倍數成長，截至 2019 年疫情之前，臺灣每年至少有 6,000 人前往澳洲打工度假。截至 2019 年，已經有超過 20 萬位臺灣年輕人出發澳洲打工度假，澳洲是臺灣年輕人最熱門的打工度假國家。臺灣年輕人希望藉著在澳洲的工作經驗，學習更多的語言、文化和技能，同時體驗澳洲獨特的生活方式和美麗的自然風景。

　　根據最近的統計數據，臺灣人在澳洲的打工度假人數不斷增加，其中以年輕人居多。這些年輕人通常選擇在澳洲的餐廳、咖啡館、零售店或農場等地工作，藉此獲取寶貴的工作經驗和技能。透過打工度假賺取旅費及生活費，並在幅員廣闊的澳洲四處旅行、居住和參加各種活動，認識當地

的文化和風俗習慣，豐富自己的人生經歷，讓年輕的人生記錄上豐富驚豔的回憶。

很多研究發現，澳洲打工度假的年輕人有許多相同的人格特質。例如許育婷、洪慈珊和陳韻如 2020 年的研究發現，臺灣前往澳洲打工度假的人普遍具有探索精神和勇於冒險的個性。李威儀和吳維揚 2019 年的研究報告指出，臺灣前往澳洲打工度假的人主要是具有自信、創造力和探險精神的年輕人。蔡欣穎和李維聖 2019 年的報告指出，臺灣前往澳洲打工度假的人具有冒險精神、開放思維和積極進取的個性等等，以下整理澳洲打工度假的年輕人之人格特質。

1. 開放性：會去澳洲打工度假的人通常都具有開放性和多元化的價值觀。他們能夠接受不同文化和觀念，並且能夠適應多元化的社會環境。統計數字顯示，來自臺灣的打工度假者通常都能夠接受澳洲的多元文化和價值觀，並且能夠融入當地社會。

2. 勇氣：會去澳洲打工度假的人通常都具有勇氣和決心，能夠面對各種挑戰和困難。他們願意冒險和探索未知領域，並且有著堅定的信念和自信心。統計數字顯示，來自臺灣的打工度假者通常都能夠克服各種困難和挑戰，並且勇敢地面對新的環境和挑戰。

3. 好奇心：會去澳洲打工度假的人通常都具有強烈的好奇心和求知欲。他們對於新的知識和技能充滿熱情，並且喜歡尋找新的體驗和挑戰。統計數字顯示，來自臺灣的打工度假者在工作和旅遊中通常都具有好奇心和求知欲，並且喜歡學習新的知識和技能。

4. 獨立性：會去澳洲打工度假的人通常都具有較高的獨立性和自主性。他們喜歡掌控自己的生活和職業發展，並且能夠在陌生的環境中獨立生存。統計數字顯示，來自臺灣的打工度假者通常會適應當地的文化和生活方式，並在工作和旅遊中表現出獨立性和自主性。

5. 適應性：會去澳洲打工度假的人通常都具有良好的適應能力。他們能夠適應異國文化和環境，並且能夠快速融入當地社會。統計數字顯示，來自臺灣的打工度假者通常能夠適應澳洲的文化和生活方式，並且能夠與當地人建立良好的人際關係。

6. 社交能力：會去澳洲打工度假的人通常都具有良好的社交能力和溝通能力。他們能夠與不同背景的人建立良好的人際關係，並且能夠在不同的

社交場合中表現自如。統計數字顯示,來自臺灣的打工度假者通常都具有良好的社交能力和溝通能力,並且能夠與當地人建立良好的人際關係。

7. 責任感:會去澳洲打工度假的人通常都具有高度的責任感和使命感。他們願意承擔責任並且努力實現自己的目標和願

8. 樂觀積極:研究發現,會去澳洲打工度假的人通常擁有較為樂觀積極的人格特質,並且更傾向於尋求新的體驗和挑戰。

9. 自我探索:研究發現,許多會去澳洲打工度假的人希望透過這樣的體驗來進行自我探索,了解自己的興趣、能力和未來職業方向。

10.想像力豐富:有很多會去澳洲打工度假的人都具有豐富的想像力和探索精神。他們喜歡冒險和挑戰,對於新鮮的事物充滿好奇心。統計數字顯示,來自臺灣的年輕人在澳洲的工作和旅遊中表現出了強烈的探索和冒險精神。

　　您是否也擁有這些人格特質呢?是否也計畫追求不同的生活型態呢?筆者生活在澳洲,也發現有些人格特質內向的、無法獨立自主的年輕人,仍想追求這波流行,或想得到同儕的肯定來到澳洲挑戰自我,但來了一星期就回去的大有人在。當然也有簽證到期、仍然努力的以各種身分留下來生活的年輕人,畢竟澳洲是一個多元文化的國家,氣候舒適,自然資源豐富,生活品質高,還有那誘人的薪資,可以說是打工度假者的天堂,亦是許多人嚮往的移民國度。

問題與討論

　　目前全世界提供打工度假的國家包括澳洲、愛爾蘭、英國、加拿大、日本、德國等，其中又以「澳洲」占大多數，相較於其他國家最多 1~2 年的簽證停留，澳洲最長可以延伸到 3 年的簽證，對於想要長時間體驗國外生活及工作經驗者，無疑是最好選擇。

1. 請分享自己的性格是否具有能適應海外獨立生活的特性？為何？

2. 有計畫畢業後出國打工度假、體驗不同的人生歷練嗎？請分享討論之。

學習評量

一、是非題

1. (　) 外控型性格特徵的消費者會傾向將產品失敗歸咎於廠商。

2. (　) 人在不同的社會環境中會運用相同的方式去表達相同的目的。

3. (　) 人格特性反映了個人之間的差異，人格特性具有多變且持續發展的特質。

4. (　) 對於目標消費者的獨特人格特質，行銷人員可以修改其產品或是行銷策略來因應目標消費者的獨特人格特質。

5. (　) 根據消費者人格特質的看法，不同性格特徵的人，會有相同的消費模式。

6. (　) 人們所生長的環境與其人格發展有密切的關係。

7. (　) 不同的國家文化會培育出不同的人格特質，像是拉丁美洲的文化培養出熱情大方的性格。

8. (　) 不同的性格特徵會產生不同的消費行為。

9. (　) 低風險傾向性格的消費者消費行為比較謹慎。

10. (　) 情境的改變會影響性格的表現。

二、簡答題

1. 請說明人格的特質有哪些？行銷上的應用有何啟示？

2. 請說明人格五大面向的內容？

3. 影響人格產生的因素有哪些？請說明之？

4. 不同人格特質的消費者在行銷工作的應用有何意義？

5. 何謂人格特質理論？請舉例說明？

Chapter 09

家庭與消費者行為

前言

　　家庭是人類行為學習的第一個地點，也是許多人的興趣、偏好與價值觀塑造的第一個地方，更是人格養成的重要環境。因此家庭對於個人行為的影響是相當深遠的。大多數消費者的消費行為也都是受到家庭的影響。例如個人喜愛、購物的方式、選擇的考量等，無不受到家庭因素的影響。這些影響的方式主要是受到孩提時代社會化的過程，在這過程中，父、母親不時地以直接或間接的方式來指導、提醒小孩行為的規範，因此要了解消費者行為就應知道家庭對消費行為的影響內涵。

　　此外，家庭也是重要的社會群體，也是許多產品的基本消費客源。因此家庭是一個重要的消費單位，行銷人員必須要知道不同家庭型態的消費決策與流程，才能制訂有效的行銷策略。因此，本章透過家庭相關議題的討論，來了解消費者行為與其行銷上應用的意涵。

第一節 ＞ 家庭的內涵

　　家庭是一個重要行銷工作的目標單位，許多的產品或是服務也是以家庭為單位。例如量販店提供家庭式包裝的產品，遊樂場提供家庭票(2+1、2+2)的優惠，餐廳中提供家庭式包廂，汽車廣告中強調滿足家庭功能的家庭房車。因此家庭是一個不能忽略的重要行銷對象，所以家庭的內涵、類型、特徵、需求，及家庭成員的消費模式，都是行銷人員不能忽略的重要課題。

一、家庭與家計單位的定義

　　家庭是以婚姻、血緣或有收養關係的成員為基礎，所組成的一種社會生活組織形式或社會單位，一般家庭中的成員至少包括父親、母親與子女等。家庭是影響消費者行為的重要因素，個人從小自父母親的行為舉止中間接的觀察與直接的學習，從而產生個人的相關信念與價值觀，這些信念與價值觀直接影響到個人的相關行為。因此家庭是個人重要的一個參考群體，事實上，家庭是一個人一生中第一個參考群體。例如：家庭中女生學媽媽煮飯，男生學爸爸拿公事包上班。

　　與家庭相關的另一個重要名詞是：家計單位。何謂家計單位呢？家計單位是指兩個或是兩個以上的人所組織而成的生活單位。家計單位是許多消費商品的基本消費單位，例如一間公寓、一部汽車或一件大型家居用品等，都是由家計單位來消費的。因為除了家庭的形式外，家計單位的成員在進行消費時也會像家庭一樣彼此互相分工、互相影響。因此行銷人員對於家計單位也應該有基本的認識，因為家計單位就是一個消費單位。家計單位可分為家庭與住戶兩個觀念，請參考圖9-1，以下分別說明之。

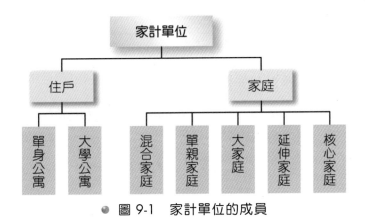

● 圖 9-1　家計單位的成員

二、家庭的類型

　　家庭依據成員組成的不同而有許多不同的類型，常見的家庭類型包括核心家庭、延伸家庭及單親家庭。

　　所謂核心家庭是以一對已婚的夫妻及一位以上未滿十八歲的小孩一起居住的家庭，核心家庭是現代社會中，最普遍的家庭結構。而延伸家庭是指一個核心家庭中至少有一位祖父或祖母同住的家庭，延伸家庭通常也可以說是三代同堂的家庭，在東方的社會中，延伸家庭也會擴及到叔伯或是嬸姨等親戚，而形成一種大家庭的結構。單親家庭顧名思義，就是家庭中只有一位單獨的親人與小孩所組成的家庭，通常是指一位父親或是母親與小孩同住的家庭，隨著社會的離婚率越來越高，單親家庭的數量也越來越多。

　　除了以血緣與親戚關係結合的家庭外，有另一種家計單位稱為是「住戶」。住戶通常是單身一人與一個或是一個以上的同居室友所組成。雖然沒有親戚或血緣關係，但同居住在一個屋簷下，有共同的消費需求，如冰箱、沙發、電視等需求，許多消費行為也會互相影響，甚至許多消費決策也是像家庭般，大家一起共

同討論。隨著人口結構與生活型態的轉變，住戶形式的數量在現代社會中也慢慢的增加，因此，住戶的存在與意義是從事行銷工作時不能忽略的重要因素。

另外，在現代社會中也常看到一種所謂的「混合家庭」，混合家庭的定義是指家庭成員中的父親或母親是離過婚再結婚的，並且也都各自有自己之前婚姻時所生的小孩，因此在這樣的家庭中許多兒童可能是與繼父（或繼母）和沒有血緣關係的兄弟姊妹住在一起。這種混合家庭也在慢慢的增加中，尤其是西方社會更為普遍。

 加油站

家庭是一個教導原則和實踐價值觀的地方。

The family is a place where principles are taught and values are lived.

羅賓・夏爾瑪(Robin Sharma)領導力專家

三、家庭的決策類型與影響因素

（一）家庭的決策類型

家庭每天都要做出許多購買決策，有的非常重要，有的則較為一般普通，例如重要到價值億萬的豪宅，或是平時外食時的餐廳選擇。在實際的生活中常發現家庭決策過程是相當有趣的現象與過程。像是許多家庭中產品的使用者通常都不是購買者，或是家庭裡年幼的小孩有重要的購買決策影響力等。這些現象都呈現出一些重要的訊息，例如：家庭中不同成員所扮演的社會角色各不相同，而在購買決策時的行為方式也有所差別，或是每位家庭成員都是重要的……等。本單元介紹不同的家庭決策類型。根據學者戴維斯(Davis)等人的研究，將家庭購買決策分成四種不同的方式，其中包括：

1. **妻子主導型**：所謂妻子主導型是指在決定購買什麼的問題上，由妻子來進行決策，例如家庭中廚房與洗手間相關的生活用品，大多時候都是由妻子來做決策的，其中包括品牌、數量與功能的要求等。

2. **丈夫主導型**：所謂丈夫指導型是指在決定購買什麼的問題上，由丈夫做主，例如一些比較男性化色彩的商品，如電器設備或汽車零件等，這些商品大都是由丈夫來做決定，並親自購買的。

3. **自主型**：所謂自主型的購買決策是指購買行為是由丈夫或妻子獨立做出決定，這類型的決策常見於個人使用的相關商品，如妻子的保養品，或是丈夫的替換型刮鬍刀片等。

4. **民主型**：所謂民主型的決策又稱為是共同主宰型，一般都是由丈夫和妻子，甚至家庭未成年小孩共同討論後所做出來的購買決策。

　　Davis 等人的研究發現也特別指出一些特定商品可能的決策者，像是購買保險通常屬丈夫主導型決策，而度假、孩子上學、購買和裝修住宅則多為民主型決策。清潔用品、廚房用品和食品的購買基本上是妻子主導型決策。飲料、花園用品等產品的購買，一般屬於自主型決策。因此家裡不同成員扮演著不同的決策角色。

（二）影響家庭購買決策類型的因素

　　雖然如同上述所言，不同家庭成員會有不同的角色扮演，而扮演的角色也不是一成不變的，也就是說家庭購買決策與成員角色的扮演會隨著事件的重要性、購買產品的種類、目的功能等不同因素而有所不同。相關研究指出，影響家庭購買決策的因素包括決定消費者居住地區的文化、家庭所屬的社會層級等。而不同決策主導的人也會有不一樣的購買決策，根據學者拉文(Lavin, 1993)的論點，影響家庭購買決策類型的因素大致有以下幾種：

1. 家庭成員對家庭的財務貢獻

　　某家庭成員的財務貢獻越大，其在家庭購買決策中的發言權、決定權也越大。例如現代女性在家庭中所賺得錢有時也不輸給男性，也因此多數的婦女不僅可以擺脫「尋找長期飯票」的負面形象，在家裡說話的分量也大多了。

2. 決策對特定家庭成員的重要性

　　如果一個決策對特定家庭成員越重要，則他（或她）對該決策的影響就越大。例如送小孩去讀補習班，要補什麼呢？中心的思考還是要了解小孩的興趣與專長，在這樣的情況下，小孩的意見與想法也就舉足輕重了。

3. 夫妻性別角色取向

夫妻間越具有傳統的性別角色刻板印象，則在決策上越傾向服從傳統的角色分工，像是「男主外、女主內」就是一種傳統的角色刻板印象的概念。例如在農村地區，家庭多以男性為核心，而形成所謂的父權社會體系，因此家庭中所有大小事情決策都是由男性負責為主。傳統上，丈夫負責的是專業方面的產品，妻子通常負責撫養孩子和購買家庭清潔有關的產品；但 21 世紀的家庭在傳統的角色分工與角色的期望上比較模糊，男性與女性的角色有些許的混淆與重疊，在購買決策中會更多地採用民主決策的方式。

4. 社會階層

不同社會階層的家庭型態會有不同的決策類型，研究發現指出，處於較高階層或較低階層的家庭，傾向於採用自主型決策方式，而中產階層的家庭則較常見到共同決策的形式。

5. 個人特徵

家庭成員的個人特徵對家庭購買決策類型，也有直接或間接的重要影響。包括收入、受教育程度、年齡、能力等。擁有更多收入的一方，所受教育程度越高，所參與的重要決策也就越多。成語上所說的「人微言輕」就是指一個人相關的條件與特徵會影響到他說話的重要性。

6. 產品因素

當某個產品對整個家庭都很重要，且其購買或購買風險很高時，家庭成員傾向於採用民主型決策。當產品為個人使用，且其購買或購買風險不大時，自主型決策則更為普遍。

7. 情境因素

當購買產品的時間充裕時，民主型決策出現的可能性增大；而當時間緊迫時，就會更多的採用丈夫或妻子主導型以及自主型決策。

家庭決策的主導權會因為上述的相關因素而有不同角色的分配，而了解誰是家裡決策的主導者有助於行銷決策的擬定，行銷若能設計出直接影響做決策的人，將會有事半功倍的效果。

家庭決策類型是一個複雜且受多種因素影響的主題。不同的文化、社會經濟背景、家庭動態和個人特徵等因素，都可能影響家庭決策的方式和結果。謝諾伊

(Shenoy, 2017)等人在《消費者行為期刊》上發表的研究發現印度家庭更傾向於使用階級式決策方式，而美國家庭更傾向於使用共識式決策方式。羅德里格斯(Rodriguez, 2013)在《家庭關係期刊》上發表，發現拉丁裔家庭傾向於使用協作式決策方式，而非裔美國家庭則更傾向於使用父權式決策方式。其他研究也都顯示文化差異的複雜性。總之，影響家庭決策類型除了家庭成員的地位角色因素外、民主發展程度、教育背景外、文化差異也是重要影響因素之一。

專欄 9-1

IKEA 賣的是生活哲學

　　IKEA（宜家）是創立於 1943 年的一家瑞典家居用品企業，創立之初主要經營文具郵購、雜貨等業務，之後轉向以販售家具為主業，在不斷擴張過程中，產品範圍擴展到涵蓋各種家居用品。在歐美等發達國家，IKEA 是以家庭的用品為主要的定位。因為物美價廉、款式新穎、產品兼具設計美學與實用性及良好的服務品質等特點，IKEA 也在廣告中強調其產品的價格實惠、高品質和方便性　因此受到廣大中低收入家庭的歡迎。

　　IKEA 的風格是強調居家生活的趣味，重視生活空間的實用性，及生活、人與家事之間的互動，也就是人在家庭空間的生活與家庭意義。因此 IKEA 強調其所賣的不只是單純的家具或者生活用具，而是賣生活使用的方式與實用的舒適情緒，是賣一種如何居家的生活觀。這種設計風格是源自於北歐，重視生活與實用性的感官感受。

　　IKEA 在過去幾年中將焦點轉向了數位化和線上銷售。除了 2012 年用AR（擴增實境）技術外，2017 年更推出了一個名為「IKEA Place」的應用程式，該應用程式使用增強現實技術，讓用戶可以在家中使用智能手機來看到 IKEA 家具在他們家中的實際大小和樣式。此外，IKEA 也在社交媒體上開展了廣泛的行銷活動，通過 Instagram、Facebook、YouTube 等平臺來推廣其產品和品牌。IKEA 除了不斷創新努力外，其經營理念更是獲得許多家庭消費者的認同與迴響，因此也創造出亮麗的成績。

加油站

外送平臺在 2020 上半年疫情時間，跟上年度同期相比較，成長率達到了 293.78%，是臺灣所有行業裡成長率最高的一項，以將近三倍成長領先所有領域。

邱宏祥 2022（行銷專家）

第二節 > 家庭角色

家庭的購買決策會有許多不同的家庭成員參與，每一個家庭在不同的購買決策中會扮演不同的角色，這些不同決策的過程中所扮演的角色包括：發起者、守門員、影響者、決策者、購買者、使用者、維護者與處分者。要特別強調的是，這些角色不完全是固定的，也不是依據年紀大小來區分，而是依照在消費決策過程中所處的立場來決定角色。例如小孩子在買賣當勞的食物時，是屬於發起者的角色，但購買者可能是父母親、或是較年長的兄姐，而最後的使用者也可以是發起者。所以個人在家庭購買的決策中，會扮演不同的角色，有時一個人也會同時扮演一個以上的角色。相關角色分敘如下：

一、發起者

所謂發起者是指在家裡提出相關需求的人。這提議可能也引起其他人的共鳴，間接或是直接的將提案列為是有需求的事物。例如：父親提議要到外面餐廳用餐，父親就是一位發起者。

二、影響者

影響者是在決策中提出關鍵因素、想法或評估準則的人，或提供替代方案及資訊以供評估使用，影響者的作用可以是正面的影響，有時也會是負面的影響。例如：父親提議要去外面用餐，母親卻提出不同的意見，認為外面用餐不衛生，此時，母親就是一位影響者；影響者不一定是長輩，小孩覺得外出用餐很棒，希望媽媽可以答應爸爸的提案，此時，小孩也是一位影響者。

三、決定者

決定者就是最後下決定的人，通常都是有財務掌握權力或是擁有購買力的人，而這些人在家中大都是指父親或母親。例如：外出用餐的提議，雖然父母意見不一樣，但最後媽媽決定同意外出用餐，媽媽就是決定者（事實上，在現代家庭中，許多決定權都是在女性身上）。

四、採購者

採購者是指實際去進行採買商品的人，採購行為通常是在決定者確認消費後進行的下一個動作。過程中包括尋找商品、議價、比較與購買。以家庭外出用餐為例，採購者（付錢的人）通常是父親或是母親。

五、使用者

所謂使用者就是指直接使用商品的人，使用商品的人不一定是購買的人或是做決策的人，但是使用者在家庭中多少都有直接或是間接的影響力。使用者也會透過不同的形式將其使用的經驗與家庭中其他成員分享，這些直接使用的經驗也會影響下一次家庭成員在進行類似購買行為時的參考。例如：家庭外出用餐時，所有家庭成員都可以是「使用者」，因為是大家一起用餐、一起消費的。

六、維護者

維護者是指針對商品進行相關保管或是照顧的人，以家裡的電視為例，通常維護者都是父親（男性）較多。在家庭外出用餐時，則比較沒有維護者的角色出現；如果有的話也可以說家庭用餐時，吃不完的食物會請餐廳人員打包帶回家，而負責將打包的食物帶回家處理的人，或許就可以稱為是維護者。

七、處分者

所謂處分者是指將商品做最終處理的人，例如：從餐廳打包回來的食物，放在冰箱好幾天都沒有人吃，媽媽在整理冰箱時就將食物丟入廚餘桶處理掉，此時，媽媽就是扮演處分者的角色。

以上每一個角色都不是固定不變的,例如媽媽處理廚餘,但不表示家裡所有的東西都是由媽媽來處理的,像是中古車要賣可能是爸爸來扮演處分者的角色;而電池回收處分可能是由讀小學的孩子帶去學校集體回收做環保(拿獎狀)。其他角色如使用者、購買者、影響者也都是一樣,由不同的家庭成員來扮演,也都沒有一定固定不變的角色。

以男性的商品為例,在家庭中進行決策決定與購買的人通常是女性,例如妻子幫丈夫購買衣服、領帶與其他相關生活用品等,而在未婚男女同居的「住戶」觀念中,女朋友幫男朋友買相關的用品也是常見的現象;再以麥當勞為例,在購買麥當勞食物時,小孩的決策影響力就大於家中其他成員,因此也常看到麥當勞的廣告中嘗試以小孩為主要的訴求角色。

加油站

家庭不是一件重要的事情,而是一切事情。

Family is not an important thing. It's everything.

邁克爾・J・福克斯(Michael J. Fox)演員和慈善家

專欄 9-2

家庭決策的角色:以飼養寵物為例

家庭決議是否養寵物的情境中,家庭成員可能扮演以下角色:

1. 發起者:發起者是提出建議或主張的人,可能是任何一位家庭成員。通常家裡發起者可能是一位孩子或一位喜愛寵物的成年人,他們提出養寵物的想法。

2. 影響者:影響者是對決策提供意見、建議或資訊的人,他們的言論可能對決策有重要的影響。在這個情境下,影響者可能是家庭中對養寵物有不同意見的成員,如對寵物過敏或對照顧寵物感到不方便的人,他們提供的資訊和觀點可能影響其他家庭成員的決策。也可能是贊成的兄弟姊妹,會去影響有權力做決定的人。

3. 決定者：決定者是最終負責做出決策的人，可能是家庭中的某位成員或整個家庭。在這個情境下，決定者可能是家庭中的成年人，他們負責考慮所有相關因素，並做出最終的決策。通常是爸爸或是媽媽。

4. 採購者：採購者是負責購買寵物和相關用品的人，他們必須考慮到家庭預算和寵物的需求。在這個情境下，採購者可能是決定者或其他成員，他們必須確保購買的寵物和用品符合家庭需求和預算。這是要付現金或是刷卡、通常也都是由家裡成人或爸媽來負責。

5. 維護者：維護者是負責照顧和保護寵物的人，他們必須有能力和時間來照顧寵物的健康和安全。在這個情境下，維護者可能是使用者或其他成員，他們必須確保寵物得到適當的食物、水、運動和醫療照顧。通常一開始是發起者和使用者的小孩，但最後都會變成是父母親來擔任剷屎官。

6. 使用者：使用者是寵物的主人，他們負責照顧、餵養和保護寵物。在這個情境下，使用者可能是家庭中的孩子或成年人，他們必須願意且有能力照顧寵物，也是寵物的主人。

7. 處分者：處分者是負責對寵物做出處置決策的人，可能是因為寵物已經過世或家庭無法繼續照顧寵物要送給別人。在這個情境下，處分者可能是決定者或其他成員，他們必須考慮到對寵物的尊重和負責任的處置方式。

第三節 ▷ 家庭生命週期

一、傳統的家庭生命週期

　　家庭的發展像是萬物生存的發展一樣，都有生命的過程，這過程從一開始的結婚、生子、小孩長大離家、到老伴離開等階段，我們稱之為家庭生命週期。家庭生命週期的每一個階段都有其不同的需求與任務，因此購買行為也有一定的模式可循。柯特勒(Kotler, 1997)認為處於不同家庭生命週期階段的人，將呈現不同的購買或型態。其將個人的一生，分成九個不同的階段。家庭生命週期包括：單身期、新婚期、滿巢一期、滿巢二期、滿巢三期、空巢一期、空巢二期、鰥寡就業期、鰥寡退休期。以下分別敘述之：

（一）單身期(bachelor)

所謂的單身期是指住在家的年輕單身漢，單身期的消費者雖然收入不高，但需求也少，故收入可隨意運用。部分用在買車和居住在外的基本布置和設備上，這些年輕單身漢比較時髦、重視娛樂傾向，相當比例的開銷用在衣服、飲料、外食、休閒度假和社交聯誼上。

隨著大學生就業和打工者人數的增多，這部分人也在逐漸增多，這一時期的消費者，沒有什麼經濟負擔，故有較高的支配空間。消費心理則多以自我為中心，這一群體比較關心時尚，崇尚娛樂和休閒，消費內容有著明顯的娛樂導向。

消費特性：單身期的消費者財富負擔較輕，常是時尚之意見領袖，且亦喜歡休閒活動。最常購買的商品是基本的廚房用具、家具、汽車、聚會用的設備等。

（二）新婚期(newly married couples)

新婚期是指剛結婚、年輕、無小孩的時期。新婚期沒有小孩的夫妻在財務上較為寬鬆，尤其是雙薪家庭，在消費上有相當比例的開銷是花在購買家常用品、購買家庭保險、進行家庭儲蓄、衣服、車子、以及進行浪漫的休閒度假上。這個時期在整個家庭生活週期中所占的時間比例有擴大的趨勢，而形成所謂的頂客(DINK)族(Double Income No Kid)。

消費特性：因為家庭的需要，時常購買固定、必須的耐久商品，包括汽車、電冰箱、冷氣機、液晶電視等。

（三）滿巢期第一期(full nest I)

所謂的滿巢期第一期是指家裡小孩出生，及年齡少於六歲的時期，家庭常隨著第一個小孩的誕生，妻子停止工作，收入也因而減少。同時，也由於嬰兒帶來新的需求，家庭的開銷模式也隨之改變。這個時期主要購買的商品是：玩具、食品、衣服，及學齡期主要的各種學習和教育費用。

消費特性：這期間家庭的主要支出是一些消費品，如更換家具、家用電器、烘乾機、維他命，及全家外出旅遊等。其中以家庭日用物品的購買最多，別是小孩學習上的相關必需品，流動資產少，通常財務狀況較為吃緊。

（四）滿巢期第二期（full nest II）

滿巢期第二期是指家裡的小孩年齡大於 6 歲以上，但仍屬於需要照顧的時期。滿巢期第二期時的小孩大都是已 6 歲以上，丈夫或是妻子在職場上的工作也都有一段時間了，因此通常職務上也都有所升遷，經濟情況也因此有所改進。

消費特性：這時期的財務狀況較好，有時妻子能外出工作（因小孩上小學了），常購買大包裝或是多用組合之產品。

（五）滿巢三期（full nest III）

滿巢期第三期是指夫妻結婚時間有一段時間了，家裡的子女也逐漸長大，但還是需要扶養，這階段就是滿巢期第三期。這時期的家庭經濟情況有持續的改善，因為夫妻雙方薪資都會增加（隨著年資），而子女也會打工賺錢，擁有自己的收入，減輕對家人的依賴。

消費特性：這時期的財務狀況尚可，妻子更有機會出外工作，某些小孩也有工作。購買商品耐久品為主，但不同於之前的商品，而是傾向電腦、高級音響、XBOX 電視遊樂器等娛樂性商品。

（六）空巢一期（empty nest I）

空巢期第一期是指年老夫妻相依為命，孩子不居住在身邊，但夫妻還繼續在上班，空巢期第一期的家庭大都很滿意其經濟情況，收入也繼續增加，因為子女也多數已離家外出就業（或升學），不再有其他的財務負擔。由於年紀漸大，健康逐漸在他們的消費中占據導向性地位，購買有助於睡眠的設施、各種健身器材、保健用品等消費行為也就隨之日益增多了。

消費特性：家庭產權最多，滿意本身的財務與儲蓄狀況，喜歡旅遊、休閒活動與自我教育。時常贈送禮物及捐獻財物，對新產品比較不感興趣。

（七）空巢二期（empty nest II）

相對於空巢期第一期來說，相似的是年老夫妻還是相依為命，孩子一樣不居住在身邊，但特別的是，年邁的夫妻大都已進入退休狀態。也因為退休的狀況，收入是沒有來源的，只有可能的退休金；生活花費較注重在健康上，居住的地方或許以較小的公寓，或是健全的養身中心（公寓）為考量。

消費特性：沒有固定收入，只有可能的退休金，仍保有住宅。購買醫療器材、幫助健康、睡眠與養身等產品或藥品為主。

（八）鰥寡就業期(solitary survivor, in labor force)

所謂鰥寡者是指妻子過世（鰥）或是丈夫過世（寡）的老年人，一般處於退休狀態，如果有工作會有還不錯的收入；如果沒有工作又沒有退休金，小孩也不照顧時，會接近變賣家產的邊緣。

消費特性：花更多錢在休閒度假和健康上，特別是健康的相關支出比例特別高。

（九）鰥寡退休期(solitary survivor, retired)

退休的單一生存者，消費型態一樣，但格局較小，因收入減少，同時這些人需要照顧與安養。由於收入來源的減少以及老年人自身活動能力的減弱，其消費能力也相對下降，會形成一種較為節儉的生活方式。

消費特性：同樣需要許多醫藥品，收入遞減，對照顧、關懷與安全感的需求大。

老年人在生活上有著不同的需要。（攝影：曾麗芳）

家庭形成期 築巢期	家庭成長期 滿巢期	家庭成熟期 離巢期	家庭衰老期 空巢期
起點－結婚 終點－子女出生 家庭支出增加 保險需求增加 股票基金定投 追求收入成長 避免透支信貸	起點－子女出生 終點－子女獨立 家計支出固定 教育負擔增加 保險需求高峰 購屋償還房貸 投資股債平衡	起點－子女獨立 終點－夫妻退休 收入達到顛峰 支出逐漸降低 保險需求降低 準備退休基金 控制投資風險	起點－夫妻退休 終點－一方身故 理財收入為主 醫療休閒支出 終身壽險節稅 領用退休年金 固定收益為主

 專欄 9-3

家庭不可或缺的產品：微波食品

微波爐是美國科學家斯本塞(Percy Le Baron Spencer)在 1945 年所發明的，Spencer 在一個偶然的機會觀察到微波能使周圍的物體發熱，進而持續研究發明微波爐。這項產品在近代的生活形態中特別受到消費者的喜歡，幾乎每一個家庭就有一臺。在現代人忙碌的步調中，由於用微波爐烹飪食物又快又方便，而且許多料理也不失其美味，因此有人把微波爐稱為「婦女的解放者」。

微波食品提供生活忙碌的現代人，一個在最短時間能打理三餐的絕佳方式，因此慢慢的滲入人們的生活，也慢慢的改變人們的生活習慣。資料顯示，目前全球有十億左右的家庭在使用微波爐。

在美國，使用微波爐的家庭的比例高達 90.7%。2019 年行政院主計總處所公布的「家庭收支調查」，臺灣地區家庭中有使用微波爐的比例為 85.4%。這樣的現象代表微波爐這項商品確實契合了現代人的生活模式。

也因為微波爐的普遍性，市場上都可以找到相關的微波食品，像在便利商店販賣的簡單便當，或是量販店的鮮魚料理大餐，有許多料理還都是一般家庭煮不出來的，家庭主婦（夫）只要買回家把食物放進微波爐內，按幾個數字鍵，不用一下子，便可以享用鮮美大餐了。

微波爐與微波食品能受到大眾的廣泛喜愛在於現代人生活型態的契合，因為現代生活中，雙薪家庭也越來越多，每個人的工作也都異常的繁忙，幾乎是沒有時間準備三餐。而採用微波爐烹製食品具有清潔、快速、方便等諸多優點，相較傳統的烹調方式來得節省大量時間，且沒有油煙、蒸汽的產生，因此越來越多的家庭對微波食品表現出了認可的態度。

二、非傳統的家庭生命週期

由於生活形態與人們價值觀的改變，家庭的觀念似乎與「古早」時期不太一樣，這些改變包括對婚姻的看法改變、對性別角色的看法改變與對家庭功能的看法改變等。從傳統的家庭生命週期來看這些改變，似乎造成某些時期的消失，或

是某些時期的延長，或是根本與傳統家庭生命週期無關的型態，這種新的家庭生命週期的特徵與可能的需求也是行銷人員應該知道的，這些新的家庭生命週期有一些特徵，以下分項敘述之：

1. **單身期延長**：成年子女不結婚，形成成年人與年邁雙親（或退休雙親）居住在一起，成為所謂的寄居族，父母親的居所變成是這些成年人的避風港。

2. **新婚期延長**：造成新婚期延長，結婚的夫妻選擇晚點生小孩或甚至不生小孩，如果夫妻兩人皆在上班，就形成所謂的頂客(DINK)族。因此頂客族也是新世代家庭的重要特徵之一，這些頂客族有時終其一生都是不生小孩的。

3. **滿巢期與空巢期消失**：因為結婚不生小孩，因此沒有所謂的滿巢期與空巢期的出現，在歐洲國家尤其明顯，有些國家的人口還呈現負成長，使得該國家政府祭出相當優渥的育嬰假、陪產假及工作保障等方案，以鼓勵生產。

4. **離婚率高**：因為離婚率高，因此造成許多單親家庭，或是不同形式的混合家庭。

　　行銷人員應該要了解這些不同家庭週期改變的差異，並規劃出符合新世代家庭階段需求的行銷組合。

 專欄 9-4

單身寄生族的形成

　　近年來單身不結婚的人越來越多，也因為沒有自己成立家庭，因此就住在原出生的家庭中。成年子女住在家中，茶來伸手，飯來張口，快樂的不得了，但可能卻苦了年邁的父母親，因為這樣的生活模式導致原父母親的滿巢期三期擴大，還要繼續照顧成年子女，照顧時間甚至永無止境。日本著名社會學者山田昌弘稱這類行為的人為「單身寄生族」

　　根據 2021 年內政部戶政司的統計數據，臺灣單身寄生族的人口數為約 140 萬人，占總人口約 6%左右。其中男性占比較高，約占單身寄生族總人口的 60%。臺灣單身寄生族人口占未婚男女五分之一的比例，也就是說五位未婚男女終究有一位是單身寄生族。

　　為何會形成這種「寄生」的現象呢？原因至少有下列兩點：一、在現代的生活中，生活所需負擔相當大，房子買不起、租金也貴，因此還不如

待在家中；二、現代女性專業能力強、工作機會多，不以結婚為生涯目標。而男性瀟灑倜儻，也不喜歡被家庭束縛，因此，不論男女，結婚對象似乎是不容易找的，在沒有結婚的情況下，住在家裡又有很多好處，包括不用付租金、不用付水電費、免費吃三餐加宵夜、衣服有人洗等等，因此這種寄生在家中的成年單身男女就越來越多了。

第四節 > 家庭決策與衝突

家庭是一群人所組成的，這些家庭成員在消費上多少都有不同的需求與期望，因此在許多情況之下，家庭成員在進行購買決策時，常會有意見相左、或是衝突的狀況產生。因此了解家庭決策時的衝突情形，有利於分析家庭在消費上的狀況。

一、家庭衝突的影響因素

家庭衝突是常見的情況，例如在家庭中選擇餐廳時會衝突、考量出國旅行的地方會衝突、買何種牌子的電腦會衝突等等，而造成衝突的原因為何？許多學者根據這主題提出不同的看法。學者 Seymour and Lessne (1984)曾提出影響家庭衝突的四大因素，包括：人際關係因素、產品涉入程度因素、責任考量因素、權力作祟因素，以下分別說明之。

（一）人際關係因素

當家庭成員越重視彼此之間的關係，則衝突會越少。例如許多青少年在叛逆期時，生活重心是以自己的同儕團體為主，與家庭成員的關係較為淡薄，因此衝突也會較多。

（二）產品涉入程度因素

家庭成員有不同的需求與興趣，當自己所期望的興趣或需要與其他家庭成員有意見相左時，衝突就會產生。例如家庭成員年底有一筆經費可以運用，若是成員 A 的興趣在於音樂，期望可以添購鋼琴，而成員 B 的喜好在於重型機車，期望能購買一臺酷炫的重型機車，如果雙方都堅持己見，則衝突就會越激烈。

（三）責任考量因素

許多決策的結果涉及到相關的權力與責任的分配，以子女來說，對於許多的產品是屬於使用者（或享樂者），但是購買者、維護者或是處置者則都是其他成員在負責，這種責任不分的現象也常是衝突產生的原因之一。

（四）權力作祟因素

學者指出許多花錢購物的人（家庭中通常是父親或母親），常會透露出「賺錢不容易」、「錢是我賺的，別人管不著」、「小孩有耳沒嘴、不要出任何意見」等，但對小孩來說，父母是有責任負擔其生活上的需要與期望的，而父母藉由權力作祟的心態藉故忽略，而產生家庭間的衝突。

從衝突的原因討論過程中，可以了解衝突可能是來自不同的看法、期望或是作法等，也就是說衝突不一定是不同的目標物，有時是同一個目標物但看法不一致而產生衝突。例如一個家庭在「行」的需求上，有需要買車的共同想法（目標一致），但對於車種，或是車子的大小、功能會因為有不同的意見而起衝突（手段不一致），因此學者 Sheth and Mittal (2004)以手段與目的將家庭產生的衝突分成四大類型，這四大類型如圖 9-2 家庭衝突的類型所示：

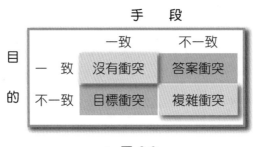

● 圖 9-2

（一）沒有衝突

所謂沒有衝突是指家庭成員對於消費的目標與手段都是一致的，因此沒有特別需要爭議的地方。例如全家人都同意要去「美國」、「度假」、「兩星期」；或是買「一部」、「國產」、「休旅車」，並運用「零利率」、「分期付款」、「三年」的方式，家庭每一位成員都同意。

（二）答案衝突

　　所謂答案衝突就是指目標一致但是手段想法不一致所形成的衝突，例如家庭決定要暑假出國，出國是共同的目標，但是要去哪一國？要走自助旅行的休閒路線？還是參與走馬看花的旅行團？此時大家意見不一樣，衝突就自然產生了。

（三）目標衝突

　　所謂目標衝突是指家庭成員的作法是一致的，但達成作法的目標不同，例如家庭成員都認為旅行是重要抒解身心的好方法，但要去哪裡旅行，父母希望以南臺灣為目的地，而子女想要做「哈囉凱蒂」飛機去日本，一個目標要去南臺灣，一個目標是要出國去日本。這就是一種目標衝突。

（四）複雜衝突

　　所謂複雜的衝突就是一種意見相當不同的衝突，這意見包括目標不一致、作法不一致等。

　　例如以度假為例，家庭成員有人認為要出國（目標）、就要到熱鬧、觀光可以血拼的地方。而其他成員則認為應該去的目的應該是南臺灣的鄉間小鎮。這種去的地方有國內與國外，還是休假的方式有城市景點與鄉間小鎮，就是一種複雜的衝突。

　　對於行銷人員來說，家庭衝突代表著不同家庭角色的需要與期待，行銷人員從其中的了解可以設計出更符合需要的廣告訴求。許多廣告也都是以這樣的衝突狀況為思考設計重點，提出所謂「滿足全家人」的訴求重點，或廣告中強調「愛她就要滿足她」的類似的廣告文案。

 專欄 9-5

家庭式餐廳

　　餐廳有不同的類型，有浪漫的法國餐廳，有典雅的日本餐廳，也有古色古香的中式餐廳。但對於家庭中有年幼小孩的雙親來說，這些似乎都不是最好的用餐地點，因為年幼的小朋友是不適合到高級餐廳用餐的，國外有些高級餐廳也是謝絕年幼小孩消費。此外，速食店的食物對許多人來說

不僅不營養、口味也差，要帶小孩出外打打牙祭有時對於父母來說真是一件苦差事。

而家庭式的餐廳似乎在速食餐廳與高級餐廳之中，可以說是一個還不錯的選擇，許多家庭式餐廳的內部設計都是以滿足小朋友的需求為導向，對於滿巢期第一期的家庭來說，是相當受到歡迎的。家庭式餐廳提供了較寬大的空間與遊戲間，提供大桌面大沙發椅的設計，讓用餐變成是一種家庭休閒活動的一種，最重要的是小孩在餐廳中嬉鬧是比較不會造成父母的尷尬的，不但父母吃的安心，小孩也玩的開心。如果餐廳所鎖定的目標市場是家庭的話，設計一個符合全家用餐的環境是相當必要的。

個案　Club Med 地中海俱樂部滿足全家的需求

出國旅遊是許多家庭的夢想，也常是許多家庭的夢魘，尤其是家庭中有年幼的小孩，在出國的過程中是會讓父母親飽受煎熬，苦不堪言的。

有眼光的人就提前看到這些現象與需求，法國全球度假連鎖集團 Club Med 敏銳地洞察到這是一片藍海市場，率先推出針對全家人一價全包式的度假服務。CLUB MED 來自法國成立於 1950 年，中文名為「地中海俱樂部」，是目前全球最大的旅遊度假連鎖集團，一共擁有遍布全球 5 大洲 30 個國家的 80 多座度假村，其醒目的海神戟標誌已經遍布全世界最美麗的角落，在疫情時間雖然暫時關閉了一些度假村，但是他的版圖卻沒有停止，也預計 2024 年即將啟用在馬來西亞的第二個度假村。

Club Med 全包式度假村經營模式，為旅遊創造另一嶄新形式的度假方式，其全包式旅遊行程，旅費即涵蓋機票、住宿、機場接送、三餐、吧檯飲料、小費以及使用度假村內多項設備費用等。因此，旅客於度假期間毋

須煩惱預算、花費等財務事，盡情在度假村中享受假期。甚至連吃飯都不用煩惱，因為 Club Med 不僅是從早到晚的歡樂殿堂，也是美食佳餚天堂，隨時都有美食填飽肚子或滿足味蕾。

在 Club Med 度假就是可以隨心所欲地過日子，品嘗美食，享受生活。度假村內餐廳提供豐富多樣的佳餚美饌，菜色天天更新，泰式、日式、中式、西式多項料理滿足旅客多項需求，如餐飲部分包含「精緻無限歡暢吧」，吧臺提供各式飲品及點心，包括調酒、咖啡、茶、汽水、酒類等飲料，及各式沙拉、輕食、三明治、甜品、冰淇淋等多樣化點心，在三餐之外提供客人更豐富完整的美食品嚐。

家庭出外旅行度假最困擾的就是小孩的照顧，而 Club Med 提供各個年齡層孩子的專業照顧，除了托嬰外，活力充沛的小朋友們在專人帶領下或在泳池戲水，或在度假村內遊玩各項玩樂設施，包括度假村內各樣體育運動、戶外活動、水上活動、課程活動，如瑜伽、高爾夫球、網球、廚藝課、舞蹈、彈跳活動、空中飛人等，可隨心所欲挑選。此外，Club Med 亦有專為青少年量身打造的「青少年異想世界」，讓青少年有專屬的遊樂區域，並可以投入錄映室、珠寶製作、hip-hop 舞蹈、馬戲課等各項活動，讓青少年愉快地享受自己的度假空間與活動。

Club Med 的度假村旨在為全家提供一個完美的度假體驗，滿足不同年齡、不同喜好的家庭成員的需求。以下是 Club Med 滿足全家需求的作法：

1. 全年齡段都有適合的活動：Club Med 提供了各種不同類型的活動，包括沙灘活動、滑雪、高爾夫、水上活動、健身等等，讓不同年齡段的家庭成員都能找到自己喜歡的活動。

2. 全天候的優質托兒服務：Club Med 的度假村提供優質的托兒服務，讓父母能夠在享受自己的度假時，放心地把孩子交給專業的工作人員照顧。

3. 多樣的飲食選擇：Club Med 的度假村提供多樣化的美食選擇，包括國際美食、當地特色美食、兒童專屬餐點等等，滿足不同口味的家庭成員的需求。

4. 豪華住宿：Club Med 的度假村提供舒適、豪華的住宿環境，包括豪華別墅、家庭套房、連通房間等，讓全家能夠共享美好的住宿體驗。

5. 優質的服務：Club Med 的工作人員提供優質的服務，包括幫助預訂活動、安排旅遊路線、提供諮詢等等，讓全家能夠輕鬆愉快地享受假期。

Club Med 的經營理念是要營造一個充滿家庭氣氛與度假環境的優質度假地點，因此 Club Med 家庭客群約占七成以上的比例，這些快樂、輕鬆、自在的全家人度假勝地受到很多人的喜愛，也因此 Club Med 常被稱為是家庭的歡樂天堂。

問題與討論

許多遊樂區、餐廳或旅遊模式皆以家庭為單位進行規劃，也獲得許多正面的回應。Club Med 的經營就是一個相當成功的例子。

試問，以家庭為單位還可以開發何種商機？

學習評量

一、是非題

1. (　) 處於不同家庭生命週期的消費者都會有大同小異的消費行為模式。

2. (　) 一個家庭中的成員往往會表現出極為不類似的消費型態。

3. (　) 家庭生命週期階段與不同家庭購物決策主宰的類型無關。

4. (　) 在家庭決策的討論中，高階與低階的社會階層的決策類型比較傾向個別決策。

5. (　) 不同的生命週期有不同的市場區隔，包括年齡、婚姻狀況、孩子狀態等。

6. (　) 在家庭的決策中，父母會影響小孩的意見，小孩也會影響父母的想法。

7. (　) 不同家庭類型的消費模式會有顯著的差異。

8. (　) 家庭成員的教育程度、年齡等因素會影響其意見的重要性。

9. (　) 家庭是一個重要的消費單位，許多企業的產品是以家庭單位為主要的目標市場。

10. (　) 在家庭消費的角色扮演中，一個成員只能擔任其中一種角色。

二、簡答題

1. 請說明家庭生命週期有哪幾個階段？

2. 請說明家庭決策類型的影響因素？

3. 家庭成員所扮演的消費角色有哪些？

4. 影響家庭決策時的衝突有哪些因素？

5. 不同的家庭類型會有哪些不同的消費行為表現與需求？

MEMO:

Chapter **10**

參考群體與消費者行為

前言

　　人是社會性的動物，生活中許多事情大都會與周遭的人、事、物發生互動，也因此許多行為也會與環境中的人相互影響，這些行為當然也包括「消費行為」。消費者生活中所消費的各種商品或多或少都受到身邊朋友、親戚、同學，甚至是許多影視歌星、政商名流所影響，特別是近年來自媒體如雨後春筍般的興起，很多消費行為是被網紅所影響。為何消費者會受到影響？如何影響？行銷意涵為何？這些議題都將在本章內容中進行討論。

第一節 ▷ 參考群體的內涵

　　本節首先探討參考群體的內涵，並藉由介紹參考群體的定義、重要性與類別來了解參考群體的意涵。

一、參考群體的定義

　　所謂參考群體(reference group)就是指一個人或一個群體，他們被消費者視為其一般或特定的思想、感覺及行動的參考依據。簡單的說：參考群體是指對個人的行為、態度、價值觀等有直接影響的群體。消費者在做不同的購買決定時會受到不同參考群體的影響，而消費者在任何一段時間，可能有許多不同的參考群體，這些參考群體可能是身旁認識的人或是仰慕的對象等，包括家庭成員、朋友、同事，或是網紅、粉絲團及當地社會的成員或者是消費者渴望加入的群體都是消費者行為的參考群體。

　　參考群體是由一群人組成，這群人是經過消費者自己選擇出來的，以作為消費時的指導與參考的準繩，他們與消費者具有某些共同的特徵，例如文化、價值觀、年齡、性別或生活習慣。消費者依賴這些參考群體提供資訊、想法、資源和形象，來完成消費行為。因此，參考群體提供一條路徑，透過這個路徑，來影響其價值觀、信念、生活習性、心理活動，或影響到消費者的行為程序，因為參考群體提供消費者消費動機、認知、學習、態度形成和決定等方面的標準，更影響了整個消費過程，所以參考群體是影響消費者行為的一個重要背景因素。

二、群體對個人的影響

　　一個群體有其特定的特徵，其中包括群體成員有一定關係的聯繫，群體成員之間也都有共同目標和持續的相互交往，此外，群體成員也有共同的群體意識和規範。因為有這樣的互動與關連，群體成員在接觸和互動過程中，透過心理和行為的相互影響與學習，便會產生一些共同的信念、態度和規範，它們會對消費者的行為，產生潛移默化的影響，也因此，群體間的規範和壓力，會促使消費者自覺或不自覺地與群體的期待保持一致。

　　Solomon Asch 在 1951 年用圖形的方式，實驗人們心理狀態中的從眾行為並探討群體對人的行為可能產生的影響，研究發現，當人們期望被群體接納的意願越高，越會令人產生一種從眾心理。以下簡述 Asch 的研究內容：

　　在 Asch 的研究中，受試者是坐在一張有 7~9 個人的桌子旁，而這些人都是實驗者的共謀。這些人首先會讓他們看一張卡片，卡片上有一條直線，之後再看第二張卡片，卡片上有三條不同長度的直線，其中有一條很明顯的是和第一張卡片上的直線長度相同，而這群人被要求輪流回答第二張卡片上哪一條直線的長度是和第一張卡片的長度相等，此時這名受試者是坐在倒數第二個位子。這個答案是很明顯的，而在大部分的試驗中每個人會給予相同的答案，但在某一些操弄的試驗中，這些實驗者的共謀被指示要給予一個錯誤的答案，而 Asch 則在觀察這樣的情況會引發受試者怎樣的從眾行為。

　　結果令人震驚，即使答案很明顯，但在三分之一的情況中，受試者會遵從團體的不正確答案，而 75%的受試者會至少遵從一次，而團體不夠大也會有如此的從眾行為，當團體成員有 2~16 個人，只要有 3~4 個實驗者的共謀在其中，就會如同在更大的團體之中一般，有效地產生從眾行為。這研究的結果說明群體的影響力量，也說明個人是相當容易受到身邊人的影響的。

資料來源：佛光大學心理學系
http://www.fgu.edu.tw/~psychology/know/personal/
SolomonAsch.htm

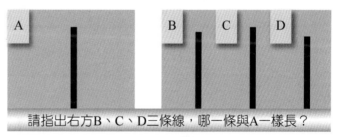

請指出右方B、C、D三條線，哪一條與A一樣長？

● 圖 10-1　實驗卡片

 專欄 10-1

網路社群

　　參考團體影響消費者生活中不同的層面，隨著科技的發達，促進網路使用者普及化，消費者在網路上也形成不同的社群，並在社群中互動、分享資訊，並互相影響。

　　網路社群通常包括社交媒體平臺（例如 Facebook、Twitter、Instagram、YouTube 等）、討論論壇、網路社群網站（例如 Reddit、Quora、Digg 等）、博客、即時通訊平臺（例如 WhatsApp、Line、WeChat 等）等等。根據 Datareportal 2022 年的一份報告，全球有超過 42 億人使用社交媒體，占全球總人口的 53%。其中，Facebook 是最大的社交媒體平臺，擁有 29 億用戶，占全球總人口的 37%。網路社群對消費者的消費行為具有相當大的影響。消費者可以在社群中分享自己的購物經驗、評價產品、瀏覽其他消費者的評論、參考社群中的產品推薦等，這些都可能影響他們的購買決策。此外，許多品牌和企業也使用社群媒體平臺來推廣產品和服務，以及與消費者進行互動和溝通，進而影響消費者的購買行為。

　　也因為這樣的趨勢，企業也都主動的提供免費的網路空間，讓消費者來分享心得，甚至是提供一些支持自己公司產品的消費者分享正面訊息的空間。因此在從事行銷工作時，虛擬的網路世界所發揮的參考團體影響力是不能忽視的。

 加油站

　　一份由英國倫敦政治經濟學院於 2020 年發布的研究指出，社交媒體對個人行為的影響超越了家庭和學校的影響。

資料來源：由英國倫敦政治經濟學院的 Amy Orben 和 Andrew K. Przybylski 於 2020 年發表在 Proceedings of the National Academy of Sciences of the United States of America (PNAS)期刊

第二節 ▸ 參考群體的種類

消費者在社會互動過程中，因為興趣相同、臭味相投，而形成不同的群體，也會認識、知道一些其他不同的群體，因此每一個人都歸屬不同的群體，也會受到許多不同參考群體對個人消費行為的影響。

參考群體的種類很多，也有不同的功能，以下簡單介紹幾種常見的分類。

一、直接影響的群體與間接影響的群體

個人所面對的參考團體可以分為「直接影響的參考團體」與「間接影響的參考團體」。直接影響的參考團體是指個人有直接互動與關係的對象，如自己的家人、公司的同事或是學校的同學，這些都是直接與個人有關的對象，也時常是對個人有直接影響的人。

直接影響的團體還可以區分為「主要團體」與「次要團體」。「主要團體」是指與個人互動最為密切的對象，像是家人與親友就是直接團體，但隨著年齡的增長，出外讀大學或是畢業後在外就業，公司的同事或學校同學的影響力變的更大。許多的消費行為受到這些同事或同學的影響比受到家人影響更大。因為上學或是上班後，待在外面與其他人互動的時間幾乎占掉了大多數的白天時間。

另一個直接影響的團體稱為「次要團體」，這些對象也大都是認識的人，只是相處的時間不如主要團體那麼多。例如學校的社團團員（一星期一次的社員時間）、社會上的登山社、世界展望會的會員、或是宗教團體的朋友。因為相處時間與相處的次數都不如主要團體，因此在影響力上比較不如主要團體的影響。

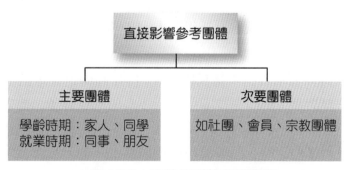

● 圖 10-2　直接影響的參考團體

「間接團體」是指個人知道，但對象大都是不認識、也沒有實際的互動機會的人。間接團體也可以分為兩種，一是「仰慕團體」，二是「排斥團體」。所謂仰慕團體是指個人喜愛的對象或是期望加入的團體，像是一些時尚名媛與影視歌星就是許多年輕人的仰慕團體，甚至成立粉絲團追隨。也因此個人會模仿這些仰慕團體的行為舉止，像是穿著、打扮、相關日用品使用等。社群網路發達後很多人有自己的喜好、追求自己的網紅，網紅的影響力也漸漸可能從間接團體變成主要影響團體，或許雖然沒見過面，但互動的時間可能比真實環境的人多更多。

「仰慕團體」也可以分成「期望仰慕團體」與「象徵仰慕團體」。期望仰慕團體是個人生活中較為實際的一些仰慕對象，如公司的高層職位的人員，或是社會上的科技新貴，這些人雖然不認識，但其收入與社會地位令人仰慕，而個人也可以經過努力後，獲得一樣的待遇與風評。但是象徵仰慕團體就比較不切實際，這些對象包括影視明星、職業運動選手等，個人可能終及一輩子都無法與這些人見過面，或是達成他們現有的功風偉業。「現代俠女」楊紫瓊(Michelle Yeoh)不僅於 2023 年第 80 屆金球獎(Golden Globes Award)頒獎典禮獲得「音樂及喜劇類最佳電影女主角」，還在 2023 年第 95 屆奧斯卡金像獎(95th Academy Award)頒獎典禮，以電影《媽的多重宇宙》(Everything Everywhere All at Once)拿下「最佳女主角」，成為首位亞裔影后。她在發言時，特別鼓勵女性勇敢追夢、永不放棄(never give up)，迄今也成為追求獨立自主、追求自我的女性們仰慕的對象。

以網球名將費德勒來說，他八歲就打球了，青少年時就打入職業賽了，其運動天分與技巧是讓世人仰慕的，但嚴格說起來，他的打法只能讓人驚嘆，卻無法模仿，一般球迷也見不到他，要變成像他那樣地位的人，可能不是每一個人都有希望的。但是這樣遙不可及的名人仍然是可以成為喜愛他的人的參考對象，他所穿的球衣、球鞋，他所用的球拍等也都是消費者所模仿的對象。因此許多知名運動用品公司，都會以這些明星球員為代言人，在影響消費者相關的消費上也都有不錯的表現。

另外一種間接團體稱為是「排斥團體」，排斥團體是在生活周遭中個人會特意保持距離的一個對象，例如在校園中素行不良的幫派分子，他們的行為對個人或多或少會有一些影響，但個人不希望被其他人視為是他們的同類時，個人會刻意的迴避，這些幫派們穿的衣服與使用的相關產品，個人也會避免使用之，以防被歸成同一類。排斥團體會影響我們產生與他們不同的反行為，就是說個人行為會盡量避免與他們相同，因此個人所認定的排斥團體的相關行為，也是個人會加以注意關心的。

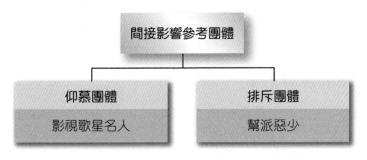

● 圖 10-3　間接影響的參考團體

　　仰慕團體有時也會變成排斥團體；像是世界最有名的高爾夫名將 Tiger Woods 曾經是很多人仰慕的對象，因為其完美的表現而獲得許多廠商的贊助，Tiger Woods 也因此年收入約 40 多億臺幣。但是卻因為 2009 年的性醜聞事件讓許多廠商終止贊助，因為擔心 Tiger Woods 的負面新聞影響企業的形象。事實上，根據研究統計，Tiger Woods 的性醜聞案爆發二個月內，已經讓許多贊助商的股價紛紛下跌，估計約損失將近 4,000 億臺幣。而 Tiger Woods 也從被人仰慕的明星變成大眾嘲諷的對象。

　　近年來網路的盛行，也產生了新的族群，稱之為「虛擬團體」，許多網路上也物以類聚、自然的形成不同的社群，這些人在網路上認識、交往與互動，其相互影響的程度也不輸給真實生活中的其他參考團體。許多歌友會、或是明星的部落格更是零距離的與消費者直接接觸，早期認為的象徵性團體是不可能認識與見面的，在網路上的世界中卻可能會實現，透過網路虛擬社群的力量來進行相關的行銷工作，也都能發揮一些影響消費者行為的力量。

加油站

　　全球網路交友市場在過去幾年中逐年擴大，預計到 2025 年將達到 220 億美元的規模。在這個市場中，18~29 歲的年輕人最為活躍，約占整個網路交友市場的 55%。

資料來源：2021 The U.S. Dating Services Market

第三節 > 參考團體的影響

一、參考團體的影響方式

參考團體對於個人的影響是無所不在的，很多人生活中的消費行為都直接或間接被影響而不自知。一般參考團體對消費者的影響表現有三種不同的形式：訊息性影響、規範性影響和價值表達的影響。以下分別說明之。

（一）訊息性影響

訊息性影響是指參考群體成員的行為、觀念、意見被個體作為有用的訊息，並加以作為行為的參考，由此對其行為產生影響。訊息從參考群體傳遞到消費者，有三種方式：可以是有意識地主動尋求，可能是在偶然或不經意間聽到，也可能是參考群體的成員或者為觀念領導者熱心的推薦或勸說的結果。

（二）規範性影響

規範性影響是指由於群體規範的作用，而對消費者的行為產生影響。規範是指在一定社會背景下，群體對其所屬成員行為合適性的期待，它是群體為其成員確定的行為標準，規範性影響之所以發生作用，是由於獎勵和懲罰的存在。

獎賞和懲罰可以是有形的，如獎金、解僱等；也可以是心理上和社會上的結果，如讚美、諷刺等。

（三）價值表達的影響

價值表達的影響是指個體自覺遵循或內化參考群體所具有的信念和價值觀。個體可能利用參考群體來表現自我，提升自我形象。另一方面，該參考群體可能屬於個體的渴望群體，或個體對該群體非常忠誠，從而將群體的價值觀作為自身信仰的價值觀。

二、決定參考群體影響強度的因素

參考群體並不會對消費者的每個購買決策都產生影響，參考群體對消費者購買行為的影響強度也是不一樣的，決定參考群體影響強度的因素包括：

（一）產品特性

參考群體的影響力會隨著產品特性的不同而改變。例如產品的特性是自己居家使用的，像是一些食品、日常用品，及消費者習慣性購買的生活用品，參考群體的影響相對較小；對於奢侈品或非必需品，如高級汽車、豪宅等產品，購買時受參考群體的影響較大。這些奢侈品具有外顯性的特徵，外顯性越高越容易受到參考群體的影響。

（二）產品的生命週期

當產品處於剛上市時，消費者的產品購買決策受群體影響很大，因為是較新的商品，消費者缺乏訊息無法得知商品的好壞，因此參考團體們的意見就格外重要了。而對於產品生命週期的其他時期來說，越成熟的商品有越多資訊與紀錄可做依據，因此參考團體的意見就顯的不是那麼的重要了。

（三）個體對群體的忠誠程度

當個體越認同團體時，則團體的意見越容易被採納，也就是說個體對群體越忠誠，他就越可能遵守群體規範，並做出符合參考群體期望的行為。

（四）個體在購買中的自信程度

當個體在購買的決策過程中擁有自信的特質，則會比較不依賴參考群體的資訊，有自信的人也比較不容易被其他人牽著鼻子走，而是一個有自己看法、想法、獨立的購買者。所以自信程度越高越不受參考群體的影響。

（五）消費者本身的經驗與資訊來源

當消費者本身的消費經驗或是擁有的資訊夠多時，對參考群體的依賴也就越少，參考群體的影響力量就越弱，因為消費者本身已有足夠的能力與資源去處理相關消費的問題了。

參考群體是否對消費者個人有影響的因素，可能是上述其中一項，或是兩項以上因素的結合。行銷人員可以依據這樣的訊息設計不同的行銷策略。

三、消費者對參考團體的抗拒

參考團體對於個人行為的影響不一定是絕對的，畢竟個人也是一個主體，是有認知、會思考的主體，因此消費者個人行為不完全會依照參考團體的意見來行事，而有時會產生一種抗拒的狀態。例如年輕人常有「只要我喜歡、有什麼不可以」的行為模式，就是一種不在乎他人（參考群體）的看法。

哪些因素會造成消費者個人對於參考團體的抗拒呢？根據學者 Assael (2004) 的觀點，有以下四種因素：

（一）個人價值觀因素

個人價值觀或是信念越強時，越不會被其他人所影響。例如消費者的價值觀中，認為節儉是重要的信仰，當參考群體提出一些奢華的活動時，消費者個人則可能會抗拒、排斥參與這樣的活動。

（二）壓力的強度

參考群體給的壓力太多或是太少都會造成個人的抗拒，這種現象會呈現為一種 U 型的關係圖（如圖 10-4 示）。因為群體所施予個人的服從壓力若是太大則會讓人覺得有威脅與不舒服，而鬆散的規範也可能讓人無所適從，這種過猶不及的現象形成一個 U 字形。例如參考群體要求每一位成員都必須「穿一樣的衣服、帶一樣的帽子，每次見面時都一樣，不准有任何改變」；像這種專制的方式會讓人喘不過氣來，而形成抗拒的現象。

● 圖 10-4　個人與參考群體壓力之關係圖

（三）認同的強度

當個人對參考群體越認同時，個人對參考群體的抗拒也就越弱。如果一個人對所認同的參考群體是非常認同的，也有很強的忠誠度，則參考群體的相關建議應該都會被接受與執行。

（四）個人自主性強度

當個人自主性越強時，對於參考群體的抗拒就越強。個人越有想法越主觀時，個人的行為模式會偏向自己中心思想，外人也比較難介入影響。例如一個積極外向、自主性很高的消費者，在購物的過程中別人的話是聽不進去的。甚至別人講的話都會予以反駁。

 加油站

22%的已婚夫妻在網上交友平臺上相識，這項比例在年輕人中更高，約占 40%。

資料來源：2019 Jewelry & Engagement Study

第四節 ▶ 參考群體在行銷上的應用

從以上的相關敘述可以知道參考群體對於個人行為與消費模式是有很大的影響的，畢竟，如同之前所言，人是社會性的動物，人也是隨時在學習與模仿的動物。因此，行銷上可以透過參考群體的相關力量進行不同類型的行銷策略組合，相關作法分敘如下。

一、意見領袖的應用

生活中不同領域的行業裡，總是會有一些專業的權威人士（但不包括那種，「只有兩個人知道，一個是我、另一個我不能說的專家」），或一些成功的名人，讓他們使用公司相關的產品，讓他們表達正面的意見，都有助於影響消費者的決策。因為參考群體也提供了一個完美的形象供消費者模仿，利用專家來提供訊息，可以提高商品之信任度。

因此在社會中誰是您目標市場的意見領袖，這是行銷人員第一步要知道的事情。找出每一樣商品、每一個領域的意見領袖是提升行銷效率重要的因素之一。

二、代言人的運用

許多知名人士深受大眾喜歡，可運用來當作是產品或是公司形象的代言人，代言方式有：1.真實推薦者；2.象徵推薦者；一種是真實使用過的心得與經驗分享，另一種是沒有使用過的經驗，只是象徵性的代言。然而這些名人受到社會大眾的寵愛，因此其代言的商品影響力仍是不容忽視的。

 專欄 IO-2

代言人的功能與其應有的價值

在我們生活中有許多知名的偶像明星或是專業成功的人士，他們是學生與上班族群崇拜與模仿的對象，這些偶像與名人也可以視為是不同族群的參考團體。也因此，許多企業都不惜重金禮聘這些名人作為其企業的代言人。

像是偶像明星蔡依林代言相關手表產品，S.H.E 代言博士倫眼鏡，引起年輕人起而效尤，這些不同的明星所代言的商品目不暇給，也都提升了企業產品銷售量的作用，讓明星們的代言工作應接不暇。

不過代言的明星有時真的是蠻辛苦的，例如代言「A 飲料」時，在公開場合就不能喝「B 飲料」或「C 飲料」；也曾有代言美白保養商品的藝人，因為有一陣子太常以滿臉瑕疵的素顏出現在鏡頭前面，而遭到代言公司取消合約。然而這些名人代言的契約生生不息，代言人所發揮的效用應該是獲得肯定的。

許多產品代言人是消費者學習與模仿的對象，更是時下年輕人瘋狂盲從的對象，因此，代言人的影響力是相當大的。但從許多的社會事件中，發生一些明星代言的商品是有問題的，或是根本就沒有其代言中所說的內容、功能，而事後這些明星卻稱完全不知情，並撇得一乾二淨。

事實上這些都是不良的示範，代言人應該具體負起代言的責任，因此，政府也規範了相關連帶法律責任的制訂。最近藝人張艾嘉代言相關化妝品，就明明白白的說是個人親身使用過多年之後才敢代言，這也是一種負責的態度。這些知名的偶像名人，本身就具有社會的影響力與個人魅力，在代言時不應該利用大眾的盲從來追求自己的利益，而更應該是挺身為消費者做最好的把關。

三、建立明確產品地位與歸屬性

確認產品明確的定位，或是彰顯其特定的歸屬性，讓消費者可以清楚知道，這些商品是誰該用的、是屬於哪些人的，並進而塑造出產品的文化、故事與相關傳奇來鞏固消費者的信念，這樣的定位明確後，自然就會引起自認為是那一群人的消費者起而效尤、學習與使用該特定產品。

加油站

最好的行銷是來自於朋友的推薦。

The best marketing is word-of-mouth recommendation from a friend.

哈維‧馬凱(Harvey Mackay)美國企業家、作家和演說家

專欄 10-3

FACEBOOK

在 2023 年的現在，臉書依然是全球社群媒體的龍頭，截至 2022 年底為止擁有著高達將近 30 億的活躍用戶，以及 684 億美金的廣告營收。臉書是許多人資訊來源和訊息探索的地方，影響消費行為甚鉅。

其相關的行銷策略和作法也引起消費者共鳴、互動和感動：

1. 創造引人入勝的視頻內容：視頻是 Facebook 行銷中的重要工具，創造引人入勝、具有情感共鳴的視頻內容可以引起消費者的共鳴，提高他們與品牌的互動。

2. 針對特定目標受眾進行定向廣告：Facebook 的廣告系統可以針對特定的目標受眾進行定向廣告投放，這樣可以提高廣告的精準度，吸引更多目標受眾的關注。

3. 加強社群互動：建立 Facebook 社群可以增加品牌與消費者之間的互動，讓消費者能夠參與到品牌的建設中來，從而提高消費者的忠誠度和參與度。

4. 提供有價值的內容：提供有價值的內容可以吸引消費者的注意力，例如教育性的文章、精美的圖片、有趣的互動等等，這樣可以引起消費者的感動和共鳴。

5. 利用 Facebook Live：利用 Facebook Live 可以進行實時互動，與消費者建立更深入的關係，例如直播產品發布會、問答等等，這樣可以引起消費者的興趣和參與度。

　　總體來說，最新的 Facebook 行銷策略和作法包括創造引人入勝的視頻內容、針對特定目標受眾進行定向廣告、加強社群互動、提供有價值的內容和利用 Facebook Live 等。這些策略和作法可以讓品牌更好地與消費者建立關係，引起消費者的共鳴、互動和感動，提高品牌的知名度和忠誠度。

 **個案　　粉絲團是現代消費者重要的參考團體之一**

　　粉絲團是一個社交媒體平臺，用戶可以建立專門針對某個品牌、人物、組織或主題的頁面，吸引粉絲加入，透過發布內容與互動來建立和維護一個網上社區。這個平臺通常被用於行銷目的，透過與粉絲的互動來增加品牌曝光度、提高忠誠度、產生銷售轉換等目的。

　　粉絲團的興起背景可以追溯到 Web 2.0 時代的社交媒體發展。隨著社交媒體的普及和進化，人們不再只是在網路上被動觀看資訊，也開始透過社交媒體與朋友、家人、志同道合的人建立更緊密的連結，分享資訊，分享彼此的興趣、生活和經驗。在這樣的背景下，粉絲團因其集中了相同興趣、愛好的人群，成為了社交媒體上最受歡迎的形式之一。

　　粉絲團與參考團體之間存在著密切的關係，因為粉絲團本身就是由具有相同興趣、愛好的人群組成的社交群體，成員之間彼此互相參考，分享資訊、意見和經驗。粉絲團成員通常會將粉絲團視為自己的參考團體，參考其他成員的行為、看法和建議來做出自己的決策。

　　粉絲團的功能很多，直接協助品牌發展。粉絲團可以提高知名度，透過與粉絲的互動來提高品牌的知名度和曝光度。也可以透過相見會、舉辦促銷活動、優惠券和獎勵等方式，鼓勵粉絲購買產品。也提供團員高質量

的內容和獨家的優惠，讓粉絲感受到品牌的價值，從而建立忠誠度。最後可以透過與粉絲的互動，收集消費者的反饋和意見，從而改進產品和服務。

要建立一個成功的粉絲團需要有以下的元素：

1. 明確的定位：確定粉絲團的目的、主題和受眾，以便為你的內容制定一個明確的方向。

2. 高質量的內容：創建有價值、有趣且吸引人的內容，並確保這些內容與你的品牌形象和產品相關聯。

3. 積極的互動：與粉絲互動，回應他們的評論和提問，舉行活動，鼓勵分享和評論，以增加互動。

4. 持續的更新：定期更新你的粉絲團，以保持興趣和參與度。

5. 分析和改進：繼續分析粉絲團的統計數據，了解哪些內容受歡迎、哪些內容不是很受歡迎，並根據這些數據來改進你的策略。

以 UNIQLO 臺灣的粉絲團為例，UNIQLO 臺灣的粉絲團一直以來都非常受歡迎，主要是因為他們不斷推出新穎有趣的內容和活動，讓粉絲們總是有話題可以討論和參與。

以下是一些 UNIQLO 臺灣粉絲團的成功作法：

1. 舉辦有趣的活動和競賽：UNIQLO 臺灣經常舉辦有趣的活動和競賽，例如設計比賽、拍照比賽、搭配比賽等，讓粉絲們可以一起發揮創意，並有機會贏得豐富的獎品。這些活動也同時能夠提高粉絲團的互動度和關注度。

2. 推出限定版產品：UNIQLO 臺灣經常推出限定版的產品，例如與卡通人物合作的 T-shirt、限量款式的外套等，這些產品總是在短時間內迅速售罄，也引發了粉絲們的熱烈追捧和討論。

3. 與網紅和博主合作：UNIQLO 臺灣也與多位網紅和時尚博主合作，例如與 YouTuber 影音小光合作推出影音專輯、與時尚博主合作搭配穿搭教學等，這些合作提高了品牌的知名度和影響力，同時也增加了粉絲的關注度。

4. 提供有價值的內容和資訊：UNIQLO 臺灣粉絲團也提供許多有價值的內容和資訊，例如新品上市資訊、時尚穿搭教學、保養技巧等，讓粉絲們可以得到更多的產品資訊和知識，同時也加強了品牌的專業形象。

總結來說，UNIQLO 臺灣粉絲團的成功，是建立在提供有趣、有價值的內容和活動基礎上的，同時也不斷與網紅、博主等合作，提高品牌的知名度和影響力。這些做法不僅讓粉絲團成為品牌推廣的重要工具，同時也讓品牌與消費者之間建立了更親密、更互動的關係。

粉絲團是因為成員本身喜歡某種特定的產品、品牌或主題感到共鳴而加入粉絲團，進而形成自我認同和群體認同。這種認同感可以加深成員對品牌的好感和忠誠度，進一步促進品牌的銷售和推廣。

問題與討論

1. 請問就您的經驗來說，網路上的參考團體影響力有多大？能影響哪些類型的消費行為者？能影響政治偏好嗎？不同的事物有何不同的影響？如何影響？為何？請分享您的想法！

2. 另一個相當熱門的平臺－Facebook－也相當受到不同層級的人所喜愛，紛紛在 Facebook 中集結成不同的群體。其中個人也可以加入許多的「粉絲團」。請就您的經驗分享 Facebook 的使用心得。

學習評量

一、是非題

1.（　）　一般消費者所認同的參考團體是來自相同的或相異的社會階層、次文化、甚至是文化。

2.（　）　產品的特性與參考團體的影響是有關係的。

3.（　）　當個人對於個人自主性的評價越高，則對參考群體影響的抗拒就越強。

4.（　）　一般來說，依賴性高、自信心不足的消費者會比較有消費模仿行為。

5.（　）　參考群體對於個人的公開奢侈品購買影響大於私人必用品。

6.（　）　意見領袖是一些能發揮影響他人態度或意見的人。

7.（　）　產品特性越複雜，參考群體的影響力越小。

8.（　）　參考團體一定是消費者認識的相關團體或是個人。

9.（　）　外顯性以及明顯可見的產品越容易受到參考團體的影響。

10.（　）　當個人的價值系統越強，則對參考群體影響的抗拒也越強。

二、簡答題

1. 為何消費者會受到生活上其他人的影響？

2. 決定參考團體影響強度的因素有哪些？行銷上如何應用？

3. 為何有時消費者會對參考團體產生抗拒的現象？哪些因素會影響消費者抗拒的強度？

4. 參考團體的內涵如何應用在行銷中？

MEMO:

Chapter 11

社會階級與消費者行為

鎖定白領社會階級的 Lounge Bar

下班去哪裡？去 Lounge Bar～這可能是國內都會上班族的答案。何謂 Lounge Bar？Lounge Bar 是不同於動感、舞曲、搖頭的酒吧，相對於有經濟能力、年輕的白領或粉領階級而言，Lounge Bar 是更適合下班去的地方。也因此這幾年 Lounge（沙發）變成炙手可熱的流行名詞，許多不同的店因應而生，像是沙發族群、沙發時尚、Lounge Music、Lounge Bar 等不同的名稱。根據 2019 年臺灣娛樂餐飲發展趨勢調查，臺灣的 Lounge Bar 市場規模約為新臺幣 350 億元，並且仍持續成長中。

Lounge Bar 的發源地是流行時尚之都巴黎，當地最熱門的 Budda Bar、Hotel Costes，是引領沙發風潮的始祖，也是都會時尚、政商名流一定會去朝聖的地方，它們有的營造出宗教的異國氣氛、有的以精緻雍容的空間設計取勝，相同的是，它們都用催化人心的音樂，舒適富安全感的環境，成功撫慰、擄獲了都會人的心。

Lounge Bar 受歡迎的原因是因為現代人的生活是充滿著壓力與挫折，而隨著生活水平的提升，這些浪漫的環境營造、幽雅的音樂、小橋流水的造景，柔軟舒適沙發的地方，是可以讓屬於中上社會階級的白領族在白天繁忙之後充分放鬆與休息的地方。相對於白領階級，藍領階級下班後，路邊的「黑白切」加上幾瓶尚青的臺灣啤酒，也是讓人爽快度過一餐的好地方。

不同的社會階級有不同的消費模式，像是出國旅遊的度假模式、子女的教育投資或是不同食材的選擇，都充分反映出不同社會階級的差異性。社會階級的差異影響了不同成員的生活品味、生活型態及消費模式，本章針對社會階級的相關意義、與消費行為的關係及其在行銷上的意義進行說明。

第一節 > 社會階級的內涵

一、社會階級的定義

在地球的生態環境中，每一類群的生態大都存在著不同層次的階級與地位，像是非洲草原的野牛或是剛果森林裡的黑猩猩等，而區別這些階級或是尊卑的因素各有不同，包括年紀、出生、體型等。

人類的生態似乎也是如此，也存在著不同的社會等級與地位。在我們生存的社會中，會根據一些不同的特質將個人加以分群或分層，這些分類的特質包括性別、年齡、種族、族群、宗教、教育、地位、收入及出生家庭等因素。21 世紀大多開放民主的國家多是以多種指標作為分類的依據形成社會階級。而這些不同的社會階級會表現出不同的行為模式。例如以所得與職業別來分類社會階級，高所得之律師、醫師、工程師、會計師等「師字輩」的階層，在一般的認知中上是比較屬於高社會階級的一群人，這些人住在豪華的別墅裡、開高級房車、上知名餐館、穿名牌的衣服，很明顯的形成一種特定的行為模式。這種分類的依據與社會階級及行為模式的關係請參考圖 11-1。

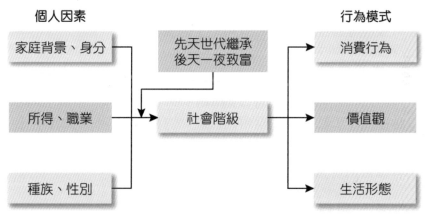

● 圖 11-1　社會階級及行為模式關係圖

中國社會早期以「士農工商」等四類職業作為社會階級的分類，形成不同階級的生活模式。不論社會階級用哪一種因素來分類，同一階級的消費者在行為、態度、感覺和認知等方面具有同質性。因此馬克思主義理論的論點認為「社會階級」即對具有相同或相似的經濟水準和社會身分的社會群體總稱。因此社會階級是一群享有相似的經濟關係與資源的團體。

社會階級有來自天生地位、也有來自後天的努力。有些人是皇室的後代，出生在好環境，有祖先的庇佑，因此形成所謂的貴族階級，像是日本皇室、英國皇室等。這些人也常有「我才不如你，你命不如我」的驕寵。但是，後天的努力、白手起家也可以改變社會階級的地位，像是國內首富郭台銘論地位、論財富、論影響力等，在國內都是處於最高層級的位置，而這些成果都是靠他自己徒手打拼出來的。因此社會階級產生的來源可以有兩大類；一是出生好、祖先留下大量財產，這種稱為「繼承的階級」，像是國內中信集團、新光集團和國泰集團等的第二代就是一個例子，或是像韓劇「繼承者們」的貴族階級；此外，社會階級也來自於個人的打拼，這種稱為「獲得的階級」。

二、社會階級的特徵

社會階級是社會分層化後的結果，同一個社會階級及階級與階級間具有某些特定與互動的方式，因此社會階級具有以下幾個重要的特徵：

（一）社會階級具有多向性

決定社會階級的因素很多，因此社會階級並不是單純由某一個變量決定的，而是由多個因素共同決定。社會階級取決於其受教育程度、職業、經濟收入、家庭背景、社會技能等各種經濟、社會和政治因素。

（二）社會階級內具有同質性

同一個階級的人行為具有同質性。所謂同質性是指同一階級中的社會成員在價值觀和行為模式上，具有共同點和類似性。例如具有相同的偏好、興趣與生活型態。在社會中許多不同的場合會看到同一個社會階級的消費者，像在高級的SPA 館內就有類似消費習慣與生活型態的人。

（三）社會階級間具有動態性

社會階級是會移動改變的，也就是說，社會中個人之社會階級會提升到另一個較高的階級，當然，也會從較高的社會階級降落在較低的階級，在經濟不景氣中，常看到許多大老闆破產後變成臨時工人。此外，社會越開放，社會階級的動態性表現得越明顯。

（四）社會階級具有明確的標準

社會階級是每個社會依據類似的變數來進行劃分，在現今的社會中大都是以財富、所得等經濟因素來區分。社會中每一個成員都可以明確的依照分級的標準，如收入的高低，歸屬成不同的社會階級。通常來說，一個人在同一個時間內，應該只屬於一個社會階級，每一個社會成員也都可以被歸納在明確的社會階級中。

（五）社會階級具有穩定性

雖然說社會階級具有動態性，不同階級間的個人會互相升降；但是通常在一定的時間內不會有太大的改變，因此社會階級具有相當的穩定性。例如一個年收入為 80 萬的人，被歸納為中下階級，在短時間內這樣的個人年收入不會突然變成八百萬，而一夜之間變成是上層階級的人（中樂透的機會是千萬分之一以上，不具代表性）。

三、社會階級的衡量作法

如同之前所言，劃分社會階級的標準大都是多元的，可以從經濟因素來衡量，也可以從社會因素來衡量。經濟因素包括職業、收入和財富。社會因素包括個人聲望、社會聯繫和社會化。以下分別敘述之。

● 時尚的 SPA 風明顯鎖定高階社會階級
（攝影：簡明輝）

（一）衡量的依據

1. 經濟因素

所謂經濟因素是指個人的職業與收入的高低，特別是職業地位，所謂職業地位是人們在現代社會中的主要社會地位，在大多數消費者研究中，職業被視為表明一個人所處社會位階的最重要的單一性指標。例如醫師與工人，就明顯代表不同的職業與社會地位。不同的職業，有不同的行為模式與消費能力。

2. 社會因素

社會因素包括個人聲望、社會聯繫和社會化。個人聲望表明群體其他成員對某人是否尊重、尊重程度如何等。社會聯繫涉及個體與其他成員的日常交往，包括與哪些人在一起，與哪些人相處得好等，像是有些人自稱是上流社會、社交名媛，並出現在不同的高級私人派對中。社會化則是個體獲得技能、形成態度和習

慣的過程，這過程塑造一個人的行為素質、高雅的談吐與有品質的生活型態。家庭、學校、朋友對個體的社會化具有決定性影響。

（二）衡量的方法

根據學者希夫曼和卡努克(Schiffman & Kanuk)的觀點，社會衡量的方法有三種：1.主觀衡量；2.聲譽衡量；3.客觀衡量。以下分別說明之：

1. 主觀衡量

所謂主觀衡量就是要求個人自行評估自己所屬的社會階級。根據其主觀的認知圈選其所屬的社會階級。一個人對於其所屬於的社會階級認知，稱為階級意識。個人根據自己的階級意識勾選其所屬的階級。

2. 聲譽衡量

所謂社會階級的聲譽衡量，是請專家對於不同社群進行評估與判定，並由研究人員將判定結果予以歸類，而形成不同的社會階級。

3. 客觀衡量

客觀衡量的方式是研究者運用個人所擁有的相關屬性進行評估，再予以分類形成社會階級，這些個人的屬性包括職業、教育程度、所得等因素。通常是採用多元指標進行評估。

加油站

消費者不會告訴你他們需要什麼，但他們會表現出來。通過觀察他們的消費行為，你可以了解他們所處的社會階層和文化特徵。

By observing their consumer behavior, you can understand the social class and cultural characteristics they belong to.

大衛‧奧格威(David Ogilvy)廣告專家

路易莎咖啡從小巷弄社區出發，提供多樣化菜單滿足一般消費者需求

根據國際咖啡組織(ICO)調查(2022)，臺灣人一年喝掉 28.5 億杯咖啡，市場規模超過 700 億元，以美國每年每人 500 杯和日韓兩國每人每年 300 杯來看，臺灣每人每年 200 杯的現況似乎代表臺灣的咖啡市場還有很大的潛力，前景也一片看好，而且飲料店業進入門檻低，近年來各大超商、速食業者也積極投入咖啡飲料市場，在這片咖啡紅海中百家爭鳴競爭激烈，因此咖啡業者要突破重圍，找到自身的定位、明確的消費階層，合適的產品和價格是相當重要。

路易莎 2006 年創立，歷經 16 年的努力，2022 年初，路易莎咖啡分店數已突破 500 間，一度超越國際連鎖龍頭品牌臺灣星巴克。除了總店數持續擴充外，路易莎營業額能持續增長的重要關鍵作法就是不斷的開發餐點品類滿足消費者多樣需求，在 2019 年，首先推出可以讓趕時間的上班族拿了就走、毋須等待的「快取早餐」時，估計帶動了整體業績成長三成，之後每年路易莎有四成業績是來自外帶，這對於全世界機車密度最高國家之一的臺灣機車族來說就是「方便」。

路易莎靠著「精品平價咖啡」出發，相對於老字號 85 度 C 的三角窗（路口交會處）開店哲學，路易莎咖啡選擇從小巷弄出發。創辦人黃銘賢指出「哪裡需要路易莎，我們就去哪裡」。秉著經營在地咖啡生活的核心價值，以深入社區及校園圍目標。

路易莎深耕社區 17 年，2022 年開出了天母米蘭、建成圓環、萬華東園等三間以「地方創生」為主軸的社區門市，在這處處牆壁漆泥褪色的舊社區中掛上路易莎招牌，不僅延續社區居民對老建築的記憶，也成為社區舊識老友每日前來閒話家常的地方。而校園書香咖啡店的開發也是路易莎多年來的重點方向，2022 年在清大開設圖書館精緻門市，大片落地窗透視館內的優雅書香與濃密咖啡香交織的氛圍，照片上傳網路後掀起全臺大學生討論與朝聖，之後陸續在臺北科大、臺大等校區開設書香咖啡門市，也是讓學生群組津津樂道。這種深入社區服務一般消費者及在校園中服務學生的定位打造了路易莎的市場基礎。在工商時報辦理的 2022 臺灣服務業大評鑑中，路易莎更是獲得連鎖咖啡店的金牌殊榮與消費者的肯定。

第二節 > 社會階級產生的原因

　　社會階級分類的標準包括經濟因素、社會因素與政治因素，但為何要這樣進行區分呢？學者提出功能論與衝突論的觀點進行說明，以下整理敘述之：

一、功能論

　　不同功能的社會位置是維繫社會運行和穩定的基礎。正所謂「一日之所需，百工斯為備」。各種不同的行業對社會有不同的重要性和功能，有些行業對社會相當重要，有些也扮演小螺絲釘的角色。同時，有些工作比較艱難，需有專業知識才能實施，有些則是輕而易舉，無須專業訓練。因此，社會階級的存在可以確定能讓不同的人執行不同的社會功能。

　　因此，社會為了鼓勵人們去接受專業訓練與擔任艱難的工作，乃給予較多的酬賞和較高的社會地位，而那些沒有特別的訓練並擔任不重要的工作的人，就得到較少的酬賞和較低的社會地位。社會的不平等乃是酬賞的不平等，是必然的現象。

　　造成所得與財富分配、權力、聲望不平等的現象，是社會位置的角色在功能上的重要性（即其獨特性、不可取代性，或其他位置對其依賴性），與社會位置所需的才能和訓練的差異性所致。

二、衝突論

　　衝突論的觀點認為社會階層是人們為了爭奪稀有資源而引發鬥爭的結果。階層之所以持續下去，是因為既得利益者保護其利益和剝削所無者。

　　馬克思認為在工業資本主義，主要的階級區分是擁有生產工具的「資本家」和出賣勞力、被剝削的「工人」。在這之前基於宗教、政治、及經濟等舊式的多元層級，已被基於私有財產權的資產與無產階級所取代。

　　儘管隨著現代工業的發展，製造財富的幅度大幅提昇，而勞工儘管是製造財富的來源，但無法以勞力致富，相較之下，資本家因擁有生產工具，而較容易達成財富的累積。換句話說，長期來看，擁有生產工具才能解釋財富，而不是才幹、勤奮不懈或個人的優點。

表11-1 功能論與衝突論對社會階層的看法之比照

功能論	衝突論
階層是普遍存在、必須且無可避免的	階層雖然是普遍存在，但不一定是必須且無可避免的
社會體系影響社會階層	社會階層影響社會體系
社會因需要整合、團結、協調而產生階層	社會階層產生於競爭、衝突和征服
階層提高社會與個人之功能表現	階層阻礙社會與個人之功能表現
階層反應出社會中共用的價值	階層反應出社會支配團體的價值觀
權力在社會中是合法地進行分配	權力在社會中是由一小群人在控制
工作與酬勞的分配是合理的	工作與酬勞的分配是不合理的
經濟結構次於其他社會結構	經濟結構是社會之基礎
階層經由進化過程而改變	階層需由革命來改變

第三節 > 社會階層的分類與社會流動

一、社會流動

如同前面所言，社會階級是動態的，大多數的社會階級會上下流動，一般來說比較開放的社會，社會階層流動較快。有時是「由下而上」的游動，這是一種下層社會階級的成員往上層社會階級移動的現象。產生這現象的原因可能是新一代的年輕人擁有較高的教育程度，找到比其父母親更好的職業，或是賺更多的錢。

有時也會因為個人運氣、機會的因素，讓個人擠身於上流社會，像是電影《麻雀變鳳凰》的情節，阻街女郎嫁給富商；當然除了電影之外，在我們生活中也常見到這些實例，例如許多影視歌星、名模或是獲得選美比賽殊榮的女性，因為其傲人的身材與美麗的臉蛋，獲得許多企業名人、商業鉅子的喜愛，而紛紛嫁入豪宅，一夜之間躋身於上流社會。但有些上流社會的家庭也會嚴格的檢視這些人的身分、學歷、家庭背景，常見上流社會階層的一些父母親站出來反對其子女與影視歌星交往的新聞，因為他們認為這些影視歌星只有臉蛋沒有內涵。除了「麻雀

變鳳凰」的童話故事外，階級內的婚姻對象還是以門當戶對為主，持續維持社會階級穩定性。

另一種社會流動的現象就是「由上而下」的游動方式，這種游動現象的原因在民主國家可能是因為經濟、所得因素所造成，例如大環境不景氣，造成許多企業虧損連連。常聽到許多曾經月入千萬的企業家淪落街頭賣臭豆腐就是一例。在一些如非洲地區的專制國家，社會階層由上而下的流動因素可能是來自於政變、動亂的因素。

二、社會分級的型態

不同的社會有不同的社會階級，這些分級的方式有不同的原因，如同上節所述，可能來自於教育、職業、所得等因素。而分類後的結果會產生不同的型態，這些型態在許多社會中都可以發現。學者威爾基(Wilkie, 1994)的研究指出社會分級有三種型態：一是平等的社會階級型態；二是特權階級的型態；三是鑽石階級的型態。以下分別敘述這三種型態。

（一）平等的社會階級型態

共產國家的社會階級型態是比較傾向平等的社會階級，因為共產思想觀念是大家財產共有、土地共有、收入共有，每一個人都享有相同的資源，並假設相同的付出擁有相同的薪資。這樣的思想呈現出一種大同社會的型態。

但由於人性的因素，共產思想似乎在落實上並無法實現他應有的境界。也因此許多共產國家都相繼的成為歷史。除了成為歷史外，有些共產國家的社會更因為人性的貪婪，讓整個國家社會變成是當權者玩弄特權、排除異己的統治型態。

（二）特權階級的型態

所謂特權階級型態是指社會中少數人掌握社會的資源與財富，這種階級在早期傳統的國家中常看到，在今日的社會中開發中國家（如東南亞、非洲地區國家）也都還存在。在特權階級的社會型態中，大多數的人民是赤貧的，而所謂的中產級階級也不常見。

（三）鑽石階級的型態

鑽石階級的型態是強調中產階級的人口數較多的一種型態，就像鑽石一樣中間的部分是凸出來的，形成鑽石的形狀。這種社會型態常見於已開發的國家中。

此外，經濟發展因素與社會階級的流動特性，社會分級的型態似乎走向日本管理大師大前研一所說的「M 型社會」型態。所謂 M 型社會是指原本屬於多數的中產階級消失了，但這群人並不是真的不見了，而是往上層社會或是下層社會移動，形成兩邊層級的人數變多，成為 M 形狀的社會階級型態。在 M 型社會階級型態的社會中，有錢的人越來越有錢，沒有錢的人越來越沒錢。

學者指出所謂的 M 型社會，指的是在全球化的趨勢下，富者在數位世界中，大賺全世界的錢，財富快速攀升；另一方面，隨著資源重新分配，中產階級因失去競爭力，而淪落到中下階層，整個社會的財富分配，在中間這塊，忽然有了很大的缺口，跟「M」的字型一樣，整個世界分成了二塊，左邊的窮人變多，右邊的富人也變多，但是中間這塊，就忽然陷下去，然後不見了。

根據大前研一的統計，近年來日本已有八成人口，淪入中低收入階層！在這個新形態的社會裡，如果企業與個人都不展開自救，政府又繼續往錯誤的方式施政，惡性循環下，社會的失業率和物價將年年上揚，收入永遠跟不上物價，整個社會對於未來，都將失去積極性。事實上，美國比日本更早步入了 M 型社會。現在，美國最有錢的前 1%家庭，只要拿出財富中僅 1%的收入，等於社會底層兩千萬家庭的收入總和。攤開日本的數字，大前研一斷言：「臺灣已經出現日本當初的徵兆，成為 M 型社會了！」

鑽石階級型態

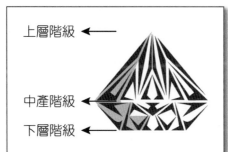

M型社會

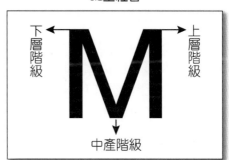

● 圖 11-2

三、臺灣的社會階級現況

根據蕭新煌(1994)參考 Wright 的階級分類，並將無僱用員工的自耕小農從小資本家區分出來，所得到的七個階級的全國性調查顯示，在臺灣的就業人口中，除了小農（占 6.1%）、工人(40.3%)之外，新中產階級共占了四分之一，包括有管理權的經理與監督(14.6%)及有專業技術的半自主性受僱者(10.3%)，舊中產階級也占了四分之一，包括小資本階級(17.7%)與小雇主(8.7%)。資本階級則占了就業人口的 2.3%（謝雨生、黃毅志，1999）。

國內學者對於階級的分法是比較傾向不同職業別所占人口的統計描述，而西方社會的分法是以財富、收入等經濟因素為依據來分成不同的階級。臺灣的社會階級若是也以收入財富等經濟因素來區分，其實也可以有不同的階級呈現。國內學者瞿海源(1998)曾在研究中對於受訪者自身主觀階級認同進行調查，發現國內的社會階級也有明顯的區別，其他學者調查也雷同。

根據這樣的分法及 2019 年國家發展委員會所公布的調查資料，臺灣社會的階級型態大約可以分成五種：上層階級、上層中產階級、中層階級、下層中產階級和下層階級。這五種階級有不同的行為特徵，茲敘述如下。

（一）上層階級(upper class)

這些階級的人口主要是來自於企業富豪或跨國企業的 CEO。他們擁有很多的財富可支用，消費能力也強，其主要的消費特徵在於名車、珠寶、藝術品與相關奢侈品等。臺灣上層階級人口數約占不到 1%。例如新光集團家族、國泰金控家族、鴻海董事長等大都屬於這層級的人口。

（二）上層中產階級(upper-middle class)

這些階級的人口大約來自於中小企業老闆、專業人士或大公司的管理者，這階級的消費者大都有模仿上層階級的消費習慣，特別是一些能彰顯自己身分的商品，臺灣上層中產階級人口大約 10%。例如醫師、會計師或科學園區的高階經理人。他們擁有高度教育和技能，並且在社會中具有相當的影響力。

（三）中層階級(middle class)

中層階級的人口大多是中小企業的資深員工，相關技術人員，或軍公教人員等，這些人的收入大都在不錯的水平上，偶爾外食或出國旅行，重視家庭生活，也有基本的投資與儲蓄，是社會中主要的人口結構。臺灣中層階級的人口大約占33%左右。中產階層在社會中占有重要的地位，是消費市場的主力。

（四）下層中產階級（lower-middle class）

中下階級的特徵大都是所謂的藍領階級，包括工廠的勞工、技術性員工或是相關的業務工作人員。這階級的人口大約占臺灣總人口數的 35%左右，這些人收入較低，收入大約只供餬口，沒有特別的娛樂或享受，是較屬於宿命論、沒有自信的一群人。

（五）下層階級（lower class）

最後一個階級的人口是屬於下層社會的人口，在臺灣社會約占 21%，這階級的人士屬於沒有技術的員工，教育程度也較差，通常是貧窮、失業、社會邊緣人等。他們可能需要依賴政府和社會福利來生活。

各階層的消費模式、習慣和差異也有所不同。上流階層通常注重高品質的生活體驗，如高級餐廳、品牌服飾、珠寶首飾、藝術品等，也會投資房地產、股票等金融產品。中產階層則較注重實用性和價格，會選擇較實惠的消費選擇，如平價餐廳、量販店、百貨公司等。下層階層和無業階層則通常注重價格和生活必需品，例如超市、市場、公共運輸等。

➕ 加油站

在行銷上，沒有一個尺寸適合所有的策略。必須為每個社會階層量身打造不同的計畫。

In marketing, there is no one-size-fits-all strategy. Different plans must be tailored for each social class.

南希‧加維(Nancy Garvey)市場營銷顧問

第四節 > 社會階級與消費者行為

社會階級是不同的家庭背景、身分地位、職業類別的一種象徵。不同的社會階級有不同的行為模式與價值信念，例如對教育的看法、對用錢的觀念、對生活的方式等，都有明顯的差異。這些差異是表現在行為的內涵與額外奢侈品的享受與否，例如食、衣、住、行、育樂、醫療是人類的基本需求，不論是哪一個階級的人都有需要，而不是說越高社會階級的人就可以不用吃、不用穿；所以主要的差異是表現在行為的內涵，以「食」的需求為例，每一個社會階級都有這樣的需要，但由於不同社會階級的差異，上層階級的人會出入高級餐廳，一餐吃下來可能是中下階級一個月的收入。此外，上層階級的相關奢華享受的生活模式，也是一般中下階層的人所望塵莫及的。這些不同的階級消費差異陳述如下：

一、支出模式的差異

不同社會位階的消費者，以收入、權力、名望區分，所選擇和使用的產品存在差異，尤其是在住宅、服裝和家具等能顯示地位與身分的產品購買上。以搭飛機的例子為例，中下階級或是下層階級的消費者，可能連搭的經驗都沒有。而中產階級搭飛機則是選擇經濟艙，上層階級的人則願意支付兩三倍高價格的商務艙或是頭等艙（有些國內外的大企業家還擁有私人飛機）。

二、休閒活動的差異

不同階層之間，休閒活動的類型也有明顯差異。以居家休閒來說，中下階層以看電視影片為主，偶而玩玩電動玩具，上層階級的居家活動，可能是插花、盆栽，或聽高級音響所播放的交響樂；如果有外出旅行的話，中下階層偏向國內景點，上層階級的消費者則走歐美精緻旅遊路線，甚至是花百萬搭郵輪環遊世界。

三、訊息接收和處理上的差異

隨著社會階層的上升，消費者獲得訊息的管道會隨之增多。不同社會階層的消費者所使用的語言也各具特色。一般而言，越是高階層的消費者，使用的語言越抽象。低階層的消費者，使用的語言越具體，而且更多的訊息是穿插著不同地方的俚語和街頭用語。

四、購物方式的差異

高位階消費者喜歡單獨購物，重視購物環境和商品品質，對服務要求很高，樂於接受新的購物方式。低位階消費者對價格特別敏感，多在中、低等級的商店購物，而且喜歡成群結隊逛商店。

不同的社會階級有不同的消費行為，但是許多企業在市場的開發上也會跨出去往下一層的人口進行規劃與布局。以中產階級為例，大多數的消費者是屬於中產階級的，因為這一族群的消費者占了人口的多數，因此也成為企業所鎖定的對象，所以市場上也常在中下階層的市場中出現一些代表高社會階級的生活模式、符號等行銷的作法，期望能引起這一層級市場的學習與模仿的效果。

專欄 11-2
不同社會階層的重視與開發

不同的社會階層有不同的市場規模，在國內外有些高級品牌為了要爭取中產階級的大量消費者，設計推出相關的副牌，以較低的價格取得消費者的認同，例如美國知名服飾公司－GAP 集團推出低價位的 Old Navy，就相當獲得好評，在消費者的心目中，以低價位買到知名設計師的衣服是值得的。相反的以中產階級為定位的品牌或公司，要搶攻上流社會的市場就不是那麼容易了。國外知名的牛仔褲公司 Levi's 一直以來的定位都在年輕、活潑、休閒的市場，但其曾經進軍男性高級西裝市場，卻鎩羽而歸，因為 Levi's 已經在顧客的心目中建立相當專屬的形象和印象，高價位的西裝與平價的牛仔褲掛一樣的公司標誌，是很難打動顧客的心。也因此日本 TOYOTA 公司為了要爭取高層階級的市場，創造 Lexus 的品版來推動高級車種。

五、感官刺激水準不同

不同階級的人有著不同的感官刺激水準，勞動階級的人對於直接、明確、圖像式的訊息比較能夠接受與了解，因此，針對一些藍領階級的消費者，「俗擱有力」的一些廣告多能喚起不錯的回應。

六、生活型態不同

　　不同的社會階級有著不同的生活型態與活動範圍，以通路為例，勞動階級的消費者多以夜市為主要購物的場合，而中上階層的消費者則偏好高級明亮的百貨公司為主。

七、屬性重視內容不同

　　不同社會階級的消費者對於產品屬性偏好不一樣，以手機來說、勞動階級重視基本功能，白領階級重視樣式色彩，與所延生的身分地位象徵。不同階級的人對於階級內涵的因素需求不一樣，權力與地位在較高階的社會階級中，有特殊明顯的需求。

行銷的應用

　　社會階級明顯的將不同的消費者進行區分，不同社會階級中存在著不同的消費模式，這些不同的模式與消費行為對於行銷上是有重要的意涵的，明確的階級需求差異有利於市場區隔的操作。因此在討論完社會階級的相關內涵後，我們更應該知道社會階級的概念應如何運用在行銷管理上，以下分別敘述之：

1. 不同階級的人有著不同的感官刺激水準：勞動階級的人對於直接、明確、圖像式的訊息比較能夠接受與了解，行銷上應訴求簡單的訊息。

2. 不同階級的人對於階級內涵的因素需求不一樣：權力與地位在較高階的社會階級中，有特殊明顯的需求，行銷上應重視品牌形象的塑造。

3. 不同社會階級有不同的象徵符號，行銷上應明確區隔差異。

4. 不同階級有不同的需求：有利於市場區隔的操作，像是國內知名的卡拉OK 店～錢櫃是鎖定在上班族的階層上，而好樂迪則是明顯的以學生族群為主，上班族與學生就是一個明顯不同的社會階級，也存在著不同的需求與消費能力。

5. 不同階級有不同的生活型態與活動範圍：行銷上應明確區別不同階級的通路差異。

6. 不同社會階級的消費者對於產品屬性偏好不一樣：以手機來說、勞動階級重視基本功能，白領階級重視樣式色彩，與所衍生的身分地位象徵。

專欄 11-3

化妝品市場與社會階層

　　根據市場研究公司 Euromonitor International 的報告，截至 2022 年，臺灣的化妝品市場價值約為 2,200 億新臺幣（約合 79 億美元）。該報告預測，隨著消費者對於個人護理和美容的關注不斷增加，未來幾年臺灣的化妝品市場仍將繼續保持穩定增長的趨勢。臺灣的化妝品市場也和世界其他區域一樣，依據不同的社會階層有著不同的化妝品牌、價格、定位和通路，這些品牌大約可以分成三大類別、整理分析如下：

1. 高端化妝品牌

　(1) 品牌名稱：香奈兒(Chanel)、Dior、資生堂(Shiseido)、SK-II 等。

　(2) 價格：產品價格通常在 2,000 元以上。

　(3) 定位：高品質，高價位、面向高收入、有消費欲望和消費能力的消費者市場。這些品牌的產品質量非常高，使用的成分也比較高級，注重產品的品質和使用體驗，主打中上階層的消費者市場。

　(4) 通路：高檔百貨公司或專門化妝品店。如 Chanel、Dior、SK-II 專櫃等。此外，高端品牌也會開設自己的專賣店，如資生堂、Lancome 等。

2. 大眾化妝品牌

　(1) 品牌名稱：萊雅(L'Oreal)、露華濃(Revlon)、嬌蘭(Guerlain)、Kiehl's 等。

　(2) 價格：產品價格在 500~2,000 元之間。

　(3) 定位：中等價位，中等品質、面向中等收入、對美妝有一定認知和追求的消費者市場。這些品牌的產品質量比較一般，但是價格比較親民，主打中產階層消費者市場。

　(4) 通路：大型連鎖藥妝店、超市或電商平臺購買化妝品，如康是美、屈臣氏、大潤發等等。

3. 平價化妝品牌

　(1) 品牌名稱：媚比琳(Maybelline)、Za（資生堂）、The Face Shop、Innisfree 等。

(2) 價格：產品價格通常在 500 元以下。

(3) 定位：低價位，低品質、面向低收入、對美妝有較低的認知和追求的消費者市場。這些品牌的產品質量較差，但是價格非常便宜，主打低收入人群市場。

(4) 通路：便利商店、小型雜貨店或是購物平臺購買化妝品，如 7-Eleven、全家等。

總之，在臺灣市場中，不同化妝品牌的定位和價格都與社會階層有關，這些品牌也根據不同的消費者群組進行不同的行銷工作，包括提供明確合適的需求、合理的價格等，社會階層就是這些品牌和產品最重要的區隔要素之一。

 **個案**　　**RAW 米其林餐廳：「臺灣的情懷，法式的風采」**

米其林餐廳是源自法國的一個美食指南，起源於 1900 年代初期，由米其林輪胎公司出版，旨在提供旅行者關於餐廳和住宿的建議。這個指南隨著時間的推移逐漸發展成為全球最著名的餐廳指南之一，被譽為全球餐飲業的指標性機構之一。米其林餐廳指南的評分制度採用星級評級，從一星到三星不等，其中三星是最高評分。米其林評審團會對餐廳的菜品質量、服務、環境和飲品進行評估。每年，米其林指南都會更新評分，對於獲得米其林星級的餐廳來說，這是一種極大的榮譽，也可以為餐廳帶來更多的顧客和知名度。許多高檔的餐廳也都希望能受到米其林秘密訪客的青睞、得到星級的肯定，讓餐廳事業更飛黃騰達。

米其林星級餐廳通常有唯美的設計、精緻的菜單、完美的服務，是被認為價格昂貴的高檔餐廳，因此受到中高階層消費者的追捧，邀請宴客彰顯地位，很多餐廳甚至預約都要等上半年或更久。全世界最貴的米其林餐廳是法國巴黎的「阿爾蘭斯餐廳(Arpège)」，這家三星米其林餐廳由主廚 Alain Passard 所創立，以提供新鮮、有機和季節性的素食料理而聞名。根據 2021 年的報導，阿爾蘭斯餐廳的午餐套餐價格為 395 歐元（約合新臺幣 15,000 元），晚餐套餐價格則為 550 歐元（約合新臺幣 20,000 元）。不過這些價格

只是基本的套餐價格，如果加上葡萄酒配搭或其他額外點餐，價格可能會更高。

臺灣目前最貴的米其林餐廳是位於臺北市中山區的「RAW」，號稱是臺灣最難訂位的餐廳，RAW 訂位之所以會這麼難，是因為江振誠(Andre)是臺灣第一位米其林三星主廚回臺開設的第一間餐廳。根據 2021 年的報導，RAW 的套餐價格約在每人新臺幣 8,800 元（約合 310 美元）至 15,800 元（約合 560 美元）之間（不含葡萄酒配搭）。

RAW 餐廳創辦人江振誠也是一個傳奇故事，江振誠是臺灣出身的國際名廚，20 歲成為臺灣餐飲史上最年輕的法式料理主廚，25 歲就擔任法國米其林三星餐廳 Le Jardin des Sens 執行主廚。人生路上獲得肯定無數，2007 年更被《時代》雜誌兩度讚譽為「印度洋上最偉大的廚師」，並獲選為「全球最佳 150 位名廚」。他在新加坡開的 Restaurant ANDRE 獲選全球前 50 大餐廳，被《紐約時報》選為「世界上最值得搭乘飛機來品嘗的 10 大餐廳」。

這樣的大廚與他的團隊，在臺灣和赫士盟餐飲集團共同合作於 2014 年創立法式料理餐廳「RAW」餐廳，立足臺灣，RAW 在創立之初，就設定了他是一個屬於「全臺灣」的 RAW：從空間設計、主廚、廚房人員到外場服務人員都是臺灣人，食材也大量選擇具有「臺灣性格」的食材，料理出來的菜餚也要有「臺灣味」。這裡的「臺灣味」並非僅指以臺灣「原產地」的食材或是醬料來入菜，而是要在餐點裡放入「臺灣的情感」。餐廳高水準的菜色品質與服務連續四年米其林二星榮耀。

RAW 在 2021 年末推出「World Tour III」一次囊括了全球 13 間頂尖餐廳，號稱一餐直接摘下 28 顆米其林星星，主廚江振誠 Andre 想在這個疫情期間，讓大家就算不能出國也能夠吃遍世界美食。套餐內 13 道菜都是世界級米其林餐廳的主打的菜餚、有不同的星級，一次吃完就等於吃了米其林 28 顆星級菜單。售價新臺幣 6,800 元讓消費者搶破頭。

餐飲的選擇最能代表社會地位，米其林餐廳更是中高階社會階層的人的生活日常。但對一般中下階層消費者來說，吃米其林餐廳絕對是生活中最豪華的時刻了。

對於上流階層來說，吃高價的米其林餐廳已經不是填飽肚子的目的了，更是彰顯個人身分地位、代表個人品味，及面子尊嚴的問題。相對的，米其林餐廳更是針對頂級消費者提供 VVIP 的最貼心服務、最頂級的美食饗宴，讓這些社會最頂層 1%的消費者創造餐廳 99%的利潤。

問題與討論

不同的社會階級可以形成不同的市場區隔，請問除了餐飲產業外，有哪些行業或是產品也是以社會階層來進行區隔的？如何區隔？作法如何？請討論之。

學習評量

一、是非題

1. ( )　社會階級具有相當的穩定性，不同社會階級之間無相互流通的可能。

2. ( )　社會階級是由許多不同變數影響所成，其中包括：所得、職業、教育程度等。

3. ( )　顧客消費態度會隨時間、空間及其他因素改變。

4. ( )　行銷人員可以藉由信念的加強或改善來影響消費者的態度。

5. ( )　不同階級的人追求不同的產品利益，因此廠商應針對不同階級的人設計不同的產品線。

6. ( )　上層階級比較能接受直接、圖像、明顯、具體的廣告表現手法。

7. ( )　不同階層的消費者會重視不同產品屬性，以水果為例：下層階級的人較重視營養，上層階級的人較重視價格。

8. ( )　從廣告的角度來看，勞動階級的人較能接受間接、文字、隱含、抽象的手法。

9. ( )　不同階級也可以有相同的需求與追求的利益，因此接觸不同層級的消費者要選擇相同的通路。

10. ( )　同一個社會階級往往代表著具有相同的價值、興趣及行為，每一階級的生活型態與消費方式不同。

二、簡答題

1. 社會階級有何特徵？請說明之。

2. 社會階級如何衡量？

3. 不同的社會階級有何不同的消費行為與需求？請說明之。

4. 根據臺灣現有社會階層的分布，是否有可行的行銷方案因應？

MEMO:

Chapter **12**

文化與消費者行為

前言

　　文化是總體社會環境中最寬廣的一個構面。文化內容包括社會上多數人們所擁有的信念、態度、目標與價值，以及多數人遵從的行為、規則、習俗與規範的意義，更包括主要社會機構（政黨、宗教、商會……）等構面的意義，以及個人所用的實體物品（產品、工具、建築物……）所代表的意義。不同文化族群會有不同的消費能力，文化會影響消費者對產品的認知、信仰及態度，也會影響對產品價值之判斷，及對廣告的接受程度等，因此，文化對消費行為影響相當大。若要有效的規劃行銷策略，就要製作有效的廣告媒體，並有效的打動消費者的心。從消費者內心影響最深的文化來認識，應該是行銷人員可以著手的一個重要方向。因此，了解文化與消費者行為之關係，是一項重要的課題。

第一節 ＞ 文化的內容

一、文化的意義

　　所謂「文化」是指一個社會中大多數人所分享的共同信念、價值觀、生活習慣、風俗與行為模式等。文化是一個綜合的概念，包含上述的各種不同因素的結合，人類的行為就是從這些價值觀、規範或是風俗中學習而來的。因此文化是人類行為最基本的決定與影響因素之一。文化的內容包括一個社會與其實體環境的各種重要構面意義，包括例

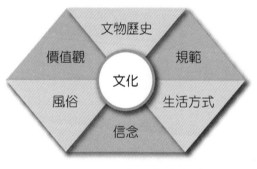

● 圖 12-1　文化影響因素

如工會、政黨等相關社會機構，也包括例如產品、工具與建築物等實體物品。文化的相關影響因素如圖 12-1 所示。

　　文化所傳達的是一種社會的核心價值觀，價值觀會影響消費者的行為，行銷人員如果可以了解消費者所在文化的核心價值，便能預測消費者的行為。此外，對於不同文化與影響文化的因素進行認識與了解，將有助於行銷人員提高消費者對其所推廣的產品或服務的接受程度。

二、文化影響的層面

文化是一個複雜的抽象名詞，但是文化對於個人的影響則可以輕易的從不同的行為特質中看出。尤其是當兩種不同文化放在一起比較的時候更是明顯。文化影響個人的行為包括：（以下以東方社會及西方社會進行比較，但東方社會或是西方社會內的國家仍有其不同的文化差異。）

1. **個人的價值觀**：像是東方文化重視團體、西方重視個人主義，這就是一種文化的差異。

2. **人際關係**：東方文化的人際互動是重視關係、重視面子問題的，而西方的人際關係則重視公平與誠實。

3. **個人的溝通與語言**：東方文化的溝通模式比較間接模糊，西方社會的溝通比較直接肯定。常聽說東方人有所謂的「指桑罵槐」、「旁敲側擊」或「顧左右而言他」等不同的行為模式，這或許是東方人維持關係及重視關係的一種表現吧。

4. **穿著與外觀**：東方社會的穿著較為樸實，外觀打扮以自然簡單為主，西方文化的穿著則較為正式、外觀打扮比較高雅、端莊。

5. **工作習慣**：不同文化的工作習慣有不同的做法，西方重視任務的完成，東方重視準時的上下班時間。

6. **學習**：東方文化的學習重視背誦，西方文化的學習重視思考。

7. **個人自我概念**：東方文化的自我概念較保守，西方文化的自我概念較自信。

8. **飲食習慣**：東方文化的飲食重三餐要兼具，西方文化的飲食重營養調配。

9. **其他不同生活層面**：例如信仰、教育、及其他行為。

以上文化所影響的特徵皆與消費行為息息相關，因為文化影響到每一個人生活不同的層面，因此在探討消費行為時，一定必須對於文化進行了解。以國際最大的速食餐廳麥當勞為例，麥當勞在進入不同的文化市場時，其產品的內容也都進行不同程度的調整，例如在東方社會推出所謂的「米漢堡」及「和風飯食」等，就是一種以當地文化為訴求的考量。蘋果公司在全球經營範圍充分授權給當地辦公室和團隊，是其跨文化經營策略的重要原則。透過在當地設置辦公室和招聘員工，蘋果公司能夠更好地了解當地市場和文化，並提供更好的當地化服務。

 專欄 12-1

臺灣團購流行背後的文化因素

近年來臺灣的團體消費和團購是一種非常流行的消費方式，雖著網路、社交媒體和自媒體的興盛，團購商機更是有無限可能。團購興盛的原因除了網路科技發達、生活忙碌和物流體系完善外，團購也反映了臺灣文化的相關價值，其中包括：

1. 節儉消費的文化價值：臺灣人有一個節儉的消費觀念，他們願意花時間找到最優惠的價格，並且喜歡找到買一送一或者其他折扣優惠。團購正好滿足這種消費觀念，讓消費者可以在同一時間購買更多的商品，並且以更優惠的價格獲得更多的價值。特別是在臺灣文化中，人們非常喜歡追求「好康」和特別的優惠、團購正好提供了許多獨特的產品和優惠。

2. 重視群體社交關係的重要性：臺灣文化中，人際關係非常重要，人們通常需要與親戚、朋友、同事等維持良好的關係。團體消費和團購可以提供一個良好的社交環境，讓人們一起享受消費的樂趣，同時可以增進彼此之間的關係。同事之間或朋友之間這次您「揪」我、下次我「揪」您的互惠互動關係。

3. 尊重專家與權威：在臺灣文化中，人們通常尊重權威和專業知識，並且傾向於相信權威人士的建議和看法。而網紅、專家在消費者心目中也具有權威形象，因此團購平臺也經常與網紅或專家進行合作，讓他們在平臺上發布推薦或評測文章或影片，影響與鼓勵消費者，從而促進團購活動的成功。

4. 重視面子的文化觀念：臺灣文化中也有一種看重面子的文化觀念，當有朋友在「揪」時、除了維護人際關係外、「輸人不輸陣」、「購物不落人後」的面子問題也是團購流行的文化因素之一。

根據國發會 2022 年統計預測資料指出，全臺 20~64 歲人口約 1,500 萬人，這當中只要有 1% 的人做團購，以月交易額 10 萬來算，單月就高達 150 億元，全年團媽年交易額估上看 1,800 億，也預估未來全民團媽時代即將來臨。

加油站

企畫只是美麗的紙張，文化才是決定成敗的關鍵。

Culture eats strategy for breakfast.

彼得·杜拉克(Peter Drucker)管理大師

第二節 ▸ 分析文化差異的模式

我們現在對於文化的意義與重要性已有初步的了解，但有哪些層面是我們學習消費者行為要去觀察與了解的呢？要從哪些層面去知道並分析這些文化差異呢？以下以兩個世界著名的文化研究架構來說明，這兩個架構是由克拉克漢與史卓畢克(Kluckhohn-Strodtbeck)及霍斯提丁(Hofstede)所提出的。

一、克拉克漢與史卓畢克(Kluckhohn-Strodtbeck)

Kluckhohn-Strodtbeck 的文化研究架構是在分析文化間的差異時最廣泛被人引用的方法之一，其架構中定義六個基本文化的向度，分別是：環境關係、時間取向、人類本性、活動取向、責任焦點和空間概念。這六個構面在分析文化差異時，能解釋完整的文化特性。例如當有人問到：東方文化是什麼？或東方文化與西方文化有何不同？有時並不是那麼容易說的出來，但是從這六個層面，我們比較說得出完整的東方文化特性。當然在形容其他不同的文化時，從這六個構面也是可以清楚的描述。六個構面分別敘述如下：

(一) 環境關係(relationship to the environment)

東方文化國家的人從有歷史以來就是「看天吃飯的」，因此其生活模式與環境息息相關，而形成與環境和平相處的生活哲學。因此凡事大都消極的聽天由命，常有「謀事在人成事在天」的觀點。

西方人則較具有科學的精神，認為天地之間「人」最大，「人」才是自然的主宰，對於許多事情都不畏自然，進而挑戰自然、克服自然，並認為人定勝天；相較於東方人，西方人相信他們能控制自然。

小結：東方文化重視與環境之間的和諧，西方文化重視科學、喜歡挑戰環境。

（二）時間取向(time orientation)

所謂時間取向是指在文化中的人對於過去、現在或未來的看法，東方人較易沉湎於過去，常發思古之幽情。西方人則較重視未來，凡事都向前看，不留戀過去的時光。西方文化的人認為「時間就是金錢」，凡事追求效率。

小結：東方文化較沉湎於過去的時間，西方文化較重視未來的時間。

（三）人類本性(nature of people)

西方文化的人較重視人性的善良面、相信人、尊重人，相反的東方文化的人反而是傾向負面與被動的性格。西方在教育的過程中，強調積極、主動、獨立自主、重視責任的觀念，教育出的個人比較勇於負責。而東方的教育在明顯的權威主義之下，個人被教育成順從、聽話、與被動的性格。

小結：東方社會的文化對於人性持較負面的看法，而西方社會則強調人性的善良面。

（四）活動取向(activity orientation)

Kluckhohn-Strodtbeck 認為西方文化的社會是強調實做取向的，重視「坐而言不如起而行」。東方文化的步調就比較緩和，活動的節奏比較慢。了解文化中活動的不同取向後，便可以了解不同文化的人民是如何進行工作和安排日常活動、如何做決策，及他們用以分配報酬的標準為何。在強調活動取向的文化中，明確的決策與執行是重要的。

小結：東方文化的活動傾向保守被動，西方文化則較積極主動。

（五）責任焦點(focus of responsibility)

西方強調分工，東方強調合作，西方文化是一個高度個人主義的國家，強調個人責任，而東方國家通常把責任的焦點放在團體上。

小結：東方社會的責任焦點是以團體為依歸，而西方社會的責任大都落在個人身上。

（六）空間概念(conception of space)

空間概念在東方國家中以日本作比較最為明顯，日本可以說是「榻榻米文化」，在家庭中的客廳也可以是餐廳，晚上可以變成是臥房（但這有時是源自於大都會的現象）。這種空間的概念也反映在日本組織中。例如有私人辦公室的日本經理級以上的員工是很少見的，管理者是和一般雇員在同一房間中工作，而且沒有任何隔板區隔各個辦公桌。但在西方的企業裡，空間具有象徵性的意義。例如以辦公室和隱私權來象徵個人地位，因此空間是與權力、地位劃上等號的。

小結：西方社會重視個人的空間隱私與大小，東方社會則可以接受開放式的空間。

加油站

> 在羅馬做羅馬人（入境隨俗）。
>
> *When in Rome, do as the Romans do.*
>
> 聖・歐斯定(Saint Augustine)哲學家

二、霍斯提丁(Hofstede)文化差異模式

Hofstede 所提出的文化分析模式包括四個構面：個人主義對集體主義、權力距離、規避不確定性、生活數量對生活品質。Hofstede 的四個構面也可以幫助我們回答不同文化的差異性。其內容分析以下：

（一）個人主義對集體主義(individualism vs. collectivism)

一個文化中如果強調個人利益大於團體利益，那這個社會就比較傾向個人主義，因此在西方國家在重視人性與個人價值的基礎下，社會上是強調個人主義的。Hofstede 認為個人主義是指社會架構鬆散，人們只追求自我及其親近家庭的利益。這通常是因為社會允許個人大量的自由才得以形成。它的相反就是集體主義，其特徵是社會架構嚴密，人們期望團體中的每個人能彼此照顧，彼此保護。為達到此一境地，人們對團體應該絕對的忠貞。

Hofstede 發現一個國家中，個人主義的程度與國家的財富有密切的關係。富有國家如美國、英國和荷蘭等，都是非常個人主義的。至於貧窮國家如哥倫比亞和巴基斯坦等，則是非常集體主義的。(Hofstede, 1980)

小結：西方社會是傾向個人主義，東方文化國家較重視集體整合的觀念。

（二）權力距離(power distance)

所謂權力距離是以一個人擁有權力的多寡與他人互動關係和程度的狀況。例如在東方國家的老師權力都是蠻大的，學生也都養成「尊師重道」的價值觀，老師在傳道、授業與解惑的過程中，與同學之間有明顯的尊卑地位，而這地位比起西方國家來說是更明顯、不可侵犯的。而在西方社會，師生如朋友，父子如兄弟，距離就比較接近、比較沒有尊卑的階級。權力距離的衡量一般分為高與低，高度權力距離的社會，如墨西哥，上位者可自然運用權力來影響他人。而低度權力距離的社會，因採取平等主義，人與人之間往往是平起平坐的。

小結：西方文化權力距離較近，東方文化權力距離較遠。

（三）迴避不確定性(uncertainty avoidance)

我們的生活周遭常是充滿了不確定性，而每一個不同文化的人對於這些不確定的事物有不同的反應方式。有些文化是屬於安於風險的，他們不但比較能容忍與自己不同的行為與意見，也比較不會因此感受到威脅與壓力。而有些文化則對於這樣的不確定性常感到焦慮不安，凡事也比較要求確定的答案。

小結：西方文化傾向高度迴避不確定性，東方文化則是可以忍受一些不確定性。

（四）生活數量對生活品質(quantity vs. quality of life)

有些文化重視金錢、豪宅、珠寶等物質。在 Hofstede 的看法中，是屬於重視生活數量的一種特質。而某些文化則強調生活品質，好比重視人際關係、關懷他人、重視和諧氣氛等。Hofstede 的研究指出日本和澳洲在生活數量向度上得分很高，而挪威、瑞典、丹麥和芬蘭，則在生活品質向度上的得分較高。

小結：北歐西方文化國家重視生活品質，東方國家重視生活數量。

Hofstede 的研究有比較不同國家在這四個構面中的情況，請參考表 12-1。

目表12-1 Hofstede 文化構面分析

國家	個人主義－集體主義	權力距離	迴避不確定性	生活數量
澳洲	個人	小	中	強
加拿大	個人	小	低	中
英國	個人	小	中	強
法國	個人	大	高	弱
希臘	集體	大	高	中
義大利	個人	中	高	強
日本	集體	中	高	強
墨西哥	集體	大	高	強
新加坡	集體	大	低	中
瑞典	個人	小	低	弱
美國	個人	小	低	強
委內瑞拉	集體	大	高	強

資料來源：G. Hofstede, 1980。

 專欄 12-2

麥當勞成功的跨文化經營策略

　　麥當勞(McDonald's)是全球最大的連鎖速食品店之一，成立於 1955 年。截至 2022 年，麥當勞已經在全球設立了超過 3 萬家店，並在 119 個國家經營。目前，美國是麥當勞最大的市場，其次是亞洲和歐洲地區。麥當勞在全球各地的成功，源於其在不同國家和地區中採用不同文化策略和方法。麥當勞十分重視文化差異這件事，麥當勞的目標是「盡可能成為當地文化的一部分」，根據不同的市場環境而在經營方式上做調整。也以入境隨俗的方式提供當地人習慣性的選擇。

　　例如麥當勞在不同國家和地區中採用不同的策略和方法，以適應當地的文化和習俗。

1. 麥當勞在印度推出了素食漢堡，以適應當地素食主義文化。

2. 麥當勞在中國推出了「炸醬面漢堡」，以適應中國人對傳統食品的喜好。

3. 麥當勞在阿拉伯國家推出了「麥香雞」(McArabia)，這是一種以羊肉和香料為主要成分的漢堡，以適應當地的文化和口味偏好。

4. 麥當勞在日本則有「照燒漢堡包」、「章魚漢堡」。

5. 麥當勞在臺灣有「米漢堡」的新產品。

　　這些跨文化經營策略幫助麥當勞成功進入不同的國家、不同的文化市場，並滿足當地顧客的需求，也讓麥當勞一直以來是世界速食業者的翹楚。

行銷的應用

　　在從事企業國際化經營時，了解不同文化的特質可以提升我們的行銷效能。要有效的提升工作效率，達成組織的目標，就必須把這些不同文化背景的消費者進行相關的文化分析。

第三節 > 次文化的意義與重要性

次文化是指在某個較大的母文化中，擁有不同行為和信仰的較小文化或一群人的行為模式。次文化和其他社會團體之間的差別，在於他們意識到自己的服裝、音樂或其他興趣是與眾不同的。

文化通常指的是以國家或是整體社會為單位的層次進行討論，也就是不同文化背景的消費者有明顯不同的消費行為、習性與模式；而次文化的觀念通常是指社會中某一特別的族群、社團、年齡層或是興趣喜愛相同的人，這些不同的族群有著不同於其他族群或是整體文化的價值觀、想法、信念或是行為模式並有著自己的特色，這就是次文化的觀念。次文化的分類因子很多，其中包括以年齡來區分的次文化、或是以種族、性別興趣來區分的次文化，這些類型包括以下所述：

1. 以年齡區分的次文化：如：青少年、中年、老年；X 世代、Y 世代。

2. 以種族來區分的次文化：如：本省人、外省人、山地人、客家人。

3. 以性別來區分的次文化：如：男性與女性。

4. 以興趣來區分的次文化：如：哈日族、哈韓族。

在了解文化的基本內涵之後，許多存在於消費族群間的次文化也是研究行銷的人必須要注意的重要議題，如同文化塑造人類行為，次文化的力量也會影響該文化中相關的行為模式。

除了以年齡、種族、性別及興趣來區分次文化外，在我們社會中還有許多不同次文化的類型，相關的名稱如：草莓族、麵龜族、頂客族等等。這些不同的次文化都一樣擁有文化應該有的相關重要因素，如使用的語言、想法、價值觀、興趣等。行銷的策略若是要鎖定特定的次文化族群當作目標市場時，這目標次文化族群的消費者所具有的特性是不能忽略的。

 專欄 12-3

日本白色情人節：文化的應用創造無限商機

透過賦予產品文化的意義與內涵，讓產品的使用、消費等行為變成是文化的一部分，不僅可以讓企業獲得無限的商機，而且當其成為文化與節日的一部分時，商機可以存在的更久遠。像是日本「白色情人節」就是一個運用文化的意義成功創造產品價值的行銷案例。

「白色情人節」是一個 100% 在日本商業行銷下所創造出的節日，日文稱為「ホワイトデー」(White Day)，這節日是為了延續西方情人節的送禮風潮所創造出來的。白色情人節為每年的 3 月 14 日，即情人節的一個月之後。在日本，女性會在情人節的時候送禮給男性，而收到如巧克力這類禮物的男性，則會在白色情人節回禮。

這個節日誕生於 1965 年，由日本福岡市的甜點（菓子）製造商「石村萬盛堂」所發起，以鼓吹男性應該要回禮給女性，作為促銷糖果的手段。這個節日最早稱為「糖果贈送日」（キャンデーを贈る日），後來因為糖果所使用的砂糖是白色的，所以改名白色情人節。不久後，巧克力製造商發現他們也可以在這個節日中獲利，因此也開始促銷白色的巧克力。而現在，日本男性在回禮時，除了糖果與白巧克力之外，還包括其他各種可食用或不可食用的禮品。

日本商人透過行銷的運用強調情人節的文化意義，也讓保守的日本女子也能有機會在 2 月 14 日時送情人禮物給男孩子來傳達愛意，並讓男孩子在 3 月 14 日時回贈給心儀的對象禮物，這樣的互動模式在日本已經是生活中相當重要的一個日子了。文化對消費者行為的影響甚大，而且文化是可以改變也可以創造的。若能加強文化意義的行銷管理，並幫助消費者獲得文化意義，則對產品的行銷，將可開創更大的消費市場。

第四節 > 跨國文化的意義

　　文化與消費者的行為有關，部分的內容已於先前的章節內容討論過，而文化的另一個層次是國家文化的觀念，隨著企業國際化的腳步越來越快，也由於科技的發達、國際間的藩籬限制減少等因素，許多企業的經營範疇逐漸的衍生到國際市場，並以全球各地的消費族群為主要的目標市場。然而，跨國企業經營時，常會遇到許多不同的營銷問題，其中最大的因素就是在於文化上的差異，因此，從事跨國經營時，文化的因素絕對是不能忽略的。

一、大中華地區的文化

　　大中華地區擁有超過 14 億的人口，其行為模式多是以傳統的儒家思想為核心價值，尤其是被稱為金磚四國之一的中國更是大中華地區的代表，根據世界銀行 2022 年的統計資料，中國是世界第二大經濟體、GDP 14.72 萬億美元，占世界 18.89％。要想進軍中國市場的企業，就應該了解中國消費者背後所信仰的文化價值。

　　大中華地區的文化信仰中樞是儒家傳統思想的呈現，其文化中樞的主要內容與相對應的行為模式如下：

（一）中庸之道

　　它在保證民族文化相對穩定性的同時，也反對變革和創新，鼓勵墨守成規。

（二）倫理關係

　　家庭成員的依存關係，以及在此基礎上衍生出來的家庭關係、親戚關係是國人最為看重的社會人際關係。

（三）重視面子

　　傳統文化更為關注個體的形象和「面子」，尤其重視在他人心目中留下一個好印象。

（四）禮尚往來

　　在日常的人際交往中，尤其適逢傳統的喜慶佳節，中國人比較熱衷於相互之間贈送禮品，並特別講究「禮尚往來」。

儒家文化是大中華文化的代表價值，其特色是具有明顯的「社會取向」和「他人取向」。大中華地區的國民一直崇尚勤儉持家的消費觀念，在購買商品時，國人關注的重點是具有實用性的產品。

此外，大中華地區的人注重人情，強調良好的人際關係，這種特點對消費者行為的直接影響就是重視人情消費。也因此，我們在維繫人際關係的重要途徑之一就是請客送禮。

大中華地區的人家庭觀念比較強，在涉及大筆支出的高單價商品購買上，都會與家人一起討論來進行決策並實施購買行為。

另外，大中華地區的消費者購買時比較注重商品的品牌，這是因為這些文化的消費者注重面子，名牌可以滿足人們的炫耀心理。這樣的消費模式可以說明為何全世界的知名品牌都進軍中國，而且都在中國開設全世界最大的旗艦店。

二、美國文化與行為

美國是全球最大的經濟體之一，也是全球最大的消費市場之一。根據世界銀行的數據，在 2022 年，美國的 GDP 總額為 20.89 萬億美元，約占全球 GDP 的約 25%。此外，美國的人均消費支出也是世界最高之一，這使得美國成為眾多企業開拓市場的熱門目的地。

美國學者羅賓斯(Robbins)對於美國人有以下的一些研究觀察，這些觀察可以看出美國文化的特質，也可以推論初期可能的消費行為特徵與模式。從這些行為的特徵上，行銷人員應該可以找到一些可做為行銷策略參考的重要訊息。研究資料參考如下：(S. Robbins, 2001)

1. 美國人並不想對人有差別待遇，即使與對方的年齡或社會地位差距很大。

2. 美國人是直來直往的。對某些外國人而言，這是唐突甚或魯莽的行為。

3. 美國人具競爭性，一些外國人或許發現美國人常很武斷或傲慢。

4. 美國人是獨立且個人主義的。崇尚自由，相信個人可以塑造、控制自己的命運。

5. 美國人是發問者，喜歡問許多問題，這許多問題可能看來是無禮的或個人的。

6. 美國人不喜歡沉默，他們在談話中寧願談論天氣，也不願沉默。

7. 美國人重視準時，他們記錄行事曆，按照計畫及時鐘生活。

8. 美國人重視清潔，他們看來似乎常洗澡、消除體味，並穿乾淨的衣服。

　　2021 年的國際期刊《Journal of Business Research》研究報告分析了從文化角度看美國人的消費行為特徵，這份報告的資料來源是來自於對於不同種族和文化背景的美國人進行的訪談和調查。報告指出，美國人的消費行為受到個人主義、自由主義和成就導向等文化價值觀的影響，這些價值觀使得他們更加關注個人利益和成功。報告還指出，美國人對於優質的產品和品牌有著高度的認同感，這也影響了他們的消費行為。美國人也傾向於追求個性化和定制化的產品和服務，這種趨勢在時尚、美容和娛樂等行業尤其明顯。此外美國人重視多元文化、美國社會非常多元化，這也反映在消費行為中。美國人對不同文化的飲食和娛樂活動感興趣，他們喜歡嘗試新事物和體驗不同文化的風味。

資料來源：S. Robbins, 2001。

 專欄 12-4

從飲食習慣與方式上看美國文化

　　美國人的消費行為特徵受到文化的影響，例如崇尚自由主義和個人主義、重視時間價值、重視多元文化，這樣的文化現象也反應在飲食的選擇方面，例如：

1. 自助餐流行：自助餐是一種非常流行的餐飲形式，在美國可以看到很多自助餐廳。這個現象反映了美國人對於自由和獨立的追求。在自助餐廳，消費者可以自由地選擇自己喜歡的食物和飲料，並且不需要等待服務員的幫助，這樣可以節省時間和維持個人獨立。

2. 美式快餐普及：美國的快餐文化非常發達，這也反映了美國人對於時間價值的尊重。快餐店提供快速、方便的餐飲服務，讓消費者可以節省時間並且集中精力在工作和生活上。

3. 豐富多元文化飲食：由於美國社會非常多元化，消費者對於不同文化的飲食也有著高度的興趣。例如，在美國城市中可以看到許多亞洲和拉丁美洲的餐廳，這些餐廳提供當地文化的美食，讓消費者可以體驗不同的文化風味。

行銷的應用

　　文化對消費者行為的影響甚大，消費者生活中每一個細節無不受到文化的影響，文化雖是一約定俗成的型態，但也是可以改變或創造的。行銷上若能加強文化意義的管理，將文化意涵融入行銷中，將可開創更大的消費市場。

　　此外，文化的範疇很廣，包括地區性的文化、次文化、國家文化等，每一個範疇都是一個機會與市場。因此行銷人員對於文化應該要注意的幾項重點如下：

1. 重視文化的多元性

　　文化通常是以一個總體層次進行分析（通常是以國家為單位），但是一群人所共同信仰的規範、價值觀與行為模式也可以是一種文化，這種相對於主流文化（國家文化）的文化稱為次文化，次文化可以是一個社會階層、一些新的移民或是一群嚮往日本文化的哈日族。這種次文化的現象也是在從事行銷工作時不能忽略的。

2. 了解文化是動態的過程

　　文化的意義是動態的，文化會隨著社會脈動的趨勢而改變，例如 50 年代臺灣的文化特質是傾向傳統農業與家庭的價值觀念，90 年代的現在臺灣社會文化特色就偏向現實、效率與資本主義的價值觀念，故 90 年代的消費者因為文化特質與 50 年代不一樣，有著自己的價值觀、信念與行為模式。因此行銷人員應該時時檢視文化意義在社會轉移的過程中相關的差異。

3. 發展文化行銷策略

　　了解不同文化的特質並發展出跨文化有效的管理策略，主動了解文化構面的內涵，如 Kluckhohn-Strodtbeck 和 Hofstede 所提到的文化構面。去了解每一個構面在您即將去經營的國家中有何特別。並根據這樣的特點加以安排行銷的內容，如廣告、命名、推廣、商店設計等。

4. 融入文化的價值

　　在從事跨文化經營時，行銷人員應培養跨文化的思考模式，學習欣賞每一種文化的特質，主動觀察與思考不同文化的內容。培養適應不同文化環境的能力。

 **個案** 臺灣新住民文化差異與消費行為

根據 2021 年 3 月內政部統計，臺灣新住民人口數約為 57 萬人，占總人口約 2.4%。其中以越南籍為最多，約占總新住民人口的 48%，其次為印尼籍(19%)、泰國籍(9%)、菲律賓籍(8%)等。新住民人口的主要集中區域仍然是桃竹苗、臺南、高雄等地。

新住民的消費狀況受到其文化背景和價值觀的影響。有些新住民可能會更傾向於購買自己熟悉的產品或食品，而不太願意嘗試當地的產品或食品。此外，一些新住民可能有較高的節約率，因為他們需要面對生活成本、語言障礙等壓力，因此會更謹慎地進行消費。

新住民的消費狀況和模式可能會因為文化、語言、價值觀等因素而有所不同。以下整理一些常見的臺灣新住民消費行為特性：

1. 重視教育支出：許多新住民為了讓子女獲得更好的教育機會，會投入相當程度的財力和時間在學習上，例如補習、課後活動等。

2. 購買力較低：由於移民過程中的種種成本，以及初期語言與文化不通，新住民的就業和收入狀況通常比本地居民差。因此，他們在消費上的預算相對較低。

3. 傾向於購買自己熟悉的產品：由於熟悉的品牌和產品符合他們的文化和口味，因此新住民傾向於購買來自自己國家或文化背景的產品，例如食品、保健品、日常用品等。

4. 重視家庭關係：新住民對家庭的重視程度相對較高，因此在消費上會著重考量家庭成員的需求和喜好，例如一些家庭消費會購買家庭式餐廳的套餐，或是有特別優惠的家庭票券等。

5. 接受新事物：新住民的文化背景和習慣與本地居民不同，但他們通常具有較強的文化適應能力，能夠接受新事物和嘗試新產品，因此對於跨文化的消費體驗有相對高的接受度。

6. 較注重價格：由於新住民多為中低收入戶，因此在購買商品時會相對注重價格，也會比較常使用優惠券或參加促銷活動等。

7. 傾向於購買亞洲產品：由於文化背景和地理位置等原因，臺灣新住民比較傾向於購買亞洲產品，例如韓國、日本、中國等國的商品。

8. 重視口碑和評價：由於語言和文化的限制，新住民在購買商品時比較注重口碑和評價，會通過社群網路、口碑平臺等途徑獲取消費者的反饋和評價，以此作為選擇商品的參考。

9. 偏愛零售業態：新住民在消費時比較偏愛大型連鎖零售店、超市、百貨公司等傳統零售業態，因為這些店鋪的商品種類較豐富、品質較有保障，也更容易尋找到自己熟悉的品牌和產品。

10. 飲食習慣：新住民的飲食習慣和臺灣本地人也有所不同，例如有些國家的人可能會比較喜歡辛辣的食物，而臺灣人的飲食文化則以清淡、健康為主。因此，新住民可能需要適應臺灣的食品和烹調方式，並且也需要尋找符合自己口味的餐飲選擇。為了幫助新住民更好地適應，臺灣社會也開始提供多元化的飲食選擇，例如引進各國料理、推廣健康飲食等，以滿足不同族裔和文化背景的飲食需求。

　　總體而言，臺灣新住民的消費行為特性和本地居民有所不同，但也有許多相似之處。對於品牌和商家來說，了解新住民的消費習慣和特點，可以更好地為他們提供符合需求的產品和服務，並提高市場競爭力。

問題與討論

　　每個國家社會裡都有著不同文化背景的消費者，這些消費者的差異是從事行銷工作時必須相當重視的一個環節。臺灣新住民文化、客家文化與原住民文化等各有其特色與需求，從事行銷工作時有哪些可能的重要文化因素必須要清楚了解？這些因素代表何種不同的消費需求或行為？在行銷上應該如何應用？

學習評量

一、是非題

1. （　） 東方文化社會的權力差距較遠，運用專家或是長輩來代言相關產品會有較好的成績。

2. （　） 行銷策略可改變文化，但不會被文化改變。

3. （　） 文化或次文化的差異完全是指與國界或是人為的疆界相關的概念。

4. （　） 次文化與社會階層對區隔市場是有幫助的，而其不同的文化內涵可作為行銷策略的依據。

5. （　） 文化的意義與內涵會隨時間與空間的改變而改變。

6. （　） 不同的文化有不同的行銷策略，跨文化標準化策略是運用不同的方法在世界各地行銷。

7. （　） 社會文化中的權力的差距越遠，成員關係較正式化。

8. （　） 根據文化的研究指出，東方的汽車消費者在購車時重視更明確的汽車規格。

9. （　） 不同文化對於產品的評估重點相同，文化也會影響消費者決策程式。

10. （　） 因為文化差異的因素，理性的廣告比較無法打動熱情的民族。

二、簡答題

1. 試說明 Kluckhohn & Strodtbeck 的六個文化構面內容在行銷上如何應用？

2. 試說明 Hofstede 的四個文化構面的內容在行銷上如何應用？

3. 中華文化的特色為何？這些特色形成何種不同的消費行為？

MEMO:

Chapter **13**

消費者行為研究

 前言

　　21 世紀唯一不變的就是「變」，影響消費者行為的因素，也不斷的隨著時間與環境在改變。換句話說，影響消費者行為的因素及內涵會因為時代不同、環境不同、情境不同而有不同實質與層面的變化。因此，國際知名的啤酒商海尼根就是要完全掌握即時的消費者需要，經年累月的、天天上市場做研究，測試包裝、贈品及廣告是符合消費者需求。也每年推動「重新認識年輕人運動」，從執行長到全國員工，都要上街觀察年輕人，和年輕人一起聊天、一起打電動，並從中了解時下年輕人（目標市場）的相關生活模式、需要與期待。（資料來源：天下雜誌）

　　因此，消費者行為的研究應該要有系統的進行，也要持續不斷的進行，組織才能在這變化多端的時代中完全掌握消費者行為的動機，規劃相關行銷活動來影響刺激消費。

第一節 ＞ 消費者行為研究的內涵

　　早期企業都將重心放在商品的進化，不斷的進行研發、創新以開發新的商品；但事實上，消費者也在快速的進化與改變。因此，企業要順利推廣新的商品應該要隨著消費者的進化進行調整，並推出符合消費者需要的商品。本節首先介紹研究方法的分類及研究的類型，並接著探討消費者行為研究的重要性、研究目的、及相關研究範圍。

一、研究方法

　　研究方法有不同的分類，也有不同的研究方向與作法，根據學者 Thomas Herzog (2003)的研究分類，研究方法可以分成質性研究與量化研究，量化研究包括實驗方法、調查法等研究；質性的研究包括觀察法、訪談法、焦點團體法等。相關的研究分類請參考圖 13-1。

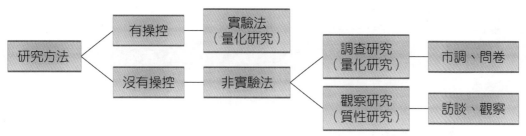

● 圖 13-1 研究方法分類

（一）量化研究

量化研究是採用演繹的邏輯，透過問卷調查或是相關的實驗方法來進行，以客觀的方法、結構化的方式來收集資料與數據，並透過統計方法來進行分析。

例如研究者透過研究架構的相關變數，擬出變數間可能的關係與影響之假設（或問題），並以問卷的方式來進行市場調查及針對所收集的相關數據進行相關統計分析，以作為回答問題或確認是否接受假設的依據，接著再根據研究發現提出具體的結論與建議。

（二）質性研究

質性研究是透過歸納的邏輯，透過參與觀察、深度訪談、個案研究等方式來收集第一手資料，其研究的內容是採用非結構的方式，運用開放式的問題來收集所需的資訊。

例如研究者根據一明確的研究主題，針對所選的對象進行相關的觀察或是晤談等，過程中以文字的方式加以記錄，並從這些文字的記載中進行相關的歸納整理，以釐出並描述一個事情的真相。

目表13-1 質化研究與量化研究的比較

	量化研究方法	質性研究方法
理論背景	邏輯實證論	現象論
研究目標	檢驗、測驗、推論	探索、意義尋求
研究邏輯	演繹法（由既有概念，發展假設並檢驗）	歸納法（對未知世界的探索）
研究假設	在研究前產生（靜態的）	在研究之後產生（動態的）

圓表13-1 質化研究與量化研究的比較（續）

	量化研究方法	質性研究方法
研究觀念	1. 視研究者為局外人（研究者與研究對象分離） 2. 應用統計方法	1. 研究者為局內人（研究者參與其中） 2. 使用描述方式
研究語言	將概念操作化，並以數據呈現	使用受訪者語言或系統中成員暗語探討意義
研究測量	強迫的、控制的測量	自然的、未加控制
研究方法	1. 調查法、實驗法等 2. 結構化、確定方式	1. 參與觀察、深度訪談、團體晤談、個案研究、投射技術等開放式訪談 2. 非結構化方式
研究階段	事先確定	演化、重疊
研究成果	簡單的，可推導	完整的，不可推導，描述為主
倫理問題	比較不涉及直接問題	極為重視

資料來源：呂長民(2009)行銷研究。

二、研究型態

　　根據學者的整理，研究大致上可以區分為三種類型，其中包括：探索性研究、描述性研究及因果關係研究。每一種研究都有其適合的情況及欲達成的研究目的，研究者應視研究方向與資料的取得性明確與否來進行選擇。以下簡要針對這三種研究類型的意涵進行說明：

（一）探索性研究(exploratory reseach)

　　研究者進行探索性研究通常是因為全新的主題、陌生的研究領域，或是相關的資訊不足時。因此要如何確認研究問題與明確的研究方向則可能需要先透過探索性研究來發掘。

　　進行探索性的研究可以讓研究者更清楚的、全面性的看到研究領域的全貌，因此探索性研究可以協助研究者達到以下幾項具體的目的：產生研究架設、命題與研究架構，並從研究假設、命題與架構中提出未來具體可行的研究方向。由於

是全新的領域、資料也不夠完全，因此研究者
會傾向透過非結構的方式，進行廣泛的訪談，
歸納出相關的研究架構與命題。

例如：印度市場是國人不很熟悉的新的市
場，相關的人口結構、政經狀況也不甚了解，
因此要如何去進行相關研究？要如何選擇好
的題目進行調查？研究方向是什麼？等可能
都必須先進行探索性的研究，並透過探索性的
研究來提出可行的、具體的研究架構與命題。
研究人員應必須親自前往印度當地、進行相關
的觀察、晤談、記錄等工作，並將這些發現做
具體的歸納，以供管理者來參考。

（二）描述性研究(descriptive reseach)

描述性研究的研究重點是在收集已存在的事實，並進行相關的呈現。因此，
進行描述性研究的環境都是擁有比較多的資源與資訊，相關的現象與事實也比較
明確。例如國內機能性飲料市場在廠商的努力之下，已受到消費者相當程度的歡
迎與喜愛，像是相關的脂肪燃燒、瘦身、提神等機能性飲料等。而由於龐大的市
場利潤，新的競爭者也紛紛進入這市場，但要鎖定哪一個族群、要訂多少價格、
或是要賣給男性還是女性等等。都可以透過相關的描述性統計來進行研究，將市
場的特性、消費者的特性、消費傾向等具體的資料呈現出來，而根據這樣的數字
描述，廠商可以決定自己的明確定位來搶攻現有的市場，或找到不同區隔需求開
發新產品。

（三）因果關係研究(correlation research)

因果關係的研究就是要透過研究找出變數間的因果關係。在消費者行為的研
究中，了解變數間的關係是很重要的，畢竟，透過了解「因」的變數，就能掌握
「果」的出現。

例如探討廣告的支出是否有效的提升產品的銷售額，廣告的支出就是「因」，
銷售額就是「果」。或是探討顧客的滿意度是否會影響再購的意願，高顧客滿意
度就是「因」，顧客的回流與再購就是「果」。了解影響消費行為間的不同變數的
關係，可以協助行銷人更明確的去掌控預期中的或想要的成「果」。

三、消費者行為研究的重要性

在瞬息萬變的市場中，消費者行為的研究是不能缺席的，也因此，近年來市面上有許多的市調或行銷顧問公司如雨後春筍般的不斷冒出，並提供相關的諮詢與服務，組織也常以外包的方式讓這些市調、顧問公司協助組織來研究消費者、了解消費者，並依據研究發現來做為行銷策略的基礎。

如同以上所說，消費者的需要與期望是不斷的在改變與進化的，這些改變與進化來自於許多環境的變遷，例如市場中新競爭者的加入、國際間的交流互動更為頻繁、新科技的發明應用及不同產業間的刺激與成長等因素。讓組織原本所熟悉的市場與消費者，可能在 3～5 年後變得完全陌生；消費行為原有的影響因素與影響的方式可能也會有質與量上不同程度的改變；而其既有成功策略與行銷手法可能也會讓組織束手無策。

要面對這種可能的困境與危機，組織就應該必須要不斷的進行消費者的相關行為研究，並從其中找出消費者新的價值觀、新的生活型態及其他影響消費行為的新的因素，如此，組織才能持續的充滿戰鬥力。

四、消費者行為研究的目的

如以上所說，消費者研究有其絕對的重要性，組織也應不斷的進行相關消費者行為研究，組織才能基業長青，因此消費者行為研究的目的包括以下三項：

（一）因應環境的快速變遷

環境的快速變遷包括市場中新競爭者的加入、國際間的交流互動更為頻繁、新科技的發明應用及不同產業間的刺激與成長等因素，透過研究所提供的資訊並轉換成知識，可以協助組織在變動的環境中站得更穩固。

（二）更確實的掌握顧客的需求

透過消費者行為研究，可以了解現有消費者的相關需求，也可以了解費者的購買偏好與動機等等，組織才能推出更符合消費者所需要的商品與服務，或製作出能感動、影響消費者的相關廣告與文宣，來提昇實質的產品（服務）銷售。

（三）主動發現可能的契機、開發新的市場

透過消費者行為研究，了解消費者的相關期待，或是對現有生活需要的匱乏，並進一步推出全新的產品線或是全新的產品與服務，可以讓組織投入另一個市場、或重新開闢另一道財源。

五、消費者行為研究的範圍

消費行為的範圍是相當廣泛的，包括消費前的心理思考過程、訊息接觸與處理的方式、購買決策過程、現場購買影響因素及購後相關行為因素等。消費者的行為研究可以包括以下幾個部分，但不僅止於下列的內容：

（一）產品研究

研究新產品的設計、開發和試驗，現有產品的改良，預測消費者對產品的形狀、包裝、顏色等的喜好，以及競爭產品的比較研究等。

（二）銷售研究

探討銷售趨勢、市場地位、銷售人員、銷售配額、銷售地區、分配通路等不同的差異與消費者行為的關聯，並根據相關數據進行可能的調整。

（三）購買行為研究

了解消費者行為的動機及行為發生的相關原因等。

（四）廣告及促銷

進行測試及評估廣告及（消費者或經銷商）促銷活動的效果。也針對廣告訴求、文案、圖樣、媒體選擇及廣告效果等進行相關分析。

（五）銷售預測

根據消費趨勢與環境發展方向，再加上先前的相關銷售紀錄，來對於商品或服務進行短期及長期之預測。

（六）產業及市場特性之研究

針對市場的特性及發展趨勢進行了解與分析，以提供符合市場特性的相關商品（服務）。

（七）新市場研究

新市場包括兩部分：一是實體市場、二是網路市場。

1. 實體市場

對於國內、外新市場的潛在需要量、地區分布及特性等進行研究，了解新市場中消費者的需要與消費行為特質。

2. 網路市場

網際網路科技發展迄今已將近三十年，網路市場的研究也是近年來很夯的議題，特別是網路相關的消費行為特性。根據 2020 年國際電信聯盟資料，全世界大約有 54.4%的人口，都會上網查詢資料，也會用電子郵件進行朋友之間，或是企業之間的互動，更有一些族群已將網路視為生活的一部分、寫網誌，分享照片，甚至是網路購物，網路已經是成為滿足消費者食、衣、住、行、育、樂、醫療等所有需要的另一個重要市場了。

加油站

你最不滿意的顧客是你最大的學習資源。

Your most unhappy customers are your greatest source of learning.

比爾．蓋茲(Bill Gates)微軟公司創始人

專欄 13-1

紅外線的運用．消費者皆被觀察與研究

在賣場中常會看到公司會運用新的科技來進行相關調查。透過科技的運用來了解、分析消費者的行為是非常有效率的作法之一。美國有家顧問公司推出一種消費者分析軟體，這軟體可以針對賣場商品的位置與顧客活動的動線進行分析，並進而了解商品的規劃、擺設是否合宜。

這種技術是以紅外線的功能，利用監視器追蹤消費者進入商場後的行為，希望找出消費者在賣場中的行進路線與停留位置及停留時間。也包括消費者在接受服務等待時可能花的時間。

研究分析發現，紅外線所呈現的紅點越多的地方，就是越多消費者駐足停留之地，反過來說，如果越少光顧的地點，就代表需要調整商品或擺放位置，研究也發現擁擠的人潮會降低消費意願與購買的金額。

這種透過科技的方式來研究消費者行為，可以協助企業收集消費者資訊，並進行分析提供可行的行銷策略。

第二節 > 消費者行為研究的程序

如同前一節所討論的，消費者行為的研究對組織來說是絕對必要的，因為調查結果的資料可以讓行銷人員進行相關正確的決策與行銷策略的參考。但重點是，資訊與資料的來源是否是透過科學的方法與嚴謹的程序所取得？如果研究設計錯誤、研究流程不正確，那可能所花的心血都是白費的，換句話說，如果研究者在一個研究步驟不正確及研究設計錯誤下仍充滿了效率與幹勁，那也只是越做越錯。因此進行消費者行為研究應遵守相關的科學方法與研究流程。以下分段說明消費者行為研究的相關流程。

一、環境分析、確認問題、訂出研究方向與目的

消費者行為研究的第一部分是針對整個研究做一個基本的介紹。首先應提供給管理當局有關於相關研究及相關文獻探討的簡短摘要，由最廣泛的總體環境開始提起，並從中敘述研究相關的市場狀況及可能的趨勢，再將重心導向自己的研究動機、目的與問題。一般來說，就像是「倒金字塔」一般，把整個問題從最「廣泛的一面」引述到「最後一點」，那「一點」就是研究的問題所在。對研究問題的背景描述，應提及問題的合理性、可行性與研究的價值，如此才可以讓管理當局了解問題的重要性與研究的必要性。

二、相關文獻回顧與探討

文獻回顧與探討的主要目的就是要陳述與研究主題相關的文獻資料，讓管理當局可以對研究主題的相關資料有更深一層的了解，也提供給管理當局一個與研

究問題相關的廣泛綜合文獻評閱。研究者在收集相關文獻時當然是越完整越好，不論所搜集的文獻資料多寡，都應就性質、觀點或研究發現的共通性，加以分門別類，並注意整篇文獻探討的連貫性。

國內有些研究在文獻探討中會加上自己的意見，批判或解釋文獻的重要發現和理論，國外的論文或研究大都只是陳述相關文獻的資料，並不加上自己的意見。比較落實的作法是將現有文獻探討的部分比重提升至 80%，自己的彙整與意見可約占 20%的內容。例如在文獻閱讀中，發現 A 作者、B 作者和 C 作者對於一項問題有不同層面的看法，在文獻探討中就應該將這些看法原汁原味的呈現出來，並標明文獻出處，研究者也可以進一步的將 A、B、C 三個作者的觀點進行歸納，提出自己的整理或論述。但基本上，文獻回顧還是要占 80%，個人的探討整理占 20%。

文獻探討開始必須從環境分析之相關背景資料延伸而來，一般來說文獻架構應包括：1.一些和研究問題相關的理論基礎與模式；2.和研究問題相關的歷史性總論；3.相關研究問題的趨勢；4.曾經出版與相關研究問題的重要資料等。文獻探討的內容在整體研究分量上是比較豐富的一個單元，有時在還不能完全確認研究議題時，廣泛的、深入的文獻閱讀變成是研究第一步的重要工作。也因為文獻內容涉及廣泛，因此在架構上必須系統性的分成幾個部分，包括一些大主題和次主題，所有的部分必須邏輯合理的組織在一起，把相關研究問題的文獻和資料清楚的呈現出來。

三、決定研究方法與調查方式

研究方法如同第一節所提到的，包括演繹邏輯的量化研究與歸納邏輯的質性研究相關內容請參考第一節的敘述。研究者應針對其實際需要及研究目的來選擇不同的研究方法。本部分內容以社會科學較常用的量化研究為主要的討論方向。

（一）問卷設計

多數的消費者行為研究都是以量化的調查方式為主，研究者可以尋求現成適合的問卷，如直接向有關出版社取得相關研究問卷調查資料，但必須經過有關出版社或作者的允許授權，並將允許信函附附在研究資料裡。

研究者也可以根據研究文獻編製問卷初稿，問卷的每一個題項的來源出處可以從文獻探討中得來，自己發展或修改的研究問卷工具要註明來源出處，例如此問卷是根據「Knowles (1990)及 Cross (1981)的理論、概念、並參考 Dugan (1985)

及 Keable (1991)等人有關學習特性之調查研究問卷編製而成」。自己發展或修改的研究工具還要將編制的過程描述撰寫在這一部分如問卷初稿的編製過程、實施預測、正式問卷的編定等。研究者自行發展的研究工具必須進行預測(pilot tested or field tested)，如此才能確知研究工具的信度與效度，並可得知每一問卷個項是否清楚和說明是否明瞭，預測可以選定類似的樣本但不是實際施測的樣本來執行，預測的結果發現必須做為修改問卷的依據。研究問卷也可以在進行預測時請相關專家來檢驗與評論並給予建議，最後修正過的研究工具必須再請指導教授或教授委員會及 Human Subjects Committee（國外要求）證實同意後才能進行施測。

　　一般來說問卷大概包括四大部分：1.開場介紹部分：在這部分，謝謝受訪者的參與，也告知研究的目的，讓受訪者安心作答；2.受訪者資料：調查相關的性別、年齡、職業等相關人口統計變數；3.行為的調查：調查受訪者相關選擇偏好、行為次數、行為特徵及行為傾向等；4.態度調查：在這部分可以根據文獻將所要研究的相關態度分成不同構面來調查，並用類似李克特(Likert)的五點量表來測量消費者的相關滿意度或是重視程度等。簡單問卷的四大結構範例請參考表 13-2：問卷範例。

表13-2 問卷範例

親愛的先生、女士您好：

　　我們正在進行一項學術研究，主要目的在於了解有購買自行車經驗的人之「自行車顧客購買偏好與滿意度」。本問卷旨在調查您在購買自行車時的決策因素及購後滿意程度。在研究過程中需要您的寶貴意見，懇請您撥空填寫，俾使本研究能在您的協助下順利完成。本問卷採不具名方式勾填，所得之資料僅供學術之使用，絕不對外公開，請您放心，衷心感謝您的協助！

　　　　　　　　　　　　　　　　　　　僑光科技大學　簡明輝　敬上

基本資料：

一、性別：1.□男性；2.□女性

二、婚姻：1.□未婚；2.□已婚

三、年齡：

1.□20~29 歲；2.□30~39 歲；3.□40~49 歲；4.□50~59 歲；5.□60 歲以上

表13-2 問卷範例（續）

四、教育程度：

1.□國中以下（含）；2.□高中職；3.□專科；4.□大學；5.□研究所以上（含）

五、職業：

1.□學生；2.□家管；3.□農；4.□工；5.□商；6.□軍公教

7.□服務業；8.□自由業；9.□高科技產業；10.□退休人員；11.□其他_____

六、每月個人所得：

1.□15,000 元以下；2.□15,001~25,000 元

3.□25,001~35,000 元；4.□35,001~45,000 元

5.□45,001~55,000 元；6.□55,001~65,000 元

7.□65,000~75,000 元；8.□75,000~85,000 元

9.□85,000 元以上

（第三部分）

一、請問您購買自行車的目的是什麼？

1.□運動競速用；2.□交通代步用；3.□純休閒娛樂用；

4.□其他_____

二、請問您家裡有幾臺自行車？

1.□1 臺；2.□2 臺；3.□3 臺；4.□4 臺；5.□5 臺以上

三、請問您一星期會用到自行車的機會是幾次？

1.□1 次；2.□2 次；3.□3 次；4.□4 次；5.□5 次；6.□6 次以上

四、請問您自行車的品牌是：

1.□捷安特；2.□美利達；3.□colnago（意）；4.□look（法）；5.□其他_____

（第四部分）請依您所購買自行車的因素，在適當的□勾選。

	非常不同意	不同意	尚可	同意	非常同意
1. 這家自行車公司財力雄厚	□	□	□	□	□
2. 這家自行車公司知名度高	□	□	□	□	□
3. 這家自行車公司信譽良好是值得信賴的	□	□	□	□	□
4. 這家自行車公司設有服務專線電話	□	□	□	□	□
5. 這家自行車公司不會採取強迫推銷方式	□	□	□	□	□
6. 這家自行車公司付費方式有彈性	□	□	□	□	□

表13-2 問卷範例（續）

7. 我相信這家自行車公司的相當專業	☐	☐	☐	☐	☐
8. 我相信這家自行車公司所提供給我的資訊	☐	☐	☐	☐	☐
9. 這家自行車公司銷售員態度親切、和氣	☐	☐	☐	☐	☐
10. 這家自行車公司銷售員操守好、值得信賴	☐	☐	☐	☐	☐
11. 這家自行車公司銷售員會依照客人需求建議車種	☐	☐	☐	☐	☐
12. 這家自行車公司銷售員可以把每樣產品都講解清楚	☐	☐	☐	☐	☐
13. 這家自行車公司銷售員可以把我提出疑問回答很好	☐	☐	☐	☐	☐
14. 這家自行車公司銷售員會依我的需求給予建議	☐	☐	☐	☐	☐
15. 這家自行車公司銷售員向我推薦相關必要周邊設備	☐	☐	☐	☐	☐

謝謝您的耐心作答、本問卷到此結束，感謝您的參與～

　　一般來說，因為研究的目的與方向不完全一樣，也由於消費市場的變化劇烈，因此相對於不適合、不合時的問卷，自行根據所規劃的研究目的、研究問題與文獻資料編制合適的問卷，可能會比較容易達到研究目的與回答研究問題，例如在研究問題中，研究者想要知道人口的相關變數會不會影響手機選擇時的偏好，問卷中就必須編製相關人口統計變數的問題，也需詢問受訪者購買手機時的相關考量。因此自行發展的問卷會比較適合研究者的研究目的與問題，但問卷的結構還是需要經過信度與效度的檢驗的。

（二）抽樣

　　在社會科學的領域中，因為經費的關係、時間的考量與必要性與否等因素，多數的研究都是以抽樣為主，一般而言，要讓樣本能精確的代表其母群，樣本的選擇必須仔細的遵從適當的抽樣設計，從選擇的母體抽出。樣本的總數不須要太大，也不能太少，必須要在自己的研究能力與資源內可控制處理的範圍，但必須符合抽樣的科學方法，才能讓樣本有代表性。

　　最簡單的幾種抽樣方法包括：1.隨機抽樣：每個樣本都有相同的機會被抽到；2.非隨機抽樣：基於樣本的代表性、或是研究者個人專業選擇與方便性，而指定選擇某一特定樣本進行研究；3.系統抽樣：從母體中有系統的、有規律的抽取特定的樣本，例如母體編號中 5 的倍數的樣本；或是每班學生編號 10 號、20 號與 30 號；4.分層抽樣：根據母體中個別總人數比例來進行抽樣；例如在一個學校內要抽 10% 的學生，則企管系有 200 個學生，就抽 20 個；資管系有 300 個學生就抽 30 個，行銷系有 150 個學生就抽 15 個，其他系的樣本人數以此類推。不同的抽樣方式可以搭配使用，例如在分層抽樣中要抽取一系（5 個班）的 20 名學生，可以隨機選擇每班的學生共 20 名，也可以按系統抽樣的方式，每班抽 10 號、20 號、30 號及 40 號，全部 5 班抽取 20 名學生。

（三）調查方法

　　在量化的研究中通常是使用觀察研究法、調查研究法及實驗研究法為主，而社會科學的相關研究中又以調查研究法為多數，最常用的調查方式有三種：1.郵寄調查；2.電話訪問；3.人員訪問。三種調查方法都有其優缺點與適用的情境，以下敘述三種常用的調查方法。三種方法的特點比較請參考表 13-3。

目 表13-3 三種調查方法的比較

特性	人員訪談	電話訪談	郵寄調查
成本	高	中	中
時間	中	快速	慢
產品展示	是	否	是
對訪員的控制	中	高	無
處理複雜問卷的能力	高	高	低

資料來源：Charles W. Lamb, Jr. Joseph F. Hair, and Carl McDaniel (2004)

1. 人員訪問

　　人員訪問是以專人的方式進行實際的調查，適合許多較複雜問題的調查，訪問人員要必須事前作好相關的訓練，以提升臨場反應，但也會因此增加了許多成本。此外，由於人與人的關互動中容易相互影響，造成一些偏差，如：抽樣誤差、無反應偏差、反應偏差。

人員訪問的優點包括：(1)可問較多、較複雜的題目；(2)可使用相關輔助的工具，或進行產品展示；(3)研究資料品質較佳（因有訪員在場解說）。而缺點則有：(1)花費高昂；(2)耗費時日；(3) 訪員本身不專業、暗示或是偏差等。

2. 電話訪問

電話訪問顧名思義就是透過電話來進行相關調查，也因為透過電話的使用、人員可以免除舟車奔波之辛勞與成本，因此具有成本低，訪問效率高，速度快，可與受訪者互動，蒐集資料便捷。然而、由於電話常是詐騙集團所運用的工具，也常以調查為幌子，使得受訪者多存有戒心，而不願意配合訪問。現在手機普及，電話的選擇是室內電話還是手機也是重要的考量，做出來的結果可能不一樣。

電話訪問的優點包括：(1)快速便捷；(2)集中作業、防弊解答疑惑；(3)樣本容易取得；(4)節省經費；(5)成功率高。電話訪問調查的缺點包括：(1)訪問題數及選項不能太多，亦不能太複雜；(2)無法觀察受訪者的動作表情，以判斷回答的真實性；(3)沒有電話者，無法成為樣本，導致樣本代表性會有問題。

3. 郵寄問卷

郵寄問卷的方式就是透過郵寄的方法，將問卷寄給受訪的樣本，其優點包括：(1)節省人力經費；(2)不會有訪員舞弊或偏差的事情。郵寄問卷的缺點包括：(1)問卷可能不是由抽中的樣本本人親自作答；(2)回收率低，以致樣本代表性有問題；(3)訪問題數不宜過多或太複雜；(4)過程也比較耗費時日。

郵寄問卷通常回收率都相當低，有時只有 10%得回收率，因此研究者常會提供金錢或禮品的相關誘因來激勵受訪者談寫問卷並寄回問卷。

四、資料分析

接下來消費者行為研究要做的工作就是對所回收的問卷資料進行整理、編碼、輸入，並進行合適的統計分析。對於複雜的統計方法應用，書面中必須作簡短的描述說明，並指出其來源出處以做為參考。

量化研究的資料分析工具最常用的軟體就是 SPSS (Statistical Product and Service Solutions)或是 EXCEL 等工具。一般來說，描述性的統計大都包括樣本的一些基本特性，透過算數平均數、標準差、次數分配和百分比來呈現。推論統計的方法大約包括卡方檢定、t 檢定、單因子變異數分析、因素分析及相關分析等，針對變數的關係進行相關的檢定。在資料處理的解釋中，相關研究者可以敘述那

一種統計分析將運用在那幾項假設或研究問題的檢驗，讓管理當局更了解研究者的研究方法。

　　資料的分析還是要依據研究問題（或假設）來選擇合適的統計方法，例如研究問題想知道性別是否會影響手機功能的選擇，那在資料分析時就應該進行性別與手機功能的分析與檢驗（卡方分析）。

 加油站

沒有數據的行銷就像閉著眼睛開車。

Marketing without data is like driving with your eyes closed.

丹・扎雷拉(Dan Zarrella)行銷專家

五、提出結論與建議

　　結論與建議是一項研究的重頭戲，也是針對研究發現提出具體建議的一個地方。一個研究是否有價值、是否有具體的貢獻大都是從這一個單元來判斷的。公司要如何針對研究發現來進行改變、應用，也是從這單元所提出結論與建議來參考。

　　首先，研究者還是應該針對研究的目的作簡短的說明，並重點敘述研究執行的內容與流程，交代研究方法的完整性與正確性。之後，再根據研究發現來撰寫結論與建議。結論與建議的內容撰寫應力求清楚具體，撰寫時也應該將抽象的統計數字轉換成容易理解的圖像與文字，讓管理當局了解研究發現的意涵。

　　例如研究發現性別的不同與手機購買偏好有顯著相關，在研究的建議上就可以建議管理當局在設計手機商品時要注重性別的差異性，甚至連相關的廣告、文宣也應該依性別的差異來設計規劃。

專欄 13-2

一些統計上的迷思

　　統計學是一門研究收集、分析、解釋數據的學科，但由於其複雜性和應用廣泛性，常常會有一些迷思和誤解。就像有相關性不代表有因果性，也常會被人誤解，例如，有一個研究發現，在某個城市，冰淇淋的銷售量和溺水死亡人數之間存在相關性，即當冰淇淋銷售量增加時，溺水死亡人數也會增加。但這不意味著吃冰淇淋就會導致溺水，而是因為當天氣變熱時，人們會同時吃冰淇淋和到水域降溫，從而增加了溺水風險。這個例子表明，相關性並不等於因果性，需要進一步的研究來確定兩者之間的關係。

　　因此消費者行為研究所得到的相關統計數字或是推論必須要小心處理，樣本是否有代表性？或是總人口數的比例的分配狀態等都應該審慎的去認識，以下的一些統計上的敘述都有其詭異的地方，請試著回答這些詭異的地方是什麼？

1. 研究統計發現多數車禍發生在車速 40~60 之間，僅有少數在車數超過 100 公里。所以開快車比較安全？

2. 美國亞歷桑那州死於肺結核的比例是全美國最高。所以亞歷桑那的天氣最容易感染肺結核？

3. 美國加州的死亡率是全美最高，是因為加州犯罪率高、較危險、還是環境汙染最嚴重嗎？

4. 統計資料發現在家生產發生意外的比例比在醫院高，因此建議應在醫院生產。

5. 在中國的調查中，家裡排行老大死亡的人數最多。所以排行老大的比較容易死亡？

第三節 > 優質研究的條件與研究的倫理道德

一、優質的消費者行為研究應有的條件

　　消費者行為研究是企業許多研究中的一項實務性的研究，消費者行為研究是科學的、有系統的、也必須是專業的。根據學者 Cooper 及 Schindler (2001)的觀點，好的研究應具備下列幾項標準：

1. 研究目的應清楚界定，研究目的應該有間接或直接提供企業一定程度的助益，而不是無病呻吟。

2. 研究過程詳細清楚，並提出完整的研究計畫。包括研究目的、方法、研究流程等。

3. 研究架構應明確、變數間的關係有具體的界定，重視嚴格性與避免偏差。

4. 坦承研究可能的研究限制，並提出可行的解決之道。

5. 使用合適的分析工具，依研究目的與研究問題選擇合適的分析工具、統計方法、強調樣本的精準度與信賴性。

6. 清楚呈現研究發現，透過明確的表、圖呈現，並進行邏輯整理研究發現，以協助管理者做決策。

7. 總結要提綱挈領，內容結論應與研究目的與研究設計緊密結合。

8. 根據研究發現公正做出結論與建議，決策導向之相關結論應與研究發現結合，也應客觀的呈現、不能融入個人的情緒與主觀喜好。

9. 應符合研究倫理與道德，尊重個人隱私，避免讓受訪者受到任何壓力與傷害。

二、研究的倫理與道德

　　消費者行為的相關研究可以協助組織獲得許多市場的資訊與消費者的資料。很多的資料也可以轉換成有用的資訊與知識，讓企業可以更貼切的推出相關的行銷方案，並獲得消費者的青睞。但是不論在進行何種研究、調查、訪問、追蹤時，不能因為想獲得所需的資料而不擇手段或無所不用其極。因為消費者有維護其個人隱私的權力、也有追求自由或是免於恐懼的權力等。這是在進行相關消費者研究時不能忽略的重要議題。

　　無論是刻意的遊走在法律與道德邊緣，或是無意的違反研究道德，都是絕對要去避免的，也是行銷人員在進行相關消費者行為研究時要有的基本認知。學者Churchill (1996)及 Cooper & Schindler (2001)等也皆有提出相關的研究道德準則與研究必要條件的看法，這些研究道德的議題包括個人隱私問題、個人利益問題、個人生心理問題、欺騙問題、個人決策意識問題等等。以下分別整理敘述之：

（一）個人隱私問題應受到保護

　　研究的進行應該必須採匿名的方式來進行研究，個人的姓名、相關隱私資料不應該出現在問卷上。研究資料不能外洩或轉用其他不當用途使用。此外，研究的同時如果有進行錄音或是錄影也應該事前告知受測者、並徵求其同意才可以使用；另外、研究的同時有其他人的參與或是觀察，也應一併告知。

（二）使用相關設備／技術時應避免可能的危險與傷害

　　許多消費者研究是採用實驗的方法，而過程中有時會透過藥物的使用、或是電極檢驗等方式，來衡量樣本的反應，有些研究會在實驗環境中設計相關的氣味（有味或無味）來進行可能的測試；這些設備或是技術的使用應該要作必要的告知，在使用上也一定要注意安全性。例如有些有過敏性體質的人在不知情的情況下參與了研究，可能會對受測者產生極大的風險，甚至是生命的危險。

（三）避免讓樣本感受到可能的心理壓力

　　消費者的研究進行中，應避免相關可能讓人困窘的情境，例如有些問題不知如何回答、答不出來，以致產生許多尷尬，造成心理壓力與不舒服的情形，研究人員應該適時的緩和這樣的情境；當研究過程中可能的壓力是不可避免時，也應要事前告知受訪者。

（四）當研究涉及相關設計需要時（欺騙訊隱瞞），必須基於善意的原則

　　有時研究設計必須針對樣本進行相關的操控，而隱瞞或欺騙一些真相，或故意透漏許多假的資訊，這樣的作法是可以的，但必須是基於研究上的需要，而且整個過程中也不應造成任何可能的傷害才行。

（五）避免強迫與威脅受測者

　　消費者行為研究在進行相關樣本的抽樣時，必須尊重樣本的自由意願，其中包括、願意做、或是不願意做；或是做到一半時不願意再做時，都應該予以尊重。

研究人員不應該用各種方式逼迫樣本參與研究，也不應該打電話持續騷擾受試樣本。因為這樣的脅迫作法，即使受測者願意配合，其所作的相關實驗或是問卷內容的可信度也會讓人質疑，而且這樣的作法更是一種相當嚴重道德的問題。

三、結論

　　消費者行為研究可以協助企業更貼近顧客、更了解顧客、發現市場的商機、制定更完善的行銷策略、提昇消費者更高的滿意度、更能讓企業更具有競爭優勢。或換話說，消費者行為研究不是目的，而是一種管理工具，其研究目的在提供有關行銷的資訊，協助企業主管制訂合理的行銷管理決策。

　　研究調查是非常專業的一門學問，以一個章節來討論其完整的內容是有所偏限的，因此，本章基本上是介紹消費者行為研究的輪廓，讓讀者了解推動研究的基本概念與考量。但要更精準的、更完整的進行相關研究規劃，其他相關研究知識的吸收還是非常需要的，讀者可以再自行研讀「企業研究方法」、「統計方法」、「行銷研究」、「市場調查」等書籍，來充實自己的研究能量。

專欄 13-3

透過 POS 系統的運用、提升銷售量與顧客滿意度

　　POS 系統(Point of Sale)是一種零售業常用的電腦系統，主要用於記錄商品銷售和收款等業務，也可以用於整合消費者購物資訊和顧客關係管理。以下是利用 POS 系統進行消費者行為分析和研究的一些方法和應用：

1. 消費者購買行為分析：利用 POS 系統收集消費者購買數據，可以對消費者的購買行為進行分析，如消費者的購買頻率、購買品類、購買時段等，從而更好地了解消費者的購買偏好和需求，並制定相應的銷售策略。

2. 交叉銷售分析：通過 POS 系統的交叉銷售分析功能，可以對消費者的購買項目進行分析，從而發現商品之間的關聯性，並在銷售過程中進行交叉推銷，提高銷售量和利潤。

3. 促銷效果分析：利用 POS 系統可以對促銷活動進行評估和分析，從而了解促銷活動的效果和影響，以便更好地制定促銷策略，提高促銷效果。

4. 客戶價值分析：利用 POS 系統可以對客戶消費行為進行分析，從而評估客戶的價值，並針對不同價值的客戶制定不同的銷售策略，提高客戶忠誠度和滿意度。

　　POS 系統除了可以記錄消費者的購物歷史，還可以通過條碼掃描器和 RFID 技術等方式，自動記錄消費者購買的商品信息，從而提高記錄的準確度和效率。POS 系統還可以與顧客關係管理(CRM)系統相結合，從而更好地管理顧客關係。CRM 系統可以通過收集消費者資訊、分析消費者行為和購買習慣等方式，為商家提供更好的顧客服務和銷售策略。與 POS 系統相結合，CRM 系統可以自動獲取消費者的購買紀錄和交易信息，從而更好地了解消費者需求和購買行為，進而提供個人化的商品推薦、促銷活動和客戶服務。

　　總之，利用 POS 系統進行消費者行為分析和研究可以幫助商家更好地了解消費者的需求和行為，從而制定更有精準的銷售策略，提高銷售量和利潤，並提高客戶忠誠度和滿意度。

個案　　　　大數據與消費行為的應用

　　大數據的發展歷史可以追溯到上世紀 90 年代末，當時以資料庫(Database)的形式存在。隨著科技的發達、網路的普及和數據庫技術的成熟，很多企業開始大量收集與儲存網路相關資訊。2005 年，谷歌推出了 MapReduce 和 Hadoop 技術，使得大數據處理變得更加有效率與快速。近年來人工智能等技術迅速發展，連帶著大數據應用的領域也不斷擴展，2023 年推出的 ChatGPT，公布後一禮拜就吸引一億多位使用者，接著每個月增加 9 千 8 百萬使用者。ChatGPT 就是用人工智慧收集網路資料的一種大數據概念，並用來回答「人類」問題的一種結合 AI 應用技術。

　　大數據具有 3V 特性，即 Volume（數據量大）、Velocity（數據增長快）和 Variety（數據多樣性），也由於這樣的特性其應用範圍非常廣泛，包括醫療體系、政府部門、商業組織、金融機構、科學研究領域等領域。在金融領域中，大數據可以用於風險管理、消費者支出收入資料整合、消費資料檢索等方面。在醫療領域中，大數據可以用於病例分析整合、疾病控制與預測、藥物研發等方面。在政府領域中，大數據可以用於人民需求了解、城市管理、公共安全、環境保護等方面。在科學研究中，大數據可以用於各種學問包括物理學、天文學、生物學等方面。

　　在商業領域中，大數據可以用於市場研究、行銷管理、顧客關係管理、供應鏈管理等方面，特別在消費者行為中的應用更是普及與重要。最常見的就是消費者在網路上瀏覽時、有時會跳出一些廣告、這些廣告的產品正是消費者需要的東西、這些東西也是消費者在網路上購買或是搜尋時留下的資訊。凡走過必留下痕跡、電子商務網站都會收集這些痕跡、向消費者推薦產品，這些推薦系統也都是基於大數據分析來的。

　　以下從消費者行為的領域來看大數據的應用與優點：

1. 大數據可以幫助企業更好地了解消費者的行為：透過大量收集和分析的數據，企業可以了解消費者的購買行為、網路瀏覽習慣、購買偏好和相關反應。這些數據可以幫助企業更好地理解消費者，並根據消費者的需求和喜好來調整產品和服務。

2. 大數據可以幫助企業預測消費者行為：透過分析消費者的購買行為、習慣和偏好，企業可以預測消費者的未來購買行為，例如購買頻率、購買量和喜好變化。這些預測可以幫助企業更好地制定行銷策略、銷售計畫與相關可以直接刺激消費的廣告與文宣，以更好地滿足消費者的需求。

3. 大數據可以幫助企業了解消費者對產品和服務的評價：企業可以透過收集消費者的評價和反饋，了解消費者對產品和服務的滿意度狀況。這些數據可以幫助企業改進產品和服務，並提供更好的顧客體驗。

4. 大數據可以幫助企業進行精準行銷：企業可以透過收集和分析消費者的數據了解消費者的興趣和偏好，從而精準的進行行銷活動及個人化行銷，並有效的進行廣告投放。這種精準行銷可以提高廣告的轉換率和銷售量，不僅可以提高消費者的滿意度和忠誠度、同時也可以減少廣告的浪費。

大數據的有效應用也是企業成功的重要推手，以下是幾個企業應用大數據的成功作法：

1. 亞馬遜(Amazon)

亞馬遜是全球最大跨境電商平臺，2021 年總年收入 3,860 億美金，62％消費者在 Amazon 上進行線上產品搜尋，每個月網站上有 30 億訪客，240 萬個賣家來自世界各地。Amazon 是大數據應用的成功案例之一。該公司通過分析用戶的購買歷史、搜索行為、點擊率等數據，不斷優化產品推薦系統，並且通過預測需求和庫存狀況，實現準確的商品補貨和庫存管理。這樣的大數據應用幫助 Amazon 提高了客戶忠誠度和購買轉換率，也使得其成為了全球最大的電子商務公司之一。

2. 網飛(Netflix)

截至 2022 年，Netflix 擁有超過 2.04 億付費會員用戶，覆蓋了全球 190 多個國家和地區，是全球最大的流媒體視頻平臺之一。根據 2020 年資料，Netflix 公司的年收入達到 257 億美元，同比增長 24%。該公司的市值超過了 3,000 億美元，是一家高成長的公司。Netflix 是一家在網路影視行業中著名的大數據應用公司之一，該公司透過分析用戶的觀看歷史、點擊率、評分等數據，為用戶推薦個人化的影片和電視劇，並且通過預測觀看喜好和熱門程度，決定了自家製作節目的類型和投資金額。這樣的大數據應用讓 Netflix 成為了全球最受歡迎的網路影視平臺之一。

3. 星巴克(Starbucks)

星巴克(Starbucks)是全球最大的咖啡連鎖店之一，截至 2022 年在全球超過 80 個國家和地區擁有超過 32,000 家門店。Starbucks 通過大數據應用優化了其營銷策略。該公司透過收集用戶的購買歷史、點擊率和社交媒體數據，推出了個人化的促銷活動和優惠券，吸引了更多的用戶前來消費。同時，Starbucks 還通過大數據分析咖啡銷售數據和顧客口味偏好，研發加強產品設計和銷售策略。

以上企業的成功案例表明，大數據應用能夠幫助企業更好地了解消費者行為和需求，並且制定出更加個性化、有針對性的營銷策略。大數據在消費者行為應用中發揮了重要作用，幫助企業更好地了解消費者，提高銷售額和利潤，提高消費者的滿意度和忠誠度。然而，也需要注意大數據使用中的倫理和隱私問題，以確保消費者的權益和利益不受損害。

問題與討論

　　凡走過必留下痕跡。分享自己在網路上「被大數據」的例子。覺得神奇？隱私被冒犯？還是其他感受？

學習評量

一、是非題

1. ( ) 研究中可能有一些無法掌控的限制，應避免在報告中提及，以免降低研究的品質。

2. ( ) 既使研究目的不同、相關變數也不盡一樣，有些知名的問卷還是可以不用修改就可以直接使用。

3. ( ) 社會科學中常使用的量化研究是一種歸納的邏輯概念。

4. ( ) 針對全新的研究主題或陌生的研究領域，相關的資訊也都不足夠時，通常進行探索性研究。

5. ( ) 環境變遷是導致消費者行為研究的重要原因之一。

6. ( ) 調查方法中，郵寄調查法是最有效率、回收率最高的一種調查方法。

7. ( ) 所謂非隨機抽樣就是在母體中隨便抽取樣本，每一個樣本被抽中的機率是一樣的。

8. ( ) 研究過程中，如果有一些與研究主題相關的最新報導或他人的研究成果，在自己的結論與建議中也應該進行敘述。

9. ( ) 為了讓研究可以成功的進行，有些錄音或是錄影要私下運作，不能讓受訪者知道。

10. ( ) 消費者行為研究是一項工具，目的還是應該能提供相關數據給管理當局作參考。

二、簡答題

1. 請說明消費者行為研究有哪五個過程？

2. 請說明消費者行為研究的重要性與目的？

3. 為何研究中必須要進行文獻回顧與探討，有何意義？

4. 一個好的研究調查應具備哪些條件？

5. 研究的倫理道德是什麼？為何很重要？

MEMO:

Chapter **14**

行銷管理與消費者行為

 前言

　　在今天多樣、複雜和快速轉變的消費環境中，行銷人員很清楚他們無法生產一個產品來滿足全部的消費者。相反的是，他們必需針對不同的目標市場發展合適的行銷策略(marketing strategy)。所謂行銷策略是一個導引企業努力方向的準則，而任何一個行銷策略的規劃必定是以消費者為中心的活動。

　　由於科技日益進步帶動生產力的改善，並進而影響供需市場，使得市場行銷不斷地演變。經歷過生產導向、銷售導向、行銷導向與社會行銷導向四個階段，市場行銷策略的制定，逐漸由生產導向轉向重視消費者的需求與欲望的導向。在以市場為導向的經營環境中，有效的行銷策略必然與消費者行為密不可分，了解消費者行為影響的因素、了解行銷與消費者的關係等更是學習消費者行為不可忽略的課題。

　　本章從消費者行為的相關特性來探討行銷策略應有的思考，期許能從消費者的特性與立場提供有效的準則，讓行銷管理工作能更順遂。以下從消費者行為的特質來探討行銷之市場區隔、產品定位、行銷組合應用與整合的觀念。

第一節 ▷ 成功的市場區隔與定位

　　有效的行銷策略是建構在消費者的特性、消費者的認知、消費者的行為與消費者的環境中。因此行銷工作不能脫離消費者的認識，對消費者行為知識的認識可以讓行銷策略更有效的進行。

　　市場區隔(market segmentation)是指企業根據消費者的背景、需求和行為過程等特性將整個市場劃分為不同區塊。這些目標市場內的消費組成分子有相似的特性，並且也大都會對企業之行銷活動作出相同回應的一群人。一個企業是無法以一種產品去滿足所有消費者的需求，也無法提供需求滿足所有的消費者，因此市場區隔的工作是有其必要性與重要性的。而產品定位(product positioning)的意義是把產品的樣子和購買以後得到的益處，在選定的目標市場中，放置在消費者的心中，產生一個非常明確的影像。直言之「產品定位」就是決定企業想讓消費者如何看待企業的產品一項工作。

市場區隔與定位即是行銷議題中所謂的 STP 分析，有效的 STP 分析包括正確的進行市場區隔(segmentation)、清楚的目標市場選擇(targeting)及明確的市場定位(position)，其過程參考圖 14-1 所示。

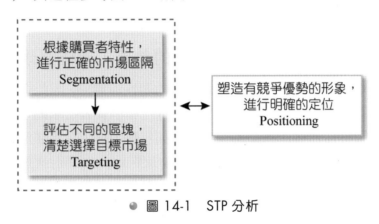

● 圖 14-1 　STP 分析

從食衣住行育樂醫療的相關需求來思考，以「衣」的需求為例，不論是哪一個社會，「衣」的需求都是相當大的，但依據不同的人口結構與特定需要而存在著許多差異性，因此要在這些眾多滿足「衣」的需求的企業中脫穎而出，企業就必須很清楚的知道自己是要滿足哪一些人的需求。在這樣的前提下，企業就必須進行相關的 STP 分析。

以國內服裝市場為例，服裝市場很廣，有提供男性、女性的服裝，有提供學生族群、上班族群的服裝，也有提供青少年、中年人等不同年紀的服裝，一個企業不可能滿足這些全部的需要，而且企業也應建立清楚的企業印象。所以企業還是要從消費市場中依據自己的專長、資源，選擇一塊有共同特色與需要的市場，進行相關的行銷工作，例如提供本土高品質的服飾來攻占上班族女性的市場。其STP 流程參考如下圖 14-2 所示：

● 圖 14-2 　STP 分析：以國內服裝市場為例

由於科技的進步，企業可以透過相關的技術來收集與分析消費者的相關資訊，進行有效的 STP 分析。其中包括針對性別、收入、職業、居住地、消費習慣、興趣、常買的東西與常去的地方等進行分析。並進而歸類出同類的消費族群。而針對這些不同的消費者在市場區隔的策略與產品定位的策略應該有一些重要的思考：

一、有效的市場區隔應了解消費者的差異，明確展現產品特性

每一個市場區隔後的消費族群都有相同的習性與需求，因此企業在推動相關產品或是服務時，應該要特別彰顯其主要的特性與消費者需求的連結，讓消費者在自我認知上會將自己與產品歸為一類。例如年輕 HIPO 的族群是一塊明顯的市場，其穿著、打扮、裝飾都有其特色，HIPO 族群的人也都很清楚自己是屬於這特色領域的族群，也會穿著大家共有的服裝、打扮，並表現出共有的特色。

二、有效的市場區隔也可以進一步分析消費者的喜好與發展趨勢，拓展新的需求

市場區隔雖是鎖定明顯的一塊族群，但消費行為是一個動態的過程，不同族群或是不同社會階層的人多少會互相學習、模仿，並進入其他族群的區隔市場中。以戶外活動為例，早期都是以男性的市場主要的目標，因此相關商品的設計也都以陽剛系列為主，包括深色系列、粗獷的設計等。但隨著女性加入戶外活動的趨勢越來越多，這些商品的設計也必須重新進行規劃設計，增加溫柔感的粉紅色系商品，來符合女性市場的需求。又如國外跑車的市場也常改變其內裝的設計來迎合許多女性的需求，畢竟誰說女性不能開跑車呢？

三、有效的定位必須要了解顧客需要的屬性與期望，發展適當的定位策略

定位的功能主要是要形成一明確的品牌形象以烙印在消費者的心中，在競爭激烈的市場中，企業需要發展不同的定位策略才能脫穎而出。這些定位必須創新、新穎、特殊，甚至讓對手連作夢都想不到的絕妙好招。定位的策略思考至少可以包括下列幾個方向：屬性的定位、用途的定位、產品使用者的定位、產品類別的定位、競爭者的定位及產品利益等。其意義與範例請參考表 14-1。

從消費者的角度來看，消費者需要什麼屬性？什麼屬性才能跟競爭者不一樣？什麼樣的屬性才能符合消費者期望？或彰顯產品的特性等。產品定位圖的思考可以提供市場上可能缺乏的需要，產品定位圖如圖 14-3 所示：

表14-1 定位的作法

定位方向	意義與作法	舉例
以產品屬性定位	依據自身所獨特擁有、而競爭者沒有的屬性來加以定位。	蘋果的 iPhone 14 強調衛星通訊及全面支援 e SIM。
以利益定位	依據產品所直接提供的好處、利益作為定位的出發點。	海倫仙度絲(Head & Shoulders)洗髮精定位為「治療頭皮屑的專家」。
以使用者定位	直接訴求於明確與特定的目標市場。	嬌生(Johnson & Johnson)的嬰兒洗髮精以嬰幼兒為目標市場。
以用途定位	以產品的使用用途或使用場合作為定位的方向。	Airwaves 口香糖強調清新爽口、提升人際關係。蠻牛飲料強調提神恢復體力。
以競爭者定位	以知名競爭者作為比較的對象，並說明自己比競爭者好的一種定位方式。	統一雞精強調比白蘭氏雞精味道更好。
以產品類型定位	以特定、有別於其他競爭者的產品類別作為定位的一種方式。	七喜(7Up)將自己定位為「非可樂」(Uncola)，強調「7Up 非可樂，它更清涼有勁」，俾能與可口(Coke)和百事(Pepsi)等可樂有所區別。

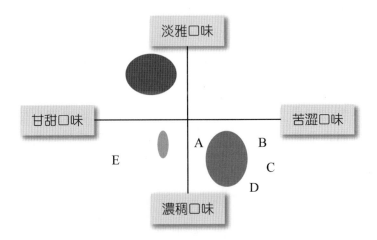

● 圖 14-3 產品定位圖－以啤酒市場為例

從產品地位圖 14-3 來看，較淡雅與較不苦的甘甜啤酒口味似乎是被忽略的，因為在第二象限中有需求，但是沒有廠牌提供服務。啤酒市場早期還是以男性為目標族群，男性喜愛重口味、偏愛濃稠與苦澀口感，因此在第四象限中有許多廣大的市場與廠商。再從產品的定位來看，第二象限的市場極有可能是被忽略的女性市場。企業可以從這些被忽略的地方著手進行其定位策略。

企業可以針對競爭對手所沒有的定位方向做為產品推廣時的訴求。這種以對手所缺少的特性進行產品定位，也可以避免企業之間短兵相接、殺成一片紅海，因為一旦產品有明確的定位時，接下來的工作就是交由消費者自行衡量選擇了。

此外，了解消費者平時所面臨的相關產品困擾、問題，並進而強調符合其需要或可以解決問題的定位，也是一種以消費者為中心的定位，像是一些「持久耐用」、「堅固安全」的特性可以強化消費者心中對產品的印象。以 3M 為例，3M 推出拋棄式馬桶刷，用完即丟，可以避免在廁所中留下臭味或病菌，這種可拋式的產品確實也擄獲了消費者的心。

第二節 > 行銷組合與消費者行為

行銷的組合包括運用產品、價格、通路、促銷四種方式進行相關的行銷策略，消費者的消費行為與行銷組合密切相關，行銷組合在運作中也不能忽略消費者行為的內涵與特質，因此本部分特別介紹行銷組合與消費者行為的關係與應用，惟要特別強調的是這四個行銷因素在實務上的運用經常是一起出現的。以下分別以產品、價格、促銷、通路四部分進行說明。

一、產品

產品是行銷組合中重要的關鍵因素之一，消費者所知覺的產品層面包含產品本身有形的部分與產品延伸無形價值的部分。產品的行銷策略不能忽略消費者的想法與期待，以下從消費者的立場來探討有效的產品策略應該有的思考：

（一）忠誠度的塑造

忠誠度的塑造是件不容易的事情，因為多數消費者大都喜愛較為新鮮、新奇的事物，因此要如何塑造忠誠度變成是一個困難的議題。行銷人員可以從塑造一

個獨特的產品品質與形象來著手，畢竟消費者會比較價格、比較促銷模式，但產品的獨特性是無法替代的，因此也比較能讓顧客從一而終。

另一種塑造忠誠度的作法在於提昇產品的附加價值，如「品牌形象」或無可取代的「終生服務」等因素，也可以有效的塑造消費者的忠誠度。

人類的社會是一個重互動、重關係的社會，消費者在選擇商品時，獲得尊重、得到無限與持續的感動，自然會醞釀成忠誠度，從消費者人性的角度來思考，「你待我不薄，我湧泉以報」就是一種人際間奧妙的地方。善用消費者行為背後的本質，也都有利於產品忠誠度的塑造。

（二）推陳出新才能符合消費者的期待

如同之前所述，忠誠度的維持是不容易的，畢竟，大多數的消費者都是喜歡嘗試刺激、新鮮的事物，對於單調無趣、沒有變化的產品容易因厭倦而遭淘汰。因此，產品的推陳出新、功能提升、樣式改變等多樣性的作法就必須持續的進行，才能符合消費者求新求變的期待。

（三）了解目標市場特性塑造合適產品的屬性

消費者會運用自己的價值、信念和經驗來評估相關屬性，不同的消費者對於不同屬性有不同的看法、喜愛。例如產品的顏色、質料與形狀這些屬性，會影響消費者是否購買的重要因素。

（四）強化產品包裝吸引消費者注意

研究資料顯示，許多消費行為是在現場臨時決定的，而臨時決定的關鍵因素在於產品本身包裝吸引人的緣故。因此產品的包裝在行銷上就顯得格外重要。

產品的包裝與設計是行銷管理上重要的議題，因為包裝是有效的產品促銷工具，因此也是許多企業砸大錢的地方，畢竟，特殊的包裝、造型、顏色在賣場中是最常受到消費者的青睞的。

➕ 加油站

我們生產的是口紅，但我們的廣告銷售的是希望。

We make lipstick. In our advertising, we sell hope.

查爾斯‧露華濃(Charles Revlon)Revlon Inc.創辦人

 專欄 14-1

不用行銷的行銷

全家便利商店是 2022 年連續四年獲得最佳服務獎金牌，多年來也獲獎無數，得到社會大眾肯定，這也是公司最好的行銷形象。全家一直以來都非常注重環保和社會責任，公司推出了多種環保作法更是獲得消費者的讚許：

1. 環保包裝

全家推出了環保包裝，例如使用可回收材料的外包裝和環保袋，並且將包裝資訊列印在產品上，減少使用外包裝材料和紙張的浪費。

2. 環保產品和服務

全家推出了多種環保產品和服務，例如回收和再利用使用過的杯子和餐具，提供自助飲料機減少一次性塑膠瓶的使用，並且設置回收箱，讓顧客方便地回收空罐和紙類產品。

3. 減少能源消耗

全家在店內採用了多種節能措施，例如採用 LED 燈具、使用自動化控制系統調整空調使用、使用太陽能照明系統等，減少能源的消耗。

4. 環保教育

全家開展了多種環保教育活動，例如在全國的店鋪進行環保主題展示和推廣，邀請專家進行環保知識講座和培訓，舉辦環保競賽和活動等，讓顧客和員工更深入了解環保理念和實踐。

5. 環保認證

全家獲得了多項環保認證，例如 ISO 14001 環境管理系統認證、綠色企業認證等，證明了全家在環保方面的努力和成果。

全家便利商店在環保方面的作法是多種多樣的，從包裝到產品、從能源到教育，全方位地推動環保和永續發展。全家的環保作法不僅有助於提升品牌形象和企業聲譽，也體現了企業對社會和環境的責任和關懷。環保的重視與愛護地球是企業追求永續經營的關鍵因素之一，這就是一種最成功、最自然不矯情的「不用行銷的行銷」。

資料來源：全家便利商店。

二、價格

從消費者行為的了解知道，價格對消費者來說並不是只是「金錢」的問題而已，還包括其他消費者所付出的成本。價格在行銷策略中是一項相當重要的關鍵，因為價格改變對消費者來說是即時且直接的影響。消費者是現實的，消費者認為購買利益一定要大於成本才願意用「金錢」去交換獲得這些利益。

從消費者的立場與行為的內涵來看，以下說明價格決策與相關的思考。

（一）要了解消費者對於價格內涵的認知

從消費者的知覺立場與個人心智的運算，價格不一定完全是指產品上的定價，也包括消費者所付出的其他成本，包括消費者所花的金錢、時間、認知活動與行為的努力等。這些都是屬於消費者進行運算時的相關重要因素。而金錢的多寡只是消費者在評估商品時所有「價格」的一部分而已。

許多網路商品因為在管銷費用的節省，因此有較低廉的價格，但是不一定對於每一個消費者來說都是屬於便宜的商品，因為網路購物仍然有其認知上的風險，例如當商品買到後不喜歡，運費與退貨的運輸成本也會增加，另外，信用卡在網路上的刷卡風險似乎也還沒有安全的解決方案；此外，有些網路商品還不能退貨，因此有時即使是蠻便宜的，某些消費者還是駐足不前的。

此外，許多消費者買到便宜的 DIY 產品，但卻要花上半天的時間自行組裝，有些消費者就認為不划算，下次寧願多花一些錢「買時間」。而用金錢來換取時間的另一個例子就是便利商店，因為便利商店提供許多方便性，節省消費者時間，即使產品價格稍微高一些，消費者也都能接受。

（二）降低價格認知的活動

認知活動是一種相當複雜的思考過程，例如去計算單價成本、去考量不同品牌的差異在價格上的不同，或去看一大堆的目錄尋找低價的商品，因此許多消費者也不喜歡進行複雜的決策考量、評估計算。但因為消費者形形色色，當然也有些少數消費者是認為沉浸在這些複雜過程是一種享受，一般來說消費者的特性還是趨樂避苦的。因此在降價或進行產品價格比較時，還是以簡單、單純的訴求為主。

（三）善用顧客對產品的知覺進行價格決策

以傳達產品的利益、產品的重要性來提升產品的價格。例如新發表的商品為何可以販售較高的價格？這是因為消費者對於新商品比較貴的印象是固定且已接受的原因。而促銷上當然也要去強調先享受新商品的優勢好處，創造個人優越感為訴求。

（四）減輕消費者對金錢的負擔

透過交易獲得不同需求的滿足，雖然是消費者消費的目的，但在過程中因為付出金錢而感受到負擔的情形仍是常見的。消費者也常因為考慮到資金取得的問題而降低購買欲望與金額。因此能體會消費者的負擔，提供不同的付款方式將更容易獲得消費者的青睞。以下提供幾樣具體作法。

1. 分期付款的方式

分期付款是一種讓消費金額藉由長期的時間來負擔，讓消費者不用馬上拿出大筆的金額，因此有先使用後付費的觀念。很多企業更提供分期「零利率」，更是直接打動消費者的心。

2. 運用信用卡刷卡的方式

刷卡也是一種先享用後付款的消費形式，目的是為了藉由減輕消費者立即性的金錢壓力以提升消費行為。

每月月底付錢，刷卡過程方便或只要簽名即可，都可以減輕消費者對金錢的壓力。現在還有許多新的科技透過感應式的晶片，直接感應不用簽名，或放置在手機的電子錢包中，透過手機直接感應，這些不同的「方便」作法讓消費者付出「價錢」時、比較沒有負面的感受（沒有現金從錢包拿出來的離情），方便性也刺激消費者更多不自覺的的消費。

 加油站

> 方便性對於知覺價值和滿意度都有顯著的**正面影響**。
>
> 2021《Journal of Foodservice Business Research》

（五）透過多樣化的選擇提供不同價格

由於消費者有不同的需求與個別差異，企業必須以推出不同的產品線、不同的服務及不同的功能來訴求不同價格的選擇。

例如航空公司在競爭上提出低價位、但不提供其他服務，也可以滿足某些消費者的需要。但是這些方式要清楚，不要讓消費者眼花撩亂，犯了消費者唯恐不及的複雜認知活動。例如：電腦公司推出三種價位的電腦，清楚指出，低階學生市場、中階或商務人士、高階重度影音玩家。

 專欄 14-2

創意的市調公司

為了讓公司新產品能順利進入市場，或是讓舊產品能提升業績，許多企業都會在不同的地點發放相關產品的樣本或試用品，試圖吸引更多的消費者接受公司的產品，但是消費者在使用這些商品後，他們的想法是如何，公司卻不得而知，許多試用品、樣本發送出去後也不見業績的提升，這些結果背後的因素也不得而知，深深的困擾著許多企業。

日本有這樣的創意公司稱為樣品百貨公司，就是在這樣的需求之下孕育而生。這類型的公司經營型態是介於企業與顧客之間，提供數以萬計種類的試用品讓消費者使用。

消費者只要上網就可以免費的登記為會員，每位新進的會員可以擁有數百個單位不等的網路貨幣，這些網路貨幣可以換得不同等值的試用品。消費者也可以透過不同的方式賺取網路貨幣，例如寫履歷、介紹新會員、提供試用品的使用心得、填寫企業問卷，或參與市調工作等。

例如像 Sampleo(サンプレオ)公司就是日本一家提供產品試用及評價分享服務的公司。消費者可以在該公司的平臺上選擇心儀的產品進行試用，使用後需在網站上進行評價分享。公司主要合作對象為化妝品、美容保健等相關行業。

根據 2022 年 4 月的新聞報導，Sampleo 在當年推出了「Sampleo Labs」計畫，旨在與其他品牌和公司合作，共同開發新產品和服務，並在市場上推出。此外，Sampleo 還推出了「Sampleo Circle」社群平臺，鼓勵消費者在平臺上分享使用心得和評價。

另一家 Tryit(トライイット)公司是一家提供試用品訂閱服務的公司，消費者可以訂閱每月一次的產品試用包裹，包裹中包含不同的產品樣品，如化妝品、保健品、食品等。消費者可以在試用後決定是否購買正品。根據 2022 年 1 月的新聞報導，Tryit 推出了一個名為「Tryit Store」的新功能，消費者可以在該功能中購買喜歡的試用產品的正品。此外，Tryit 還推出了一些限定的試用包裹，包含特定主題或產品類型的樣品。

這些公司提供了一種方便的方式，讓消費者可以在試用產品後給予寄件，或是決定是否購買，同時也為廠商提供了一種促銷和宣傳產品的途徑。相關的樣品發送所回收的意見也相當豐富，讓企業相當滿意，樣品公司也賺大錢，而顧客更是笑呵呵的得到相當多有價值的試用品，這種作法是一種三贏的完美策略。

資料來源：https://prtimes.jp/main/html/rd/p/000000038.000007399.html。

三、促銷

所謂促銷是行銷人員把消費者用來確認一個產品的定位資訊傳送出去的方法。促銷是影響顧客情感與認知重要的行銷策略之一，大多數的產品或是品牌都是需要進行促銷的。從消費者的立場來看，好的促銷策略應該有以下作法：

（一）好的促銷方式應該要讓顧客感覺到差異化

所謂促銷應該有價格上的折扣或是產品數量上的增加，這些與先前的差異應該要讓消費者感覺得出來，促銷才有效果。特別要強調的是差異化的感覺要從消費者的角度來看。例如從消費者的認知中，商品每件對折的促銷作法會比起買一送一的促銷方式更有好處，因為消費者可能不需要買兩件東西，一件半價的感受較有吸引力。

（二）好的促銷需要製作好的廣告

廣告主要的目的是要影響消費者的情感與知覺，並進一步進行相關的形象管理，也就是藉由好的廣告製作來創造與維護公司產品在消費者心目中的形象與意義。藉由影響消費者的情感與認知（手段），並進一步影響、觸動其消費行為。

消費者每天接觸太多的訊息了，因此如何推出一個有創意的廣告，如何抓住消費者的注意，是促銷工作重要思考方向，因為這些訊息不但可以塑造公司正面形象外，也可以留在消費者的長期記憶區中。

（三）促銷過程能讓消費者參與

讓消費者在促銷過程中親自感受、試用、體認，將有助於行銷工作的達成。以態度內涵的三因素來看，認知、行動與情感都是重要的，讓消費者親身體驗的作法就是讓消費者先行動，從行動中得到產品的認知與情感。能讓消費者自己體認、嘗試是一種好的促銷策略。

（四）讓消費者感受到價值

貪便宜雖不是人類的通性，但有便宜可以拿，多少會觸動一些消費者的欲望。大多數的消費者都是能省則省，有好處拿比沒有好處拿好多了，這種「賺到了」的心態是消費者在購物時一個重要的影響關鍵因素。

提供折價券或是產品價格直接的折價，一直都是消費者最喜歡的促銷方式之一，提供折價券讓顧客感覺物超所值，其他如贈品、抽獎、點券，也皆是一些可以讓消費者感受到「價值」的地方。航空公司透過飛行哩程累積點數，送機票給消費者也是一種讓消費者感受到「價值」的地方，而這種活動也提升了消費者的忠誠度。

（五）善用人員的接觸

人類是社會性的動物，與冰冷的商品及一堆數字互動，是很難激發消費的動機與熱情的。透過人員的銷售可以即時提供解答，也可以了解消費者不同的需要而進行不同的介紹方式。在直接互動的過程中，透過眼神的交流、與消費者噓寒問暖、肢體語言的互動、期望的傳達或感謝之意的表示都能讓消費者覺得很溫馨並感動與行動。

（六）善用公共報導的力量

善用公共報導可以避免老王賣瓜的感覺。當然對公司來說，不花一兵一卒就可以打下江山，何樂而不為呢？透過專業期刊、報紙、雜誌、廣播或是電視臺都可以提供正確的訊息給消費者，這種管道與公司自己的行銷廣告大不同，對於消費者來說，公共報導的可信度高，效果更好，因為消費者的心中相信公共報導，認為公共報導是更公平、更正確的資訊來源。

（七）促銷要了解消費者的生活型態

　　有效的促銷是要將產品相關訊息順利傳達給目標族群，也就是要把行銷的訊息放在目標市場的實質環境中，因此行銷人員必須了解消費者的生活型態，例如目標市場的消費者平時收看什麼電視節目、做什麼活動、讀什麼雜誌、吃什麼食物、去哪裡買東西……等，缺乏了解顧客的生活型態，促銷的訊息將無法有效的傳送出去。

（八）先了解消費者再找代言人

　　不同代言人的運作可以有不同的效果，消費者心中其實對於現有的名人都有特定的印象，生活中對於相關事務也都有一套既定的價值觀與歸納，因此在進行行銷策略擬定時，了解消費者對事物的想法、看法與相關印象是相當重要的。

　　像是在崇洋的國家中，找西方知名藝人拍的廣告，對產品高級形象的塑造有幫助，例如：國內的名人吳淡如的形象是專業與知性的，因此在找代言人時，吳淡如可以強調知性的形象，而像是金城武給人的感覺是可以塑造感性的形象，這都是一種知覺運用的促銷策略。

四、通路

　　通路是行銷人員將一產品送到一個可促使消費者進行消費的地方，例如商店與零售店面。通路具有提供消費者進行實質的交易、資訊的流通、接受服務及產品轉移的功能。因此通路的重要性是不能忽略的。

　　通路與消費者的互動相當密切，因為不論是哪一種通路（賣場、購物中心、零售店面），其地點的選擇、產品的種類、商店的布置、服務的流程等。都會影響到消費者的想法、感覺及消費行為。因此本部分從消費者的角度來探討一個有效的通路應該具有哪些策略與做法。

加油站

　　最好的行銷不會讓人感到像是在進行行銷。

　　The best marketing doesn't feel like marketing.

　　　　　　　　　　　　湯姆・費什伯恩(Tom Fishburne)市場營銷專家

專欄 14-3

手機不再只是手機

現代人的生活中，很少人不配帶行動電話（手機）的，臺灣的手機市場大約是在民國 80 年時才由中華電信開始提供電信服務。而當時手機的用途大都只是單純的提供「通話」的功能，隨著市場的競爭與科技的發展，手機的功能已大大的提升到讓人嘆為觀止的地步了；舉例來說，手機從一開始的通話功能，進而可以傳遞簡訊，可以聽 MP3 音樂，可以使用計算機、語言翻譯機，也可以無線上網，使用衛星導航，當作是遙控器、信用卡、名片辨識、個人助理到手機電視等等，千變萬化，讓人目不暇給。近年來智慧型手機成為主流，相關的應用程式更是數以萬計，消費者帶著智慧手機出門就像帶著一個百寶箱出門一樣，要什麼有什麼。

2022 年有消息傳言特斯拉將發布智能手機 Model π，傳言中的特斯拉手機內容包括不用插卡就可以利用星鏈技術免費通話、全球免費 Wi-Fi、支持太陽能充電、2Tb 存儲空間、可遙控特斯拉汽車，可通過電腦接口完成各種操作，若傳言屬實，這種超級手機讓人非常期待，但這應該也會是未來科技的發展方向。21 世紀的手機已不再只是手機了，未來手機還會有什麼樣的新型態出現呢？讓我們拭目以待吧！

（一）有效的通路策略應該連結消費者的情感與認知

通路是消費者直接接觸公司產品或服務的重要實質地點，消費者透過個人的五官知覺來感受通路的形象與氣氛，並評估通路的經營好壞與成效。因此通路在商品、服務與實體設施上必須要有效的規劃。

此外通路的氣氛也是影響消費者決定的重要關鍵因素。合適的通路內容設計會影響消費者的情感與認知，例如通路的舒適感、通路的燈光、快速的結帳櫃檯、整齊完整的產品擺設或悅耳的音樂等，是直接刺激到消費者的知覺感受，研究也指出這些實質的設計規劃會影響留在商店裡的時間、提升消費者與服務人員互動的意願。因此通路的規劃安排如果可以連結消費者的情感與認知，營造愉悅的氣氛，則會提高消費者購買的金額、與再度光臨的可能性，甚至可以塑造顧客對於通路的忠誠度(Donovan and Rossiter, 1982)。

（二） 有效的結合促銷與新產品推廣的活動，提升消費者與通路接觸的機會

通路不像傳單或是銷售人員可以自由移動，因此必須借重其他行銷的組合來推動通路與消費者互動的機會。例如在通路點辦理相關競賽活動或是明星代言簽名會等，可以拉攏消費者與通路點接觸的機會。通路也可以藉由折價券、打折商品或來店禮的形式吸引消費者前來。

國內中部地區有家購物中心－Tiger City，為了要迎戰旁邊的超大型百貨公司－新光三越，就運用非常多的通路策略吸引消費者前來，Tiger City 在每次的重要運動比賽時都會透過其牆上大型的螢幕即時播放比賽的實況，也辦理相關的現場活動，如世足賽及重要的棒球比賽之預測及有獎徵答的活動，這樣的活動讓其業績一路衝天。

專欄 14-4

網路服務平臺將成企業必備部門

根據國際電信聯盟(ITU)的數據、截至 2022 年 1 月底，全球網路使用人數已達 47.9 億，占全球總人口的 62.5%。根據 Statista 的數據，2019 年全球網上零售銷售額達到了 3.5 兆美元，預計到 2023 年將達到 6.5 兆美元。隨著上網人口越來越多、網路消費更成為消費者消費的日常，許多企業也都將其經營的範圍擴張到虛擬的網路世界裡。大多有上網經驗的消費者也都將網路視為其產品資訊的主要來源之一，並在網路上查看商品、進行價格比較或是通路的尋找等。因此在網路上提供相關公司或是產品服務的訊息幾乎是現代每一個企業應該做的事情。網路的服務平臺變成是未來企業必備的部門。

相對於進階的網路商城或網路企業，網路服務平臺可以說是一個部門，一個是直接面對顧客進行服務的平臺。這種服務平臺，可以廣泛的服務消費者，與消費者互動，或處理客戶的抱怨，所有的服務過程留下的資訊，可以做為開發新顧客、或留住老顧客的重要依據。

（三）通路的位置與方便性

再從消費者的習性來看，距離與方便性等因素都可能影響到消費者的來店意願。從消費者的立場來看，好的通路地點的選擇可以減輕消費者的時間與精力。例如許多通路是規劃在大型購物中心旁，或是鬧區、商業區中，都可以吸引消費者的青睞。前幾章所提到的日本家樂福在日本失敗的原因之一，就是通路選擇的錯誤，因此通路的重要性明顯可見。

以國內許多通往遊樂區的商店為例，從高速公路往遊樂區的右手邊多是便利商店，提供飲食、零嘴等食物的服務，而由遊樂區出來、往高速公路的路上則是以販賣地方名產為主，像是臺中地區從中港路往高速公路的右手邊路上，幾乎擠滿了臺中太陽餅的商家。

小結：

消費者行為的研究可以幫助企業改善他們的行銷策略，要有效的改善行銷策略，必須從消費者的角度出發。實質的消費行為對行銷策略來說非常重要，因為藉由行為的履行，交易才能達成，廠商也才能得到利潤。雖然許多行銷策略是在影響消費者的情感與認知，但最後這些策略的目的還是在於發生實質的消費者行為。

而要產生實質的消費行為則必須要提升消費者的價值。消費者的價值取決於個人付出成本與獲得利益之間的比值之計算的知覺(Saliba & Fisher, 2000)，其關係如圖 14-4 所示。

$$價值 = \frac{獲得利益}{付出成本}$$

● 圖 14-4　顧客價值計算

從顧客價值計算的觀念中，了解要提升消費者的價值，應必須盡量減少消費者知覺的付出成本，並應設法增加消費者知覺的獲得利益。這觀念特別強調的「知覺」是因為有些利益或是成本的觀念是一種感覺、認知，而非實際、有形的物體。

要如何有效的提升獲益的知覺與降低付出的知覺呢？行銷組合的策略運作就是一個思考的方向，這些思考方向包括產品的特殊功能、產品屬性的差異性、價格的優惠與折價的節省、貼心的人員促銷、及通路所提供的方便性與時間的節省等，另外行銷活動中企業所提供的信任、安心、友誼等心理因素也是增加顧客價值的關鍵作法。

以上敘述行銷中四個重要的組合包括產品、價格、通路、促銷，也從消費者的角度來思考整理這些行銷組合可行的作法提供給讀者參考。如同一開始所說，行銷組合中的 4P 不是單獨來進行的，產品、通路、價格、促銷的交叉運作可以發展出各種不同的行銷策略，並透過有效的規劃來提升顧客價值。但重點是，無論是哪一種行銷策略絕對是不能忽視消費者的特徵、需求與期待的。

第三節 > 整合與應用

一、跨領域知識的整合

21 世紀企業所競爭的方向已由製造的部分轉向行銷的重點，因此許多企業無不想盡各種策略、戰略、技巧等方式來提升其行銷的成效。行銷的競爭像是一場永無止境的戰爭，例如 7-11 推出凱蒂貓，全家就推出神明公仔。因此為了獲得市場認同，企業應該不斷的藉由知識的整合來提升行銷的戰鬥力。

為了讓行銷策略更有創新與創意的融入，也為了更能出奇制勝，讓對手望塵莫及，企業開始不斷的向外去尋找「能量」的來源，這些能量的來源來自跨領域的一些社會科學專家，其中包括人類學家、心理學家與語言學家等。

企業禮聘人類學家用其田野調查的專業知識潛伏在消費族群中，透過其專業的科學訓練觀察人類（消費者）的肢體語言、人與人及人與空間的互動，並提出行銷學家所缺少的另一種角度的觀點，以作為創新或是改進商品與服務的依據。例如奧美廣告公司就成功的透過人類學家的知識，觀察酒吧裡消費者的消費特徵：人類學家的研究發現「在酒吧中會點美樂啤酒的通常是一起來的消費者，而獨自一個人去酒吧的消費者則會點百威啤酒」。這些許多細節的發現讓奧美製作

出一則貼近消費者特性的廣告，並且獲得市場很大的迴響與肯定。（資料來源：天下雜誌，350 期，2006.7.5）

而有些企業會聘用心理學家對消費者做觀察與研究，例如日本山崎機車，也曾經請心理學家來研究如何拍出一個能引起迴響與共鳴的機車廣告，心理學家透過許多技術，如焦點團體訪問法、觀察法等方式，來了解消費者對機車的相關印象與觀念，並成功的打出一則讓人回味無窮的廣告。有些心理學家也發現消費者對於洗髮精內在需求的重視程度大於其具體功能的需求，例如消費者重視頭髮、外觀、造型、設計所帶來的自信遠大於洗髮精洗淨功能上的強調。

語言學家對行銷的幫助更是非常普及的。像是廣告中發展出一些押韻的廣告詞，運用成語、關聯字等方式讓人印象深刻，這些廣告、文宣能歷久彌新的關鍵都在語言學家所提出來的基本原則中。例如符合大眾使用語言的心理期待、符合大眾對語言的認知或是符合約定成俗的用法等。

例如洗髮精廣告的文宣：「健康，從頭開始」、手機廣告：「不在乎天長地久、只在乎能講多久」、僑光科技大學的廣告：「選僑光、好眼光」，其他像：「無餓不坐」的麵食館、「同留和屋」的日本料理店、「販醉現場」的啤酒屋、「鍋富城」的火鍋店、「臺雞店」的雞肉專賣店；「灰熊好吃」的豆花店、「衣能淨」的洗衣店、「龐貢貢」的蚵仔店等，也都是運用了語言詞彙上的轉變、借用的技巧來加強顧客印象。

跨領域的知識可以提供企業不同的思考方向，因此有效的行銷策略應該整合多元、多樣的知識領域，從不同層面來探討，了解消費者的不同行為與需求，在市場上才能出奇致勝。

二、提升訴求的層級－用精神賣物質

消費者行為是一個決策的過程，決策的考量涉及到不同的層次，因此在進行行銷工作時可以把訴求層次拉高，訴求「醉翁之意不在酒」的境界，讓消費不只是物質的使用，也應讓消費者感受到精神層面的融入與享受。

運用精神層面作為訴求，比起直接掛上所謂的「免費」、「折扣」來說可能效果更好。例如藉由環保觀念的推動、健康導向的注重與心靈平衡的強調，讓消費者喘一口氣，何樂而不為呢？近年來，消費者也傾向喜愛一些被賦予精神的產品，不論是環保的精神或是健康的精神，這些行為傾向的主要原因是在於這些訴求填補了消費者一般生活上的空缺，一種在現代生活中被物質侵蝕心靈的貧乏。

因此提升訴求的層級是一種不錯的行銷考量，這種考量即是關心消費者的需要與現況的落實。

以「米其林輪胎公司」為例，其行銷的訴求不在於其產品的特質、屬性介紹，而在於訴求「樂活」(LOHAS: lifestyles of health and sustainability)的人生觀，因此公司的行銷推動著墨在世界各地旅遊行程與美食品嚐規劃，這樣倡導生活價值的意義，也間接的刺激其產品的銷售量；國內知名腳踏車製造與行銷公司－「巨大與捷安特公司」，近年來也多以訴求健康，推動自行車車道、自行車環島等概念，其效果相當顯著。另外，國際知名的家具公司「IKEA」也是這種行銷策略的高手；IKEA 的行銷強調其所賣的不只是單純的家具或者生活用具，而是賣生活使用方式與實用的舒適情緒，是賣一種如何居家的生活觀。這種設計風格是源自於北歐風格重視生活與實用性的感官，這樣的訴求當然獲得許多消費者的青睞。

以上所述的案例都是一種拉高訴求層級、重視精神層面的行銷手法。在市場上，消費者常對於企業老王賣瓜的疲勞轟炸感受到疲憊，新的心靈層次的訴求對消費者來說或許是一種解脫，也因此可以得到不錯的行銷成果。

 專欄 14-5

科技技術的應用與商機

由於科技的進步與應用，網路幾乎是每一個企業不能忽略的寶藏庫，因為如果有正確的工具與好的方法，這寶藏庫裡有取之不盡的金銀財寶。

網路就像是一個社會，人們在其中互動、分享經驗、傳達知識，這些資訊對企業的經營來說是相當寶貴的。因此，企業運用 WEB 2.0 的科技開發許多平臺，提供免費的、自由的及安全的互動模式，藉由互動的過程中讓顧客了解公司相關訊息之外，也收集了顧客的寶貴意見、個人喜好、消費經驗等，例如 Facebook、Google 免費互動平臺就是 Web 2.0 科技，Web 3.0 是下一代網路的概念，它強調去中心化和智能化。

相對於 Web 2.0，Web 3.0 更注重在數據的安全性、可靠性和可持續性方面。未來的網路將會更加強調虛擬現實(VR)、擴增現實(AR)和人工智能(AI)等技術的應用，也就是所謂的「超連接網路」時代，這種時代也被稱為"Web 3.5"。企業透過這些科技技術建立龐大的資料庫與相關服務，並運用這些資源推動相關行銷工作，也因此這些行銷工作更能貼近消費者的需求。

個案　　從消費者角度出發的自媒體才會成功

　　網路自媒體是指個人或小型團體使用網路平臺、社群媒體等管道製作，發布並推廣自己的內容的行為。隨著社群媒體的普及和網路技術的進步，自媒體已成為一種非常流行的媒體形式，而其中許多成功的自媒體人士已成為了具有影響力的網紅、自媒體大咖。

　　這些網紅透過 YouTube 頻道、IG 或社群媒體短影片的推廣、讓幾十萬、甚至百萬的消費者訂閱追隨，也讓他們自己的收入豐渥。根據 TWNIC 臺灣網路資訊中心《2020 臺灣網路報告》，臺灣社群媒體使用率高達 88%，比全球平均高出 39%。根據臺灣數位媒體應用暨行銷協會(DMA)統計，2020年臺灣數位廣告整體市場規模約 482.56 億元新臺幣，在口碑與內容行銷類別中，「網紅業配與直播」金額就占了 49.5%，達到 35.02 億元，均高於2019 年的 48.2%、33 億元。

　　現今，網路自媒體已經發展成為一個龐大的產業。許多人通過自媒體創造了商業價值，例如推銷產品、打造品牌形象，甚至是創造新職業。而自媒體平臺也已經成為網紅、影響者，甚至是新聞報導的主要來源之一。未來，隨著人工智慧技術和虛擬現實技術的不斷發展，網路自媒體將更多元、更互動化。例如，透過虛擬現實技術可以打造更加生動的網路體驗，同時透過人工智慧的推薦系統可以更精準地推送適合的內容給消費者。

　　2023 年臺灣最知名的網紅包括蔡阿嘎、阿滴英文、黃阿瑪的後宮生活、啾啾鞋、千千進食中、莫莉 Molly 和艾瑞絲等等。以阿滴英文為例，他的成功關鍵在於他融合了影音、教育、娛樂等多種元素，讓學習英文不再枯燥，並且以幽默風趣的方式吸引了年輕族群的注意力。同時，他也積極與各大品牌合作，提高了曝光度並且為自己帶來了更多收益。此外，阿滴英文也非常注重與粉絲互動，透過直播、留言等方式與粉絲請繼續描述消費者行為和趨勢不斷變化。

　　其他網紅自媒體成功的原因也大都有相關類似的特質，這些特質也都是從消費者角度思考、或滿足消費者的需求與期待，成功自媒體特性歸納整理如下：

1. 個人風格與特色鮮明：成功的網紅都有自己獨特的風格和特色，例如喜劇風格、美食分享、時尚穿搭、旅遊探險等等。他們透過自己的特色和興趣吸引粉絲，建立起自己個人品牌形象。消費者通過了解自媒體人士的風格、品味、價值觀等方面，才會對他們的內容產生信任感。

2. 內容豐富多元並定期更新：這些網紅自媒體的內容多元，並且經常更新，滿足了粉絲對於各種不同主題的需求，保持新鮮感和與粉絲的互動，讓粉絲保持關注和互動。

3. 配合品牌合作產品推廣：自媒體人士可以透過產品推廣來實現商業價值。與品牌或產品進行合作，推廣產品或服務，可以為自己帶來更多的曝光和利益。網紅也會跨產業合作，例如和時尚品牌、美妝品牌、電商平臺、音樂人、演員等等合作，透過對方的粉絲圈拓展自己的影響力。

4. 社群互動熱絡：與粉絲互動，回應留言、直播互動等方式，增加了粉絲的黏著度與忠誠度。也提供粉絲獨家福利、舉辦活動等方式，增加粉絲的參與度，同時也提高了品牌的曝光度。

5. 透過資料分析掌握消費者需求：許多網紅也會運用資料分析來了解自己的粉絲與觀眾，例如了解他們的興趣、需求和消費行為，進而開發符合市場需求的商品或服務，提高自己的商業價值和收益。

6. 多元媒體曝光：成功的網紅除了在社交平臺發展外，也會在多元媒體上曝光，例如電視節目、廣告、綜藝節目等等，提高自己的知名度和影響力。

　　網紅的個人風格和特色是成功的關鍵，因為網紅的粉絲追隨他們的原因通常是喜愛他們的風格和特色，所以網紅必須要專注於自己的風格和特色，才能建立起忠實的粉絲團，提高自己的曝光度和商業價值。此外，網紅必須要保持不斷地更新內容和緊貼市場需求，才能維持自己的影響力和吸引新的粉絲。

　　消費者行為和趨勢不斷變化，對網紅的成功模式和行銷策略也產生了影響。一方面，消費者的興趣和需求不斷變化，網紅需要不斷更新內容和風格，以保持受歡迎程度。另一方面，消費者對網紅的要求也越來越高，除了內容本身的質量之外，還需要網紅本身具備真實性、品牌合作的合適性、社交媒體的互動等因素。成功的網紅需要有創意和專業知識，並懂得消費者的需求及如何運用各種行銷工具和技巧，以實現商業和社交目標。

問題與討論

　　分組討論不同產品的自媒體行銷，參考個案的內容，了解網紅的成功之道，各組討論選擇一個商品，草擬一個企劃案，分工與報告。

　　（針對企劃案的內容分工，進行網紅直播，角色包括直播主、現場燈光器材、服裝化妝、排白文宣、產品後勤、機動等）

學習評量

一、是非題

1. ( )　有效的定位必須要了解顧客需要的屬性與期望。

2. ( )　發展適當的定位策略要了解消費者對於價格內涵的認知。

3. ( )　減輕消費者對金錢的負擔可以刺激更多的消費行為。

4. ( )　促銷過程若能讓消費者參與，效果會更好。

5. ( )　善用公共報導的力量可以讓消費者更相信訊息的真實性。

6. ( )　行銷組合中的 4P 是可以完全單獨來進行運作的。

7. ( )　從消費者行為的研究中可知相對於網路介面來説，人員的接觸還是消費者比較喜歡的一種模式。

8. ( )　行銷規劃不能從公司利益本位思考，而是要以消費者為中心出發。

9. ( )　提供價值讓消費者感受到差異，也可以提升消費者的忠誠度。

10. ( )　通路的規劃與設計會影響消費者的情感與認知。

二、簡答題

1. 從消費者的立場來看，有效的產品規劃應該要如何做？

2. 從消費者的立場來看，有效的價格規劃應該要如何做？

3. 從消費者的立場來看，有效的通路規劃應該要如何做？

4. 從消費者的立場來看，有效的促銷規劃應該要如何做？

5. 定位與區隔與消費者行為有何關連？如何應用？

Chapter 15

創意行銷與消費者行為

 前 言

在市場導向的 21 世紀中，企業的優勝劣敗關鍵因素都是由消費者來決定的，能確實掌握並滿足消費者的需要的企業才會是具有競爭優勢的企業。因此每一個企業也都會竭盡所能、挖空心思透過各種方法來感動消費者、刺激消費者、影響消費者，並讓消費者願意掏出錢包消費。而要從這激烈的環境中與眾不同並脫穎而出，並讓企業獨領風騷，就必須透過更具系統性、更細心的創意思考方式，一種別出新裁的方法創造更貼近消費者的需要，一種更能感動消費者的方式來設計整個行銷活動。本章將透過創意相關概念的介紹創意思考的內涵與進行的方法，也介紹創意行銷的具體作法，並學習如何以消費者行為的知識來從事相關創意行銷工作。

第一節 ▷ 創意行銷的意義

愛因斯坦曾說「想像力比知識更重要」。在中國論語中也有提到「學而不思則罔，思而不學則殆」，此外，孫子兵法中有提到所謂：「兵者，詭道也。」這詭道的意義可以說是一種讓人防不勝防、讓人嘆為觀止、讓人無所適從、知難而退的偉大創意。在商場實務中許多行銷史上的成功戰役，也大都是以創意取勝的。例如：強調天然與自然的英國美容品牌 Lush 在 2018 年推出了裸體「Naked」行銷活動，該活動旨在推廣 Lush 的裸包裝產品系列，以減少包裝材料的浪費和環境汙染。此舉成功地提高了 Lush 品牌的形象和聲譽，並激發了消費者對可持續發展和環保的關注。漢堡王 Burger King 在 2018 年推出了名為"Whopper Detour"的行銷活動，目的是促進消費者下載 Burger King 的應用程序。通過這個應用程序，消費者可以獲得一個優惠券，以 1 美分的價格購買 Whopper 漢堡。然而，這個優惠券有一個巧妙的限制：消費者必須在麥當勞店的「600 英尺」範圍內下單。

這些觀點都說明了思考與創意的重要性。創意是許多思考的結晶，這些結晶常能讓組織在競爭的市場中常能出奇制勝，創造無人能敵的競爭優勢。當然，如果社會中每一個企業都發揮無窮的創意，對於產業效能的提升絕對是有幫助的。因此，經濟學家熊彼德(Schumpeter)也曾說：來自創業家的原始創意，將是經濟成長的動力」。

然而，創意的之目的不在於讓人發笑、或是搞怪而已，更重要的還是要對企業有幫助，並能有促進銷售的功能。因此創意結合行銷，讓企業在消費市場中持續推出具創意行銷概念的各種策略，將更能打動消費者的心。

何謂創意？何謂創意行銷？如何進行呢？讓我們一步一步來探討，了解這無遠弗屆，取之不盡、用之不竭的創意寶藏。

加油站

行銷不是一項科學，它是一項藝術。

Marketing is not a science, it's an art.

威廉‧伯恩巴赫(William Bernbach)廣告創意專家

一、創意的定義

創意(creative)是一種意念，是過去所沒有的，是一種「沒有特定方向的思考」、一種「不按牌理出牌的思考」。任何新的觀念構思或由舊有觀念構思演化出新的構思、可應用在生活或工作中並創造效益的思維就是創意。根據學者的觀點，創意是我們傳達訊息的方式，是結合幻想與邏輯的具體和抽象概念；也是偶然靈感和系統化思考的交會。因此，創意也是接收來自四面八方的各個題材、靈感，結合而成的一個新的結果，而這結果是要有創見，是別人沒想到的、也沒作過的（宋秩銘等，1996；許安琪、邱淑華，2004）。學者史密斯和安斯沃思(Smith and Ainsworth)認為創意應該是一種包含了創造和發現的概念，而能夠提供可行性且新奇獨特的解決方法來面對問題、機會與挑戰。除此之外，也有人認為創意是研發與表達可能有用之新奇點子的過程。因此，本章將創意定義為：前所未有或與眾不同的新想法或新觀念。

另外，與創意直接相關的另一個重要名詞就是創造力(creativity)，創造力是指一種能將不同想法、概念或跨領域知識整合的特殊能力，或也可以說是一種創意的能力。創造力是一位行銷人員應該培養的重要能力之一。

二、創新的定義

另一個與創意相關的重要名詞是「創新」。何謂創新呢？事實上，創意與創新是一體兩面的事，沒有創意的創新無法建立競爭力，像是沒有靈魂的軀體；而沒有創新的創意就像紙上談兵，不切實際。

因此，創新(innovation)的定義就如學者阿瑪比爾(Amabile)所認為的：「創新即是一種過程，包括了設定議程、設定程序、產生創意、創意測試與實施及結果評估」；日本知名管理大師大前研一(Kenichi Ohmae)認為創新的最基本想法就是「新的事物（有形物體）或是新的創意（無形點子）創造價值的過程」。所以，創新是指組織推陳出新，創造新的價值，目的在於增強組織競爭力與永續經營的能力。換句話說，創新是指具有商業價值的創意，或將創意轉化成具有市場價值的商品、服務或工作的過程與方法。

三、創意行銷的意義

了解創意的內涵，也知道了創造力與創新的意義，那何謂創意行銷呢？結合創意的意含與行銷的定義，創意行銷可以定義為：用一種新穎的、獨特的，及前所未見的方式來接觸消費者、滿足消費者深層的渴望，讓行銷工作更精準有效的推動。因此，創意行銷的目的在於能深切的觸及消費者的內心，喚起消費者的回應，並獲得預期的績效成果。

四、組織創意的培養

企業組織本身即是一個社會的有機體，不斷的在成長，也隨時間在退化。例如不斷的獲得新知、不斷的與環境互動，並讓企業持續成長，反之，企業就會慢慢的衰退、並被市場淘汰。創意與創新是組織持續成長、維持戰鬥力的重要方法，像是美國 3M 企業 120 多年以來，就是靠著不斷的進行創意思考、不斷的進行創新研發，才讓企業日新月異，永保競爭優勢。

企業要進行創意行銷的工作，就必須要有一個完善的創意組織環境，組織也要不斷的透過各種方式來尋找可能的創意並應用在行銷之中。組織創意的來源可以分成內部與外部，這些創意的可能來源也特別是行銷單位及行銷人員要認識的，並要積極從中不斷的挖掘新的創意靈感，以下分別敘述之這些來源：

（一）組織外部環境的創意來源

1. 平日生活

我們平日的生活中都是充滿許多相關的機會與創意元素的，但卻都被一般人所忽略了。有創意的行銷人員應時時了解生活周遭相關人、事、物的情況，停下腳步、傾聽身邊的聲音、感受身旁的事物，正所謂「萬物靜觀皆自得」。

2. 消費者

消費者是企業的衣食父母，沒有消費者就沒有企業的存在。而消費者是企業產品或是服務的直接使用者，是最了解公司產品的一群人，消費者的聲音(VOC: voice of customer)是行銷人員非常重要的創意來源之一，特別是一些批評的、負面的聲音與意見，這些聲音是讓產品更加完美、更能滿足市場需要的重要寶藏，也因此，業界這幾年來對於 VOC 的研究也相當重視。

3. 競爭者

企業所面對的競爭者有著其相似或是完全不同的經營模式，企業應該學習對手的優點，截長補短，或將企業的作法重新思考、改變，讓自己更更具競爭力，如早期 Ebay 與 Yahoo 拍賣網站的廣告，Yahoo 接拍 Ebay 唐先生的花瓶廣告，就是運用競爭者的現有作法加以模仿、改編或延續，讓企業轉守為攻。

4. 經銷商

經銷商是企業面對顧客的第一線，通常都會聽到相當多顧客的聲音與反應，因此，經銷商的意見也常是企業重要的創意來源之一。

5. 研究機構

企業組織外的一些研究機構，常以較客觀的方式進行許多市場調查與研究，也多能跳脫企業主體成見，提供企業相關的資訊與意見。

6. 異業作法

不同行業的作法也都可以借用學習，例如華碩筆記型電腦的設計學習藍寶吉尼跑車的設計精神，因此，透過異業的學習也是重要突發奇想、優質創意的來源之一。

（二）組織內部的創意來源

1. 研發單位

許多大型組織都設有研究發展單位，而且也都投入相當的人力來經營，這些研發單位根據公司組織的需要進行相關的調查與研究，也都會提出許多符合需要的創意想法。因此研發單位是行銷管理者要密切互動與合作的對象。

2. 行銷部門

行銷部門是企業組織對外的重要第一線窗口，通常也會得到許多外在環境的資訊，包括競爭者的資訊或是顧客的抱怨，因此行銷部門的許多想法是企業重要的創意來源之一。

3. 生產部門

大部分的公司組織都有相關的產品販售，而生產部門是最了解產品狀況的部門，其中包括產品的功能與特性，當然也可能知道產品相關的缺點，因此行銷管理者不能忽略生產部門的意見。

4. 老闆的智慧

企業主每天處理不同的事物，接觸不同的資訊，還有其創業的能力與智慧，當然絕對是行銷管理者相當重要的創意來源。

5. 員工的靈感

企業的員工分布在不同的部門，每天處理不同事務，多多少少針對其工作領域範圍有不同的想法與意見，是相當值得管理者屈膝下問的對象。

6. 經營問題的啟示

企業經營時多少會出現許多不同的問題，對於一個有創意的管理者來說，有問題就是有機會，有問題就能幫公司進行相關的改進與成長，因此正視經營問題、從中抽絲剝繭，也能發現不錯的創意。

專欄 15-1

日本便利商店的創新經營

羅森(LAWSON)是日本第二大的便利商店,主要經營的範圍以日本關西為主,截至 2021 年 8 月底,LAWSON 在日本國內擁有約 14,800 家店鋪,是日本第二大的便利商店品牌,僅次於 7-Eleven。不過,在一些地區,例如北海道和東北地區,LAWSON 在當地的市場占有率排名第一。

LAWSON 在經營上發揮許多不同的創意,例如與日本郵局合作,節省通路運輸的成本,也讓寄信的人可以順便逛一下便利商店。LAWSON 的創新經營特別是針對不同市場的需求,或地點上的特性開設不同的商店,例如針對老人家開設 LAWSON PLUS,針對小朋友開設 HAPPY LAWSON,也有些店是推出健康導向的有機食材,如 NATURAL LAWSON。

近年來 LAWSON 更與日本流行文化中的人氣角色合作,例如動畫、漫畫、電影等,推出相應的周邊產品和合作活動。這些合作不僅能夠吸引粉絲和消費者的關注,還可以增加品牌的知名度和市場占有率。為了提高便利性和消費體驗,LAWSON 2018 年開始推廣無人店鋪的概念,例如在機場、火車站等地點設置自動售貨機和無人便利店。這些無人店鋪能夠提供 24 小時營業、快速支付和自動化購物等特點,吸引了一部分消費者的關注和使用。這些不同創新商店的作法滿足了不同族群的需要,也獲得廣大消費者的肯定。

圖片來源:http://alex6609.pixnet.net/blog/post/23697956。

第二節 > 創意的技術與創新的推廣

一、創意的技術

創意的來源與創意產生的方式很多，也有著許多不同的思考方向。因此國內外許多學者皆有針對創意思考的技術與方式進行研究與分類，其中也有相似的發現與整理，這些內容請參考表 15-1 創意思考技術的分類。

表15-1 創意思考技術的分類

學者	創意技術
沈翠蓮(2005)	連結法、類比法、腦力激盪、型態分析法、屬性列舉法、W 創意推理、核花法則、檢核表、繞道法則、轉移法則。
張世彗(2003)	腦力激盪、類比法、曼陀羅、心像創造、創造性問題解決法、創造性例行問題解決法、綠色帽子思考法、心智圖法、突破習慣領域法、水平思考法、動詞檢核表、型態分析法、屬性列舉法、強迫組合法。
陳龍安(2000)	腦力激盪法、六六討論法、635 默寫式腦力激盪法、SCAMPER、發明十步法、心智圖法、七合檢討法、曼陀羅法、蓮花法、六頂思考帽、十二思路啟發法。
郭有遹(1999)	腦力激盪法、聯想法、六合檢討法、比擬法、觸類旁通法、訊息修改法、向上歸納法、自我查問法、屬性列舉法、強迫組合法、型態分析法、夢想法、機會發現法。
王其敏(1997)	腦力激盪法、屬性列舉法、希望列舉法、型態分析法、自由聯想法、強迫組合法。

事實上，這些學者所提出的創意技術與方法是與其中「SCAMPER」的創意方法大同小異的。SCAMPER 創意思考方法涵蓋了基本的創意技術，因此，本單元以 SCAMPER 為代表來介紹創意的技術：

SCAMPER 的觀念是激發創意的一張檢驗表，由腦力激盪之父奧斯勃恩(Alex Osborn)於 1963 首先提出。後來由艾勃爾(Bob Eberle)於 1971 簡化成 SCAMPER 這個易於記憶的方式。SCAMPER 的思考方式是許多創意思考方式的整理，其內容包括以下七項：（SCAMPER 的英文原意是：歡愉地奔走）

1. S (substitute)：替代、替換。

2. C (combine)：結合、組合。

3. A (adapt)：改變、改造。

4. M (modify)：修改、擴大、縮小。

5. P (put to the other uses)：用來做其他用途。

6. E (eliminate)：取消、除去。

7. R (reverse)：反轉、顛倒、重新安排。

以下就 SCAMPER 的相關思考與應用分別敘述之：

（一）S（substitute）：替代、替換

SCAMPER 中的「S」是代表替代或替換的意思，替代或替換的思考是運用不同的方式、不同的材料或是不同的人員等，來取代原本的工作方式，或固定的運作模式。例如運用麻布繩取代尼龍繩、或用白板取代黑板。

在面對消費者不同需求時，行銷工作的方式是否也可以透過替代或替換的創意思考來想像其他可行的作法？行銷專家應該常詢問自己現有的產品、服務、促銷方式，或是通路規劃等作法，有哪些事可以用其他什麼東西或方式來替代的？什麼是可以取代現有的運作方式？什麼是可以運用其他物質來代替嗎？其他場合可以嗎等等？

替代或替換也可以是一個組織觀察到其他企業的作法，並進行可能的學習借用，進一步創造出自己的東西。例如國內外許多大學在缺乏經營績效時，有些會借用企業經營的觀念來替代傳統學校的經營模式，讓大學運作更有效率，例如借用成功企業的 CEO 來替代現有校長的職務。其他市場的替代或替換創意技術運作實例請參考表 15-2 替代、替換創意實例。

● 可口可樂發起「一口氣英單字」活動

圖片來源：可口可樂官方網站，http://www.coca-cola.com.tw/

表15-2 替代、替換創意實例

創意實例	說明
活動蒸氣桶	泡溫泉不用到深山裡，業者借用溫泉概念創造出活動蒸氣桶，讓消費者隨時隨地都可以使用。
泰式風格 MOTEL	許多國內的 MOTEL 借用泰式風格裝潢打造異國風味的旅館。
豆漿咖啡	星巴克咖啡在臺灣也曾嘗試用豆漿代替鮮奶，做出所謂的豆漿咖啡。
7-11 的國民便當	7-11 風極一時的國民便當就是借用旅行社所推的「登玉山是國民旅遊」的口號。
「一口氣英單字」的學習方式	英文補習班借用可口可樂一口氣的廣告創造出新的英語學習方法。

（二）C（combine）：結合、組合

SCAMPER 中的「C」是指組合或是結合的創意概念，所謂組合或是結合是將不同的事物、物質、作法等組合在一起而產生新的形式、功能或是新的概念。組合就是將兩樣或兩樣以上的東西組合起來。這些可組合的要素包括事物的結構、外型、精神、想法或流程等，例如 A＋B＝C；A＋B＋C＝AB；A＋B＝Z 等不同概念。結合的概念常是許多創意商品常用的思考方式，如拼圖闊裝、GPS 的手電筒地圖，及由湯匙加叉子作成的湯叉等。也可以運用在行銷活動的推廣上，例如許多新商品的推廣常會邀請廣大的消費者一起來為產品命名，這種作法通常都會有不錯的績效，不僅集思廣益結合了消費者的智慧，也能幫助新商品打開市場知名度。

行銷人員應該要常常問自己，在現有的產品、服務、促銷方式或通路規劃等行銷方式中，有什麼事物、概念是是可以結合運用的？有什麼不同元素可以組合在一起？要如何去組合？組合能提供什麼價值等問題？

相關實務的例子請參考表 15-3：結合與組合創意實例。

表15-3 結合、組合創意實例

創意實例	說明
iPhone	蘋果公司的 iPhone 有許多不同功能的組合，包括個人數位助理＋電話＋運動＋音樂＋無數的 app 等。
洗衣店加咖啡店	北歐經營洗衣店時也同時提供喝咖啡的地方，讓消費者可以在等洗衣的空檔，享受一個浪漫咖啡香的時間。
林懷民的白蛇傳	林懷民的戲劇中結合了東方傳統戲曲與西方現代舞，新的創意組合與編劇，讓人印象深刻。
網路書局	結合新的網路科技與傳統書局的經營，成立網路書局，讓消費者不用出門就可以上網去買書。
電動牙刷	結合馬達與牙刷的商品，讓刷牙更徹底、方便。

● 洗衣店加咖啡店

圖片來源： 1. http://www.westonlaundromatcafe.com
2. 北歐櫥窗：http://www.nordic.com.tw/

（三）A（adjust）：調整或改造

SCAMPER 中的「A」是指調整或改造事物的方向、功能，或用途。調整或是改造並不影響事物本身的意義，而是將其內涵稍作調整，使其發揮更好的功能或適用在其他不同的情境。例如多顏色的原子筆，其本身的意義還是做書寫用，但是透過改造的結果，可以發揮多顏色功能的效果，提供使用者在書寫上的許多便利。

相關實務的例子請參考 15-4 調整或改造的創意實例。

表15-4 調整或改造的創意實例

創意實例	說明
莎士比亞的「哈姆雷特」	哈姆雷特是改編自丹麥傳奇故事，內容雖有些調整，但還是一篇故事性的戲劇。
免削自動鉛筆	自動鉛筆的概念來自於改造現有木質鉛筆，以解決需要削的不便。
雙層刮鬍刀片	雙層刮鬍刀片改造自單層刀片，改造調整後，讓使用者更能感受其便利性。
會轉彎的吸管（可彎曲）	讓吸管可以彎折，以方便各種角度、高度的使用。
登山自行車	針對一般的公路車進行調整與改造，讓使用者騎在崎嶇的道路上能更加避震、更加舒適。

（四）M（modify）：修改、擴大、縮小

　　SCAMPER 中的「M」是指修改(modify)、擴大(magnify)或是縮小(minify)。與調整(adjust)不同的是，M 本身的意義是改變了，如自動鉛筆還是筆，可彎曲的吸管還是吸管。M 的創意作法是將事物的用途改變、形式意義改變，像是桌上型電腦改變縮小為筆記型電腦。

　　改變是對於現有的事物或是觀念進行創造性的改變，例如動機、聲音、味道、形式、形狀等等。改變的初衷來自於對於現有事物的不滿意或是進一步想要更好的欲望。在消費者的市場中，行銷專家應該詢問自己現有的產品或服務中、促銷方式、或通路規劃等行銷方式，改變的成分可以是什麼？可以是形狀？大小？材料等等嗎？或是服務方式可以改變嗎？可以擴大或是縮小嗎？

　　相關改變創意的實例請參考表 15-5 改變的創意實例。

表15-5 改變的創意實例

創意實例	說明
澳洲 Sipahh 神奇吸管	雖然還是吸管的樣子，但變味的功能大於吸管的功能。
洗碗機	取自洗衣機的概念，改變其運作的方式，創造出洗碗機的機器。

● 澳洲 Sipahh 神奇吸管

圖片來源：http://blog.xuite.net/popolee0317/kitty/10988453

（五）P（put to the other uses）：用來做其他用途、轉換

SCAMPER 中的「P」是指 put to the other uses，是用來作為其他用途的意思。這創意的意義就是把一樣東西轉換成不一樣的用途或是意義，事物本身並沒有進行再造或是改變。例如廢物利用，把廢料轉為藝術品。行銷專家應該詢問自己現有的產品或服務中、促銷方式、或通路規劃等行銷方式，包括結構、外型、精神、想法、流程……等可以用來作其他用途嗎？例如把「A」當作「B」來用。相關實務的例子請參考表 15-6 轉換用途的創意實例。

目 表15-6　轉換用途的創意實例

創意實例	說明
潛水布料作防水包包	防水的潛水布料拿來做成防水的包包。
消費市場的按摩浴缸	原本賣給大飯店的按摩浴缸轉賣給一般的消費者。
牛奶除了早餐外，也可以搭配餅乾吃，也可以當做煮菜配料等等	增加牛奶的新用途，增加用途，促進產量。
帳篷帆布作為牛仔褲布料	用賣不出去帆布為材料，來製作成牛仔褲。
咖啡渣變衣服吸溼又除臭	用咖啡渣為原料，製作出環保又舒適的衣服。

（六）E（eliminate）：取消、除去

SCAMPER 中的「E」是指去除、刪除的意思。針對事物本身所擁有的特點與功能進行可能的消除的思考。消除的方向可以是相關的程序、要素或是內容，消除完後可能仍有其基本的功能與意義，但也會形成新的事物。例如把複雜的生活改為簡單的生活，生活仍是要過，但是方式簡單多了。無線滑鼠就是將其連接電腦的線去除，而變成更方便不被線所約束的快樂滑鼠。

　　行銷專家應該詢問自己現有的產品或服務中、促銷方式或通路規劃等行銷方式，在管理的工作上、或是產品的特性上，思考什麼是可以消除的？減少時間？減少成本？可否濃縮、或更精緻些等等？消除的創意實例請參考表 15-7。

表15-7　消除的創意實例

創意實例	說明
無線滑鼠或無線電話	透過傳輸的新科技，消除不需要、多餘的產品形式。
老人用手機	去除不必要的功能，只留著可以撥、可以接的功能。
工廠辦公室合一	消除各地工廠或各地辦公室，找一個地點將工廠與辦公室合一，進行集中管理，以發揮效能。

（七）R（reverse, rearrangement）：反轉、顛倒、重新安排

　　SCAMPER 中的「R」是指事物的反轉、顛倒或重新安排。要開發出有價值的創意，反轉、顛倒、重新安排的思考方式也是一種重要的來源。反向思考是一種不按排理的思考方式，是一種水平思考的方式（不同屬性的跳躍），當大家在同一方向思考的同時，脫穎而出異質性的思考在同質性中的價值較有創意。行銷專家應該詢問自己現有的產品、服務、促銷方式、或通路規劃等行銷方式中，什麼是可以反轉使用？什麼是可以顛倒運作，或什麼是可以重新安排的？都是屬於創意思考的方向，相關創意實例請參考表 15-8。

表15-8　反轉、重新安排的創意實例

創意實例	說明
老年人的店賣小孩用的東西	老人家常會買禮物給孫子，因此在銀髮族的商店中可以提供一些小孩用品。
嬰兒食品賣給老年人吃	嬰兒用品容易吸收，也比較好咀嚼，適合年邁的老人來食用。
種植酸的黃金番茄	種不甜的黃金番茄，具高維他命 C，具有減肥的功能。
家樂福與特易購的例子	原本在國際市場上是相互競爭的，但卻逆向思考轉為為合作關係來瓜分市場。
單身戒	將原本定義在結婚的用的戒指，反轉做為提供給單身的人來使用。

奧美廣告公司品牌發展總監籃雅寧認為，企業的商品或是服務必須具有稀有性、獨特性、創新性，創新才能突破，如之前的華碩 EeePc，蘋果公司的 iPhone。因此，企業在運用不同技術發展創新商品時，不能忽略顧客最初衷的需要與期待才能創造新的顧客與留住顧客。事實上，每一個消費者都渴望驚喜，也都期待獲得獨特的服務的，這些觀念是在從事創新商品時不能忽略的。

如果說「需要為發明之母」，那「問題」可以說是創意之源。大多的創意是為了解決問題而存在的。解決問題的方法很多，有時如果從不同的角度來思考，或許可以找到更好的答案。因此，要成為一位成功的創意行銷人，除了本文中 SCAMPER 的創意技術外，表 15-1 創意思考技術的分類所列的各種創意技術與方法，也是應該花時間去研究的。

二、創新的推廣

創新是創意的具體落實，不斷的推出創新商品可以讓企業永保活力。但創新的服務或是商品要能成功的進入市場並讓消費者能接受並使用，創新的工作還必須鎖定一些相關特性，才能推廣順利，這些相關特質包括要具備差異性、要有高的相容性、要讓消費者試用、及不能太複雜，這些特性敘述如下：

（一）差異性要明顯

創新的商品或服務應與舊商品有明顯的差異性，這些差異性必須特別展現出比舊商品更好的優點與價值，例如更加省電、更環保，或是更好用、更有效率等，這種差異性必須要顯著，才能讓消費者了解、接受。因此創新商品在推廣時大都會強調與舊商品的差異性，也必須強調新商品的相對優勢，消費者的接受程度才會較高。

（二）相容性要高

創新商品的使用若越能相容於消費者的實際生活中，消費者接受的程度會比較高，例如許多電腦周邊商品是以 USB (Universal Serial Bus)的介面與電腦連接使用，USB 的介面也能在世界各地使用，因此這些電腦商品就會賣的比較好。

除了商品與商品間的相容性外，創新商品的意義也應與消費者的需求、動機、價值或是生活型態有相容性，消費者的接受度也會較高。例如國內設計師設計出非常創新、前衛、性感的衣服，但由於國情與價值觀的因素，會導致新商品銷售困難，這就是創新商品與消費者價值觀不相容的因素所造成。

（三）提供試用體驗

一般來說，消費者對於創新商品都是陌生的，對於創新商品的購買也都比較猶豫，因此，企業若要讓創新商品迅速的被消費者所接受，就應該提供相關試用、或免費使用的機會，如此可以降低消費者的知覺風險，也能讓產品更加廣為人知，並打開市場知名度。臺灣捷安特 2021 年推出了名為「全臺十大捷安特試乘體驗日」的活動，透過在全臺十個不同地點舉辦試乘試騎活動，讓消費者可以實際體驗捷安特的全新車款，例如捷安特 E-BIKE、捷安特 MTB 等。此外，活動還提供了免費的專業試乘試騎解說、豐富的活動禮品和體驗活動，例如騎乘比賽和穿越式體驗，現場也有一些規劃給登山車系列的坡道起伏設計，吸引了眾多消費者參與。

此外，捷安特還推出了「專屬騎乘試用方案」，讓消費者可以透過預約專屬的試乘試騎體驗，體驗捷安特全系列車款的極速、安全、舒適和操控性。透過這些試用體驗的行銷作法，捷安特提高了消費者對其品牌的認知度和好感度，進一步推動了銷售業績的提升。，如果可以提供試用的機會，或是用小包裝方式提供消費者嚐鮮的機會，市場接受度應該會不錯的。

加油站

消費者通常要看到產品，才會知道自己想要什麼。

People don't know what they want until they've seen it.

賈伯斯(Steve Jobs)蘋果公司創辦人

（四）複雜性要低

為了要與舊商品或是服務呈現出顯著的差異性，大多企業在創新商品上都會增加許多功能，但從消費者的角度來思考，如果創新商品過於複雜，願意嘗試的消費者可能不多，畢竟，大多數的人性都是趨樂避苦的，重新學習與適應的轉換成本有時也是消費者相當重視的？事實上，創新商品倒不一定要從增加功能的方向去實施，有時化繁為簡、讓商品更容易使用，消費者的接受意願會更高。（去除(eliminate)的思考方式）

專欄 15-2

零成本的千萬價值廣告效益

　　每一個企業、組織都需要宣傳，而宣傳需要許多經費，要全世界宣傳需要更多的經費。有什麼方法可以省下鉅額的經費，又可以達到相同的效果呢？2009 年澳洲昆士蘭省政府主辦一項徵人活動，並在全世界重要的報紙上刊登徵人啟示，徵求一位大堡礁漢彌頓島(Hamilton Island)的保育員，並提出相當優渥的條件：半年 15 萬澳幣的薪水（約當時匯率新臺幣 338 萬元），獲選者還能獲得從自己國家到漢彌頓島的免費機票，並提供島上臨海度假別墅免費居住，工作內容為每周固定撰寫部落格及公開島上照片、影音，其餘時間可以盡情享受島上的碧海藍天度假生活，包括日光浴、游泳、浮潛、划船等等。

　　活動過程中共吸引來自 200 多國的 34,684 人報名參加，包括舞者、科學家、廚師及學生，來自美國、英國、俄羅斯、印度、中國、日本、南韓、印尼、新加坡、馬來西亞、臺灣以及肯亞等國家。澳洲觀光局精心設計了整個流程，例如選擇一些較大市場國家的候選人來參加

最後的入圍甄選活動等等。澳洲觀光局局長鮑依雷表示，「這項活動吸引全球觀注，產生的廣告效益超過 8,000 萬澳幣以上」。

　　這種用最低成本發揮創意的成功行銷活動，在國內也紛紛學習效仿，像是飯店店長甄選、一日店長活動或是旅遊大使等等。當然除了跟隨模仿外、創意是無遠弗屆的，如果能突發奇想，另類產出奇特創意作法，或許更能讓企業獨領風騷、大放異彩。

第三節 ▶ 創意行銷的實施

因為市場競爭激烈，創意行銷的作法對消費市場是越來越重要的，唯有進行創意的行銷工作才可以打動消費者、讓消費者覺得窩心與感動。因此，創意行銷的作法除了熟悉創意技術外（SCAMPER 等方法），在實施上也應了解消費者行為的相關影響因素，從基礎出發、直接滿足消費者的需要，提供消費者關鍵的核心價值，並了解消費者行為的動機，真正發掘消費者潛在的期望。以下從消費者行為影響因素的不同觀點來思考，如何來實施有效的創意行銷工作。

一、學習與知覺的觀點

每一個人的行為都會受到學習與知覺的影響，消費行為當然也不例外。在之前的章節中，已有介紹不同的學習理論在消費行為的應用，如透過操作制約學習理論的應用，我們知道消費者的行為是可以加以訓練與控制的。此外，消費者對外在事物不同的知覺感受，也會導致有不同的行為反應。有些創意與創新的觀點可以影響消費者的知覺與學習，並有效的影響消費者的行為。針對學習與知覺方面的創意運用實例包括如下：

1. 在髮廊門口擺放設計師得獎的相關報導，讓消費者認同、信任髮廊的專業。

2. 家樂福的自有品牌服飾請名模代言，並公開在伸展臺上請名模穿上家樂福品牌的衣服進行走秀，展現出便宜的商品也可以穿的很漂亮。

3. 在美容店前貼出當季流行趨勢，讓消費者也可以學習模仿，要求設計師設計出流行的造型。

4. 減肥商品廣告並指出消費者減肥前與減肥後的比較照片，讓消費者學習與辨識到使用商品前後的不同差異性。

5. 糖果店在門口張貼糖果生產過程的相關專業照片，讓消費者感興趣並購買。

6. 健身房公布欄張貼教練的相關獲獎圖片，以激勵學員的運動動機。

 專欄 15-3

西班牙的朝聖之旅的創意

　　西班牙的朝聖之旅是指前往聖地雅各之路朝聖的旅遊活動。這條路線通過西班牙的各個城市和鄉村，是世界上最古老和最著名的朝聖之一。許多遊客透過網路宣傳旅程的過程與美麗的相間景觀，更形容是人生必走之路，在風潮帶領之下西班牙政府也重新創意包裝「朝聖之旅」，提出相關的創意行銷作法：

1. 西班牙政府推出了名為「雅各之路」(The Way of St. James)的品牌形象，以提高西班牙朝聖之旅的知名度和形象。政府統籌設計品牌形象包括標誌、標語、宣傳片等，強調西班牙朝聖之旅的文化、自然和人文特點。

2. 西班牙旅遊局對朝聖之旅的推廣十分重視，通過各種網絡和傳統媒體進行宣傳，並結合當地商家合作、開展了許多促銷活動，例如折扣優惠、特別旅遊套餐等，以吸引更多的遊客前往西班牙朝聖之旅。

3. 政府也鼓勵旅行社和網絡平臺也開始推出自己的西班牙朝聖之旅產品，包括豪華旅遊、自由行、團體旅遊等多種形式，以滿足不同客戶的需求。

　　西班牙朝聖之旅對西班牙經濟的影響非常大。根據西班牙旅遊局的數據，2019 年西班牙朝聖之旅的遊客人數達到 34 萬人，其中超過 70%的遊客來自海外。此外，朝聖之旅還帶動了當地的餐飲、住宿、交通等多個行業的發展，為西班牙經濟注入了新的活力。此外，根據西班牙旅遊局的數據，朝聖之旅一年創造了超過 3 億歐元的收益、在西班牙旅遊業所占的全國 GDP12%中舉足輕重。這種將歷史文化、宗教意涵及個人自我挑戰等進行包裝設計，結合創意行銷思維的推廣模式，也讓全世界消費者買單，是相當成功的創意行銷典範。

二、生活型態的觀點

　　不同消費者的生活型態有著不同的消費行為與需要，有些消費者過著樂活的生活，有些消費者喜歡旅行，這些不同的生活型態有著許多市場的機會，許多創意的行銷作法也是從消費者的生活型態來進行思考。例如近年來由於少子化的關係，讓許多家庭開始養寵物作伴，也因此延伸出許多不同於以往的行銷作法。以有養寵物的消費者為例，相關的作法如下：

1. 百貨公司提供 DOG PARKING 的地方，讓逛街的消費者也能有安置寵物的地方。

2. 開設寵物餐廳，讓愛狗人士可以一起與狗聚餐，或舉辦狗的 PARTY。

3. 開設寵物旅館以提供臨時出國的消費者安心的寄養寵物。

4. 開設寵物美容店，讓自己心愛的寵物能更漂亮、更雄偉。

　　國內知名的企業捷安特公司，也因應國內自行車運動的風潮與節能省碳的生活模式，成立了捷安特旅行社，為喜愛自行車旅遊、自行車環島的人量身訂做、規劃相關的活動，是相當有創意的一項創舉，其經營與思考的模式也是行銷人要學習的模範對象。

圖片來源：捷安特旅行社官方網站：http://www.giant-adventure.com.tw/eWeb_giant-adventure/Website/aboutus.asp

三、家庭與社會趨勢觀點

　　家庭因素與家庭結構會影響消費行為，例如：父母的管教方式、價值觀的傳承都會影響消費者的決策過程。由於社會經濟因素、或工作等關係，許多單身男女找不到結婚對象，因此，不結婚的人口、或是結婚不生小孩的家庭越來越多，這樣的家庭與社會趨勢也讓一些企業發現一些商機與創造出許多創意商品，相關實例如下：

1. 單身戒的產品，讓單身的族群能互相知道，並進一步交往。

2. 提供養生村的建置，讓工作煩忙的第二代有一個安全的地方，安置家裡年邁的雙親。

四、人格特質的觀點

消費者有著不同的人格特質，也因此有不同的做事方式與偏好，針對不同的人格特質進行個人化行銷，常會有不錯的績效。消費者通常都會透過消費行為來投射自我形象，因此創新的商品必須要有強烈回應「消費者期待成為怎樣的一個人」的能力。因此，新世紀消費者是相當重視商品個性的，也希望透過不同品牌、樣式來呈現自我，這樣的趨勢也讓商家們思考相關的個人化、個性化商品，相關舉例如下：

1. 提供個人化郵票，讓消費者選擇或設計自己喜愛的圖片等。

2. 提供個人化車牌，包括個人的名字、重要數字或是設計不同圖案。

3. 提供個人化的信用卡，讓消費者可以上網畫出自己喜歡的風格。

4. 提供個人手機裝飾、外裝設計，讓自己的手機充滿著個人的風格。

五、動機與心理因素的觀點

消費者的實際生活中，總都是會有許多不滿足、挫折或匱乏的時候，而這些都是商機的來源。許多成功企業的創意思考方向大都是以解決消費者的煩惱或提供便利為主要的目標，這樣的作法確實也獲得消費者不錯的迴響，相關實例如下：

1. 統一集團引進一系列紅酒，透過顏色來區別等級。不僅解決顧客不了解紅酒知識的痛楚，也更能促進銷售成績。

2. 賣場服務人員幫顧客試穿泳裝，解決顧客現場脫衣試穿泳裝的困擾。

3. 日產汽車 TOBE 系統的開發與應用，讓行車更安全方便。

4. 在不景氣的時候，餐廳提供免費接送服務，讓消費者覺得窩心。

5. 透過信用卡的使用，創造先消費後付款的好處，改變人們的消費方式，讓許多商店更容易招攬生意、擴大銷售額。

有關創意行銷在消費者行為基礎上的應用，本單元僅以學習、生活型態、人格特質，及動機等層面切入舉例，事實上，影響消費者行為的各種不同因素也都可以從創意的概念來切入應用，讀者可自行參閱其他相關書籍、以利於知識上的統整或工作上的思考與創意發想。

 專欄 15-4

薰衣草森林的創意

　　林庭妃和詹慧君兩位女生因為愛喝咖啡、愛上旅行、愛上簡單樸實的山林生活，她們放棄了都市的高薪與繁華，走入山林中創立了薰衣草森林，也成功的編織了一個美麗的紫色夢想。兩位年輕的主人有著許許多多的經營創意，令人感受深刻，也相當窩心，包括舉辦生態體驗，開發花草成分的洗髮精、香皂、沐浴乳等，也提供花草養生料理，其中特別是提供園區的明信片、並免費幫顧客郵寄，甚至也免費寄至海外。

　　這種作法是相當有創意的，不僅讓顧客有賺到的感覺，更能借用每一個顧客的人脈資源，廣泛的將薰衣草森林的資訊與風景推廣出去，也因為這樣的作法，每逢週休二日，就有許多想要從都市解脫的人來朝聖，享受薰衣草森林間的清風和那春花與秋月。

　　2013 年創辦人之一詹慧君因病去世，林庭妃忍痛期許員工們能繼續把圓夢故事、追夢勇氣與幸福感傳遞下去。集團也因為夢想而偉大，在薰衣草森林董事長王村煌帶領下，截至 2022 年旗下擁有包括薰衣草森林、森林島嶼、心之芳庭、桐花村、好好、緩慢、緩慢尋路、漂鳥等 8 個品牌，事業體橫跨餐飲、旅宿、婚禮、香氛、商品等，希望透過多元化經營滿足顧客多面的需求。因為疫情限制出國，董事長王村煌也發現臺灣的旅客更願意多花一點時間和金錢去體驗一趟「有意義」的旅程，而不只是打打卡、

圖片來源：http://www.lavendercottage.com.tw/forest.htm

拍拍照。因此公司更強調有意義、能引起顧客共鳴、能招喚顧客的相關體驗設計，董事長王村煌指出在內部他們稱其為「體驗設計」，經由空間、服務、活動、產品和人際溝通五個構面，規劃設計許多完整浪漫的故事，薰衣草森林豐富的創意思考設計及追夢的勇氣是臺灣最成功的行銷典範。

第四節 > 成為一位創意行銷人

創意是絕對可以經由後天的努力來學習並獲得的。要成為一位有創造力、有創意的行銷管理者，必須要不斷的學習、終生學習。以下列舉幾項培養創造力的方法。

一、建立正常的生活作息

唯有健康的身體才會有過人的智慧，健康的人精神洋溢，充滿工作動機，時時吸收創意的因子。因此要培養創意就必須注意個人飲食作息，不但要吃、也要吃的巧吃的好，均衡攝取六大營養素。此外要應重視睡眠時間，最佳的黃金時段是晚上 9 點到凌晨 3 點，這時間是人類身體最需要休息的時間。健康的身體才能讓自己隨時在生理、心理保持放鬆，也才能完整的吸收知識、開發無窮的創意。

二、個人起居空間及環境的塑造

生活環境會影響個人的創意吸收程度，好的環境讓人創意無窮，何謂好的環境呢？研究發現好的環境應有舒適的溫度與濕度，人類生活較為舒適的溫度是介於 18~24℃之間。環境中相對濕度也應在 60%最好，如此不會太乾燥，也不會悶熱潮溼。此外，充足的光線與日曬及多變的生活空間也是一個正面、活力的生活空間，對創意的養成有一定的幫助。一般來說，大多舒適的環境讓人有歡愉的生活、愉快的心情，自然會更開放的吸收環境的養分並培養創意；然而有時惡劣的環境因素與人們對生活品質的堅持，也能激發人們對創意與創新不斷的追求，以追求更好的生活。

● GOOGLE 的辦公空間設計

圖片來源：Google 官方網站。

三、聽些可提升創意能力的音樂

在美國財星五百大企業中排名前五十大的企業研究中，發現有 83.68%的企業曾在工作現場播放過職場音樂，根據他們的統計顯示發現可使員工工作中的錯誤減少、動腦思維較靈活、工作效率提升、行動力增強、創意增加、反應變快、人際互動較頻繁且和諧、人員焦慮和發生爭執的情況明顯降低多項好處，因此音樂對於行為的表現有顯著的影響，因為人的聽覺傳導與大腦邊緣系統（人體的情感中樞）有極大的關聯，而這邊緣系統又影響我們的身心狀態及心智活動。

依據美國學者專家所研究的最新腦力開發與智能提升之實驗研究發現聽莫札特、巴哈、韓德爾等時期音樂的某些特定曲目，可以提昇嬰幼兒和孩童的 IQ 智能外，對成人在 EQ 情緒智商與壓力紓解調適的效能上亦有著令人振奮的新發現，這樣的發現被稱為是「莫札特效應」。這些音樂（特別是聽巴洛克時期音樂）能提升音樂與空間智能以及增強記憶與創造能力，因此，要培養創意，選一些能激發與提升創造力的音樂聆聽，或許也會有意想不到的效果。

四、建立正面積極的態度

培養創意就是要去改變個人態度。實務界常說：「個人的態度決定未來」，不論是工作態度、生活態度，最重要的是開放的學習態度也是相當重要的。優質的創意通常來自團體的智慧與共同努力的結晶。事實上，我們生活的環境中是充滿無窮的創意寶藏，而這些寶藏是給那些願意開放自己的心胸、擁有嘗試的勇氣、並有接受批評的雅量的個人。此外，學習傾聽的技術、學習幽默的生活態度，也是讓創意源源不絕的重要方法之一。

加油站

好的行銷讓公司看起來很聰明。偉大的行銷讓客戶感覺自己很聰明。

Good marketing makes the company look smart. Great marketing makes the customer feel smart.

喬‧切爾諾夫(Joe Chernov)內容行銷專家

五、自我認識及規劃相關訓練

除了態度與環境的建置外，個人的自我了解、認識，積極規劃與訓練也是相當重要的。知道自己的優、缺點，隨時自我激勵、強化信心，並主動思考、主動安排、主動改變。此外，培養打破沙鍋問到底的好奇精神，培養膽識，及願意冒險、嘗試、樂於面對挑戰與衝突的精神。培養廣泛興趣，接觸越多興趣資訊，創意越不會枯竭。讓自己常常出去走一走，看一看大自然不同事物、動一動活動筋骨、玩一玩不同的遊戲、試一試新的商品、聽一聽不同的聲音，讓自己百無禁忌的奇想異想。

消費者的需要都在生活中，有創意的行銷人員要多看、多聽、多接觸這些不同領域的知識。例如目前市面上最貴的 SK-II 面膜的原料就是來自於日本釀酒過程中不要的酒糟。就是因為有好奇心與觀察心的人發現釀酒的女性（老太婆也是），臉上的皮膚特別光滑，因為他們都習慣將酒糟塗在臉上。

王品集團董事長戴勝益曾說：世界上有兩件事情是沒有極限的：一是宇宙、二是創意。因此，能開發創意、使用創意將會是世界上最富有、快樂的人。創意的靈感就在我們生活周遭，也存在不同的企業之中，正所謂「他山之石可以攻錯」，行銷人應多聽、多看，多學習生活中的大大小小、不同領域的事情，如此創意才會源源不絕，正所謂「大塊假我以文章，取之不盡，用之不竭」。

正確思考、有效的思考會產生讓人驚嘆的創意，行銷人員若能學習創意相關的思維技術，讓創意思考成為習慣、成為企業的一部分，對行銷工作來說絕對有錦上添花的效果。

專欄 15-5　2022 臺灣服務業大評鑑「便利商店類」服務品質金牌企業：全家便利商店

　　根據 2022 年 9 月的統計資料與遠見雜誌的報導，臺灣的便利商店超過 1.3 萬家，全球密度排名第二。目前臺灣超商總店數排名前三名為：統一超商、全家和萊爾富，各家都不斷創新，發揮其想鞏固自己的消費群組。不論是用 APP 進行會員經營，維繫現有的消費者，也不斷的推出新服務、新商品服務新的消費者。

　　全家 2022 年第七度、也是連續第四年獲選《臺灣服務業大評鑑》「便利商店類」服務品質金牌企業，2022 年底總店鋪已經突破 4,050 家。全家便利商店也以「友善食光＋友善地圖」榮獲 2022 第 18 屆《遠見雜誌》企業社會責任獎社會創新組首獎，為首間獲得社會創新冠軍殊榮的零售通路企業。也是唯一一間連兩年獲得遠見 CSR 獎社會創新殊榮的企業。

　　這些年來全家便利商店得到消費者肯定、也獲獎無數來自企業許多創意創新的作法，例如各門市很早開始經營 LINE 社群、會員 APP，到後來的「隨買跨店取」、全＋1、行動購等。

　　全家一直秉持著創新的精神，不斷推陳出新，將各種新穎的經營策略應用到實際操作中，例如跨界合作、全新服務、環保措施等，不斷引領著臺灣零售業的發展趨勢。

　　公司也一直把客戶擺在最優先的位置，不斷推出各種貼心的服務措施，例如全家會員計畫、24 小時營業、溫馨服務等，讓顧客感受到全家的關心和重視，並且不斷滿足顧客不斷變化的需求。全家關心社會，積極參與各種公益活動，例如為社區學校籌辦活動、支持社會福利團體等，讓顧客感受到全家是一家有社會責任感的企業。

　　全家便利商店的成功不僅來自於創新的經營策略，更來自於對客戶的關注和重視，以及對社會的責任感。全家憑藉著這些優勢，在業界中不斷取得成就，成為 2022 年臺灣最佳卓越企業代表也是其實至當然的。

 **個案**　　3M 公司不斷刺激與創造需求

　　3M 公司成立於 1902 年，早期是挖礦為主的公司(Minnesota Mining and Manufacturing Company)，之後轉型消費市場並以科技研發及經營創新商品為主，公司成立迄今已經 100 多年了，雖年邁卻不失其活力。3M 公司是一個不停追求創新及突破的企業組織，並鼓勵同仁們的想像力無遠弗界地自由翱翔，突破所有藩籬以滿足顧客的需求。2020 年 3M 公司為了慶祝成立 118 周年，也舉辦了「激發靈感，創造未來」活動，透過活動推廣公司的創新文化和技術，並鼓勵人們創造更好的未來，活動鼓勵創新研發並與消費者積極互動，提高了品牌的知名度和忠誠度。

　　3M 公司是一個不停追求創新及突破的企業組織，並鼓勵同仁們的想像力無遠弗界地自由翱翔，不斷開發出各樣新科技的實用產品，其中投資在研發上的經費大約為每年 50 億美元。目前全球有 6,500 個同仁全職從事研發的工作。公司也鼓勵研發人員利用 15%的上班時間從事自身有興趣的研究計畫，由於此種自由不拘的想像力，使得 3M 公司擁有超過 40 類的產品事業群，100 項的專精科技，全球有 50%的人口每天都會使用或接觸到 3M 的商品。

　　也因為這樣的積極投入，3M 公司鞏固了它跨百年堅固的企業經營。而 3M 產品的多元更是它受到眾人肯定的一大因素，全球近 6 萬種產品的銷售，正是 3M 科技與創意結合的成果。

　　臺灣 3M 子公司在臺設立至今已 54 年（1969 年迄今），在臺灣行銷 3 萬多件商品。臺灣的辦公空間沿襲了美國的企業文化，採用了紅、黃、綠、藍等顏色，呈現出不同的視覺效果，並設有 3 間圓形的小型會談室，符合 3M 強調「創新」、「溝通」、「效率」與「團隊合作」的精神。此外，每層樓靠窗的位置，大多規劃給員工使用，讓最好的視野都留給員工。

　　3M 公司內部門具有明確分權制度，按照權限的區分，每個人都有決定權，而成功的關鍵就在於「充分的信任」。3M 公司尊重每一位員工，並懂得投入，允許員工失敗，並讓他們可以按照自己的方式去做任何工作，不抹殺創意。這是全世界 3M 公司的經營文化。他們對於自己的員工有相當高的信任程度，更相信這些同仁們的創造力，是公司能不斷成長的一大主因！他們將這七萬餘位同仁視為最寶貴的資產。

　　3M 公司為何能成功的開發出這麼多的商品呢？新商品也總是帶來許多市場的讚美，並激發起消費者的共鳴呢？事實上，3M 公司是深入消費者日常生活中，透過無數的觀察與實驗將許多不甚完美的商品予以改革，或是將現有商品進行改善使其更趨近於完美。例如：「3M 超強淨可拋式馬桶刷」就針對傳統式馬桶刷進行許多改良，也切合了消費者的需求。傳統式的馬桶刷有許多不足與缺點，例如在使用時有許多邊緣處是刷不到的，以致於汙垢持續累積；而傳統式的馬桶刷刷完要清洗，也堆放在馬桶旁，但這樣的作法不僅不便，因為會產生臭味，也不衛生。這些問題 3M 都看到了，而推出全能強效蝶型刷頭，設計人體工學握把及可拋式的刷頭，讓消費者在使用上更方便、更衛生。

　　3M 的其他商品也都有非常亮麗的成績，如：3C 魔布、便利貼、隨手黏、反光隨身帶等等，都讓消費者驚嘆不已。這些商品的成功在於 3M 能成功的激發起顧客的需求，能喚起消費者對於現實生活不滿的知覺、更能引起消費者對於更完美商品的渴望，而當這些需求、知覺與渴望被喚起時，消費者更可能進一步進行相關的消費行為，企業也因此從中的到機會。

　　多年來 3M 公司對於社會的關心與對社會的貢獻也不遺餘力，例如2020 年的「拍照換口罩」(Snap a pic, get a mask)活動。在新冠疫情爆發期間，3M 公司推出了一個名為「拍照換口罩」的活動，邀請人們在社交媒體上分享自己佩戴口罩的照片，並為每張照片捐贈一個口罩。這個活動不僅推廣了 3M 公司的口罩產品，還在疫情期間為社會做出了一定貢獻，獲得了消費者的好評和支持。2021 年的「3M 拯救您的耳朵」活動：如前所述，這個活動旨在提高消費者對聽力保護的認識和意識，並為他們提供相應的產品和建議。這個活動通過與消費者建立關聯，提高了品牌的價值和認知度，並且在健康意識不斷提高的時代更具有現實意義。

　　總的來說，3M 公司的創意行銷作法通常都與他們的核心價值和產品相關，並通過與消費者互動和建立關係來提高品牌價值和忠誠度。他們的創意行銷策略通常都非常獨特和創新，並且能夠引起消費者的興趣和共鳴。
資料來源：3M 官方網站，http://www.3m.com.tw/intl/tw/about3M/innovation.html

問題與討論

　　對企業來說，在變異不斷的時代中，要維持生存是一件需要努力的事，而百年企業的 3M 不僅是相當活躍，更是市場的領導者。國內雖也有許多企業默默的在耕耘，但似乎都只是在維持基本的生存而已。是否國內企業應該更積極的投入創意與創新的工作？是否只有創意與創新才能讓企業更具競爭優勢？要如何合作呢？請舉一企業實例說明。

學習評量

一、是非題

1. (　)　想像力比知識更重要,因此,知識可有可無。

2. (　)　企業必須要不斷的創新才能永保戰鬥力。

3. (　)　創新商品與現有使用習慣之相容性越低越好。

4. (　)　消費者的抱怨與批評也是企業重要的創意來源。

5. (　)　創意的過程是一種態度改變的過程。

6. (　)　透過消除 E (eliminate)的創意技術,商品可以更精緻。

7. (　)　成功企業的創意思考方向大都是以解決消費者的煩惱或提供便利為主要的目標。

8. (　)　舒適的環境有利創意的發展,惡劣的環境是絕對找不到任何創意的。

9. (　)　SCAMPER 中的「C」是指改變、變化的創意概念。

10. (　)　創意行銷的主要目的是要消費者快樂。

二、簡答題

1. 要有效的、成功的推廣創新商品,應該要如何做才能讓商品迅速的在市場上擴充?

2. 何謂 SCAMPER 創意技術?請舉例說明之。

3. 企業應該如何改造,才能讓企業能擁有創意資源?

4. 如何從影響消費者行為的相關因素與發展趨勢,發展出可行的創意行銷策略?如何做?請舉例說明。

MEMO:

國家圖書館出版品預行編目資料

消費者行為/簡明輝編著. -- 四版. -- 新北市：新文京
開發出版股份有限公司, 2023.08
　　面；　公分

ISBN　978-986-430-947-4（平裝）

1.CST：消費者行為　2.CST：消費心理學

496.34　　　　　　　　　　　　　112012439

消費者行為（第四版）　　　　　　　　　　（書號：H134e4）

編 著 者	簡明輝
出 版 者	新文京開發出版股份有限公司
地　　址	新北市中和區中山路二段 362 號 9 樓
電　　話	(02) 2244-8188（代表號）
Ｆ Ａ Ｘ	(02) 2244-8189
郵　　撥	1958730-2
初　　版	西元 2008 年 02 月 28 日
二　　版	西元 2010 年 02 月 10 日
三　　版	西元 2014 年 02 月 20 日
四　　版	西元 2023 年 08 月 20 日

New Wun Ching Developmental Publishing Co., Ltd.

New Age · New Choice · The Best Selected Educational Publications — NEW WCDP

新文京開發出版股份有限公司

新世紀・新視野・新文京 — 精選教科書・考試用書・專業參考書